LE

PAYS DES ÉTOILES

L'ASTRONOMIE

BIBLIOTHÈQUE

DES ÉCOLES ET DES FAMILLES

LE PAYS DES ÉTOILES

PAR

ALBERT-LÉVY

DE L'OBSERVATOIRE DE MONTSOURIS

OUVRAGE ILLUSTRÉ DE 116 GRAVURES

DEUXIÈME ÉDITION

PARIS

LIBRAIRIE HACHETTE ET Cie

79, BOULEVARD SAINT-GERMAIN, 79

1889

A MA SŒUR

MADAME L. LAJEUNESSE

LE

PAYS DES ÉTOILES

LA FORMATION DES MONDES

Comment le Soleil et les Étoiles, les Planètes et leurs satellites ont-ils été formés ?

Ce problème a excité l'imagination de tous les peuples, et chacun d'eux a adopté une légende plus ou moins invraisemblable.

Toutes les cosmogonies[1] anciennes ont un point de départ commun : elles supposent toutes que le monde était plongé dans le *chaos*, au moment où le Créateur résolut d'organiser l'Univers. C'est ainsi que les brahmes indiens nous apprennent qu'à l'origine « il n'y avait ni être, ni non-être; rien d'enveloppant ni d'enveloppé. Il n'y avait ni mort, ni immortalité. Rien ne séparait la nuit obscure du jour lumineux »

Les religions, les philosophies anciennes sont remplies des détails les plus minutieux, et parfois les plus étranges, sur la création des mondes.

Les Chinois nous apprennent que l'organisateur de l'Univers fut un vieillard « débile, énervé, chancelant, qu'on appelle

1. Le mot cosmogonie est formé de deux mots grecs, *kosmos*, monde, et *gonos*, génération.

le père Pan-Kou-Ché. Celui-ci est représenté au milieu de rochers en désordre, tenant un ciseau dans une main et dans l'autre un marteau. Tout couvert de sueur, travaillant pénible-

LE DIEU PAN-KOU-CHÉ.

ment, Pan-Kou-ché sculpte l'écorce du globe et se fraye un chemin à travers des blocs amoncelés. »

Les peuples du Nord nous représentent, au contraire, le dieu Thorr, créateur du monde, sous les traits « d'un homme vigoureux, armé d'un marteau de forgeron, qui, suspendu sur l'abîme, brise la croûte terrestre. »

Écoutez enfin, car il faut savoir se borner, ce que racontent les légendes indiennes : « Brahm est le dieu unique ; il a créé

LE DIEU THORR

la femme Bhavini. Celle-ci, heureuse de sentir l'existence, se livre aux transports d'une joie immodérée et laisse échapper trois œufs d'où sortent Brahmâ, Vichnou et Siva, les trois dieux de la *Trimourti*, trinité indienne. » L'œuf d'or qui renfermait Brahmâ flotta pendant une année à la surface des eaux ;

lorsque le dieu en sortit, la coque brisée se divisa en deux parties, dont la première forma le Ciel et la seconde la Terre.

Combien, à côté de ces conceptions barbares, l'admirable récit de la Bible est plus grandiose dans sa sublime simplicité :

« La terre était informe et nue, et les ténèbres couvraient la face de l'abîme, et l'Esprit de Dieu reposait sur les eaux.

« Et Dieu dit : « Que la lumière soit, » et la lumière fut.

. . . .

« Dieu dit : « Qu'il y ait dans le ciel des corps lumineux qui divisent le jour d'avec la nuit, et qu'ils servent de signes pour marquer les temps, les jours et les années ;

« Qu'ils luisent dans le ciel, et qu'ils éclairent la terre. » Et il en fut ainsi.

« Et Dieu fit deux grands corps lumineux : l'un, pour présider au jour ; l'autre, moins grand, pour présider à la nuit. Il fit aussi les étoiles,

« Et il les plaça dans le ciel pour luire sur la terre,

« Pour présider au jour et à la nuit, et pour séparer la lumière d'avec les ténèbres. Et Dieu vit que cela était bon. »

Il ne nous appartient pas de discuter les appréciations des savants sur la création proprement dite des mondes ; nous voulons simplement indiquer comment la science astronomique est parvenue, grâce au génie de Laplace, à expliquer la formation des étoiles, des planètes, de leurs satellites et de ces astres vagabonds, les comètes, qui sont comme les *irréguliers du ciel*.

Le marquis de Laplace, né à Beaumont-en-Auge (Calvados), le 23 mars 1749, était fils d'un simple cultivateur. Il manifesta de bonne heure un goût très prononcé pour l'étude des mathématiques, et, après avoir professé à l'École militaire établie dans sa ville natale, devint examinateur du corps de l'artillerie. Ses remarquables travaux d'analyse mathématique et de mécanique céleste le désignaient comme membre de l'Institut qui venait d'être créé. Malheureusement les préoccupations politiques détournèrent trop souvent le marquis de Laplace de ses recherches scientifiques ; il devint ministre de l'intérieur après le 18 brumaire, et entra au sénat en 1799. Laplace, ayant voté la déchéance de l'empereur en 1814, fut nommé pair et marquis par le gouvernement de la Restauration ; il mourut en 1827.

« Laplace fut presque aussi grand physicien que grand

LAPLACE.

géomètre.... Les astronomes ses successeurs verront s'accomplir les grands phénomènes dont il a découvert les lois. Ils observeront dans les mouvements lunaires les changements qu'il a prédits et dont lui seul a pu assigner la cause. L'observation continuelle des satellites de Jupiter perpétuera la mémoire de l'inventeur des théorèmes qui en règlent le cours.

Les grandes inégalités de Jupiter et de Saturne, poursuivant leurs longues périodes et donnant à ces astres des situations nouvelles, rappelleront sans cesse une de ses plus étonnantes découvertes. Voilà des titres d'une gloire véritable que rien ne peut anéantir. Le spectacle du ciel sera changé, mais à ces époques reculées la gloire de l'inventeur subsistera toujours : les traces de son génie portent le sceau de l'immortalité. »

Les travaux de Laplace avaient été précédés par les belles recherches du grand astronome anglais William Herschel, dont l'histoire est certes bien curieuse.

W. Herschel, d'origine allemande, naquit à Hanovre en 1738 et mourut en Angleterre en 1822. Son père, ayant six garçons et quatre filles, et pas de fortune, dut songer à leur donner les moyens de se créer une position : il leur fit apprendre la musique. William, le troisième fils, à l'âge de 21 ans se rendit en Angleterre où, après plusieurs années de cruelles privations, il devint instructeur du corps de musique d'un régiment anglais, puis organiste à Halifax et ensuite à la chapelle de Bath. L'étude de la musique conduisit le jeune William à l'étude des mathématiques et un hasard heureux l'amena à s'occuper d'astronomie. « Un télescope des plus grossiers tombe dans les mains d'Herschel pendant son séjour à Bath. Cet instrument, tout imparfait qu'il est, lui montre dans le ciel une multitude d'étoiles que l'œil nu n'y découvre pas. Herschel est transporté d'enthousiasme. Il aura sans retard un instrument pareil, mais de plus grande dimension. Le prix qu'on lui demande est bien au-dessus de ses ressources. Pour tout autre c'eût été un coup de foudre. Cette difficulté inattendue inspire au contraire à Herschel une nouvelle énergie; il ne peut pas acheter de télescope : il en construira un de ses mains. »

A l'aide de son télescope, Herschel découvre une nouvelle planète, Uranus, fait d'admirables observations sur Saturne et son anneau et entreprend l'étude des nébuleuses. Il montre que la Voie lactée, dont nous allons raconter l'histoire, est une grande nébuleuse dont notre système planétaire fait partie et que le Soleil n'est qu'une étoile de cette nébuleuse.

Vous savez qu'on donne le nom de Nébuleuses à des taches blanchâtres qu'on voit çà et là dans toutes les parties du ciel, et qui ressemblent assez bien à ces légers nuages qui flottent souvent dans notre atmosphère. Toutefois la plupart de ces nébuleuses sont invisibles à l'œil nu; les anciens, qui ne possédaient ni lunettes ni télescopes, ne les connaissaient pas. La première nébuleuse fut signalée, en 1612, par Simon Marius dans la constellation d'Andromède; elle ressemblait, dit Marius, à la flamme d'une chandelle vue à travers de la corne. Puis, successivement, Huygens découvrit en 1656 une grande nébuleuse dans la constellation d'Orion; Halley, en 1716, en trouva 4 nouvelles; La Caille et Messier, astronomes français, en portèrent le nombre à 96; Herschel, à l'aide d'instruments puissants, découvrit à lui seul 2500 nébuleuses.

J'ai dit que les anciens ne connaissaient pas les nébuleuses; ils en connaissaient cependant une, une seule, que chacun de nous peut admirer quand le ciel est pur. Je veux parler de cette immense traînée lumineuse qui s'étend d'une extrémité à l'autre du ciel, et qui ressemble à ce point à une tache de lait, qu'on lui a donné le nom de Voie lactée.

On devine aisément que l'aspect de la Voie lactée a dû inspirer l'imagination fertile des anciens. Les Indiens prétendaient que c'est par ce chemin que descendaient les dieux quand ils voulaient assister aux sacrifices donnés en leur honneur; c'est également par ce chemin que passent les âmes qui viennent de quitter la Terre. Les Chinois donnent à la Voie lactée le nom de « fleuve céleste ». Les Slaves l'appelaient « chemin des oiseaux ou des âmes », car ils croyaient que les âmes s'échappent des corps sous la forme d'oiseaux. Les Scandinaves l'appelaient « chemin de l'hiver ».

Dans la mythologie grecque, on raconte que Junon, allaitant Hercule, laissa tomber de son sein une goutte de lait : cette goutte forma sur le ciel la Voie lactée. Cette légende a été exprimée en beaux vers par un de nos grands poètes contemporains :

> Une goutte de lait dans la plaine éthérée
> Tomba, dit-on, jadis du haut du firmament.
> La Nuit, qui sur son char passait en ce moment,
> Vit ce pâle sillon sur la mer azurée,
> Et, secouant les plis de sa robe nacrée,
> Fit au ruisseau céleste un lit de diamant.

Écoutez ce que dit de la Voie lactée le poète écossais Buchanan : « Pourrai-je te passer sous silence, toi que les anciens poètes ont tant célébrée dans leurs chants! toi qui partages le ciel par ta large ceinture et qui en es un des plus beaux ornements? Tu brilles au sein de la nuit, et, sensible à tout l'Univers, tu frappes les yeux des mortels; tu répands ta douce lumière toutes les fois que l'air sans nuages nous laisse librement porter nos regards jusqu'à la voûte céleste. Cette blancheur éclatante qui te fait si aisément remarquer, t'a fait donner le nom de *Voie lactée*, soit parce que des gouttes de lait tombées des seins de Junon coulèrent obliquement à travers les astres, et tracèrent sur l'azur des cieux cette bande si remarquable par sa blancheur, soit, selon d'autres, parce que c'est le chemin qui conduit à la demeure des dieux et au palais du tonnerre. Il en est qui croient que c'est le séjour qu'habitent les mânes des âmes heureuses ; que là, exemptes de tout travail, libres de tout souci, elles vivent comme les dieux dans une éternelle félicité. D'autres veulent que le pôle conserve encore les traces de l'incendie allumé par Phaéton, lorsque le char de Phœbus, écarté de sa route par ce conducteur novice, livra à la proie des flammes les demeures célestes et manqua d'embraser l'Univers. Il y en a qui prétendent que lorsque Dieu créa le monde et en assembla les différentes parties, lorsqu'il réunit ses flancs immenses, les extrémités du ciel, en se liant l'une à l'autre, laissèrent entre elles une espèce de suture et comme une cicatrice toujours subsistante, qui marque le point de réunion de toutes les parties. Mais ceux qui se sont occupés de rechercher les causes secrètes des phénomènes célestes, ont constaté que cette bande est produite par un amas de petites étoiles contiguës, dont les clartés réunies forment cette blancheur lumineuse, semblable à celle que donne le crépuscule ou à cette faible lumière que conservent encore les astres lorsqu'ils pâlissent à l'approche de Phœbus. »

A l'aide du télescope, on peut reconnaître que la Voie lactée est formée par des amas d'étoiles dont le nombre est vraiment prodigieux. On a pu compter jusqu'à 18 millions d'étoiles!! Si parfaits que soient nos télescopes, il est certaines parties de la Voie lactée dans lesquelles il n'a pas encore été possible d'isoler les étoiles dont elles sont probablement formées. La distance qui nous sépare de ces points lumineux se mesure par des nombres qui confondent l'imagination. Au lieu d'aligner les uns à la suite des autres les chiffres qui représenteraient en lieues et même en millions de lieues la distance de ces étoiles à la Terre, il conviendra mieux de comparer cette distance à celle que franchit la lumière en une seconde. On sait que la lumière parcourt 75 000 lieues par seconde, ce qui veut dire que si une étoile s'allumait au ciel et qu'elle fût à 75 000 lieues de la Terre, nous ne l'apercevrions qu'une seconde après son apparition. Eh bien, la lumière qui émanerait des étoiles de certaines régions de la voie lactée mettrait plus de sept mille années à parvenir jusqu'à nous!!

Sept mille années! c'est-à-dire qu'il faudrait multiplier ce nombre par 365, puis multiplier successivement le produit par 24, puis par 60, et encore une fois par 60, pour avoir... le multiplicateur du nombre 75 000!! Le résultat serait exprimé en lieues.

Une des étoiles de la Voie lactée vous est bien connue : c'est notre Soleil, traînant à sa suite un immense cortège de planètes et de satellites. Un grand nombre des 18 millions d'étoiles de la Voie lactée sont aussi considérables que notre Soleil : leur petitesse apparente n'est due qu'à leur éloignement. Et il paraît vraisemblable d'imaginer que ces étoiles ont, comme notre Soleil, des satellites qui gravitent autour d'elles ! !

Chacune de ces étoiles peut donc être considérée comme le centre d'un système analogue à notre système planétaire. On s'est demandé si les satellites du Soleil : Mercure, Vénus, Mars, Jupiter... ne seraient pas habités tout comme notre Terre. Il est permis de généraliser la question et de se demander si les millions d'étoiles qui constellent la voûte céleste n'entraîneraient pas autour d'elles des mondes pareils au nôtre ?

Le chanoine Derham, qui vivait au dix-huitième siècle, avait émis cette idée singulière que les nébuleuses et en particulier la Voie lactée « sont probablement des vides ou ouvertures au travers desquels l'œil découvre *l'empyrée*, c'est-à-dire l'immense région lumineuse placée au delà des étoiles fixes dont les auteurs sacrés ou profanes ont de tout temps affirmé l'existence. » Voltaire s'est agréablement moqué dans son conte de *Micromégas* de cette assertion ridicule ; son héros voyageant de soleil en soleil arrive dans la Voie lactée : « Il parcourut la voie lactée en peu de temps, et je suis obligé d'avouer qu'il ne vit jamais, à travers les étoiles dont elle est semée, ce beau ciel empyrée que l'illustre vicaire Derham se vante d'avoir vu au bout de sa lunette. Ce n'est pas que je prétende que M. Derham ait mal vu, à Dieu ne plaise ! mais Micromégas était sur les lieux, c'est un bon observateur, et je ne veux contredire personne. »

Je vous ai dit que la Voie lactée n'était pas la seule nébuleuse du ciel. Tant s'en faut, puisque Herschel en a découvert à lui seul plus de 2500 dont les formes sont extrêmement variables. Je citerai la nébuleuse du Taureau (ce qui veut dire la nébuleuse qu'on trouve dans la constellation du Taureau), dont la forme est celle d'un crabe ; la nébuleuse du Navire, qui ressemble à une comète ; celle de l'Écu de Sobieski, qui dessine dans le ciel la lettre grecque oméga (Ω) ; les nébuleuses en spirale de la constellation des Chiens de chasse et de celle de la Vierge, etc...

Dès qu'on découvre une nébuleuse, les astronomes cher-

NÉBULEUSE DES CHIENS DE CHASSE.

chent à la *résoudre*, c'est-à-dire à apercevoir les étoiles dont elle est formée. Certaines nébuleuses n'exigent qu'un instrument de faible grossissement pour se résoudre en étoiles ; pour d'autres, il faut un grossissement plus fort ; d'autres enfin exigent l'emploi des grossissements les plus forts dont on puisse disposer.

Cependant certaines nébuleuses sont absolument irrésolubles, et l'on peut affirmer que nul instrument ne permettra jamais de les décomposer en étoiles : ce sont, en effet, des amas d'une matière vaporeuse, semblable à celle qui constitue les comètes.

En examinant avec soin les nébuleuses résolubles, Herschel en arriva à penser que la matière nébuleuse dont elles sont formées se condense peu à peu, et que, par cette condensation, elle donne naissance à des étoiles. Un examen même rapide des apparences que présentent certaines nébuleuses, donne à l'opinion d'Herschel le plus grand poids. Chez quelques-unes, en effet, on voit des accumulations évidentes de matière autour de certains points ; quelques autres ont une forme arrondie et présentent au centre une condensation marquée.

Laplace adopta les idées d'Herschel et en déduisit l'admirable hypothèse dont il nous reste à parler.

A l'origine, dit Laplace, le Soleil et tous les corps qui circulent autour de lui ne formaient qu'une seule nébuleuse, animée d'un mouvement de rotation autour d'une ligne passant par son centre et s'étendant jusqu'à l'orbite de la planète la plus éloignée et même au delà. Cette matière nébuleuse se condensa peu à peu, grâce au refroidissement progressif de la masse, de manière à former un noyau central allant sans cesse en augmentant.

Telle est l'hypothèse de Laplace. Celle-ci admise, les déductions qu'il en tire sont absolument justifiées.

A mesure que le refroidissement amenait la condensation de nouvelles parties de la nébuleuse, la vitesse avec laquelle cette nébuleuse tournait allait sans cesse en augmentant. Ceci n'est point une supposition, c'est un résultat mécanique certain ; et, s'il ne m'est pas possible de vous en donner une démonstration mathématique, je puis au moins vous indiquer une expérience qui vous fera comprendre ce que je veux dire.

Prenez une toupie sur laquelle une ficelle est enroulée et projetez-la dans l'intérieur d'un four. La toupie tourne sur elle-même avec une certaine vitesse. Au bout de quelques secondes, alors que la toupie a pris à peu près la température du four, nous la retirons vivement et la transportons dans une chambre froide. Nous ne tarderons pas à reconnaître que son *mouvement s'accélère* en même temps que son *volume diminue* par suite de l'abaissement de la température. Deuxième expérience conduisant au même résultat. Attachez un poids de 10 grammes à l'extrémité d'un fil et faites osciller ce pendule très élémentaire de droite à gauche, puis de gauche à droite, en donnant une première impulsion au corps pesant. Pendant que le pendule est en marche, soutenu à la partie supérieure par votre main, diminuez instantanément, mais sans secousse, la longueur du fil : le mouvement du pendule va s'accélérer. Cette propriété du pendule est utilisée dans nos horloges. Quand l'horloge retarde, on remonte au moyen d'une petite clef le balancier, ce qui diminue sa longueur et par suite accélère son mouvement.

Ce phénomène intéressant, quoique vulgaire, est le point de départ de toute la théorie de Laplace, et, pour avoir tout dit, il me suffira de signaler une autre expérience non moins simple que les précédentes et qui met en évidence un second fait qu'il nous est indispensable de connaître. Une balle de liège ou de plomb est fixée à l'extrémité d'un fil; l'autre extrémité est dans ma main. J'imprime au fil et par suite à la balle un mouvement de rotation de plus en plus vif; il arrivera un moment où la balle s'échappera du cercle qu'elle décrit, comme si elle était violemment poussée par une force dirigée de ma main à la circonférence. Cette force porte le nom de force centrifuge; elle est d'autant plus énergique que la vitesse de la balle est plus grande. Le jeu d'enfants connu sous le nom de *fronde* réalise à merveille cette expérience. Vous imaginerez facilement une toupie sur laquelle des cercles de carton auraient été placés; si, par un moyen quelconque, on augmente la vitesse de la toupie, il arrivera un moment où les cercles de carton seront projetés horizontalement, tout en continuant à tourner dans le même sens que la toupie.

Ces deux phénomènes, 1° augmentation de vitesse d'un corps en mouvement quand sa masse se condense, 2° action de la force centrifuge quand la vitesse d'un corps en mouvement s'accélère, nous suffisent pour comprendre la formation des planètes et de leurs satellites.

A l'origine, notre Soleil, les Planètes, et, parmi ces dernières, la Terre sur laquelle nous vivons, existaient à l'état gazeux sous la forme d'une immense nébuleuse qui tournait avec une grande vitesse, et dont la température était extrêmement élevée.

Les siècles s'écoulent! La nébuleuse se refroidit à force d'envoyer dans l'espace de la chaleur qui ne lui est pas rendue; il se produit donc une condensation de la matière de la nébuleuse, condensation qui augmente sans cesse, et qui va être telle, que la masse gazeuse formera un noyau de plus en plus épais.

A mesure que la nébuleuse se condensait ainsi, sa vitesse augmentait. Or, à mesure que cette vitesse allait grandissant, les parties extérieures de la nébuleuse étaient soumises à l'action de plus en plus énergique de la force centrifuge. A ce moment, nous pouvons nous représenter la nébuleuse comme une sphère gazeuse, dont le rayon est considérable, et qui tourne autour d'un axe passant par son centre. Vous savez que les différents points d'une boule qui tourne n'ont pas tous, tant s'en faut, la même vitesse. Chaque point décrit un cercle, et plus le cercle est grand, plus le point mobile est obligé de tourner vite. C'est à l'équateur, c'est-à-dire sur le plus grand de ces cercles, que la vitesse est la plus grande; c'est là, par conséquent, que la force centrifuge agit avec le plus d'énergie. La vitesse augmentant sans cesse et par suite la force centrifuge, il est arrivé un moment où la matière nébuleuse disposée sur l'équateur s'est séparée de la sphère gazeuse, et a formé autour d'elle un anneau, tournant dans le même sens que la nébuleuse.

Notre dessin représente clairement les effets de la force centrifuge. On voit un anneau métallique flexible qui peut tourner autour d'un axe vertical, par l'intermédiaire d'une manivelle. A mesure que le mouvement s'accélère, l'anneau

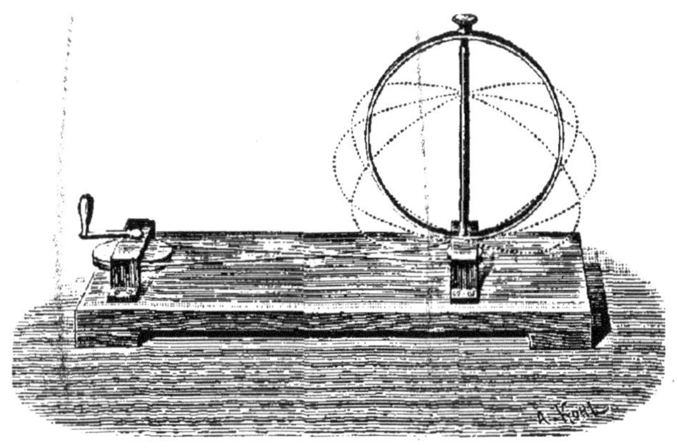

LA FORCE CENTRIFUGE.

se déforme, s'aplatit aux pôles et se renfle à l'équateur. Cette expérience nous expliquera plus tard pourquoi notre Terre est un globe non exactement sphérique.

Les mêmes causes ne cessant d'agir, condensation de la matière nébuleuse vers le centre, augmentation de la vitesse de la sphère, énergie croissante de la force centrifuge à l'équateur, il s'est formé successivement un, deux, trois... dix anneaux tournant dans le même plan et autour de leur centre commun.

Ces anneaux, vous l'avez déjà compris, et nous allons le redire tout à l'heure, constitueront les planètes.

A la suite de ses condensations successives, la nébuleuse a fini par se réduire à une masse centrale, qui est le Soleil.

Que sont devenus les anneaux? Chacun de ces anneaux aurait dû présenter une régularité parfaite dans tout son contour, pour conserver indéfiniment sa forme annulaire; cette régularité ne pouvant exister que dans des cas tout à fait exceptionnels, la matière de chaque anneau s'est réunie peu à

FORMATION DES PLANÈTES.

peu autour de certains centres, et ces centres eux-mêmes se sont groupés et confondus en une seule masse circulant autour du Soleil, à peu près suivant la circonférence de l'anneau qui leur a donné naissance : cette masse unique, en continuant à se condenser, a produit une planète.

Ainsi, le premier anneau abandonné par la nébuleuse a formé Neptune, le second a formé Uranus, les suivants ont formé Saturne, Jupiter, Mars, la Terre, Vénus, Mercure.

J'ai dit qu'un anneau pouvait se transformer en une masse

unique constituant une planète; mais il a pu se faire que les divers fragments dans lesquels un anneau s'était décomposé aient continué à circuler isolément, donnant lieu, par conséquent, à un certain nombre de petits astres se mouvant tous dans la même région : c'est ainsi qu'ont pu être formées les 244 petites planètes que l'on connaît aujourd'hui (décembre 1884) entre Mars et Jupiter.

Voyons maintenant ce qu'est devenue chaque planète. Les particules qui la formaient étaient animées de vitesses très différentes; les plus éloignées du Soleil se rapprochaient de cet astre, les plus rapprochées s'en éloignaient; il en est résulté pour la planète (c'est la mécanique qui nous l'apprend et nous acceptons cette conclusion sans discuter) un mouvement de rotation autour de son centre.

Dès lors on comprend ce qui va se passer. Chaque planète va se comporter comme la masse nébuleuse primitive. Elle va se condenser de plus en plus, augmenter par conséquent de vitesse et abandonner le long de son équateur une masse nébuleuse qui circulera autour de la planète, comme la planète elle-même circule autour du Soleil. Cette masse nébuleuse, répartie sur un anneau, se réunira à son tour en une masse qui formera le satellite de la planète; mais, si cet anneau présente une régularité exceptionnelle, il se maintiendra à l'état d'anneau, ainsi qu'on le voit pour le satellite de Saturne.

Tantôt la masse nébuleuse s'est concentrée en un seul satellite, comme cela a eu lieu pour la Terre; tantôt elle s'est fragmentée et a produit plusieurs satellites pour la même planète. C'est ainsi qu'on connaît deux satellites à Mars, quatre à Jupiter, huit à Saturne, quatre à Uranus, un à Neptune.

Notre Terre joue un rôle bien effacé dans cette organisation générale de l'Univers. Elle n'a pas eu l'honneur d'être constituée par le premier anneau échappé de la grande nébuleuse : elle n'est arrivée que la sixième, et après elle deux autres planètes sont nées : Vénus et Mercure. Après avoir abandonné l'anneau qui a formé la Lune, la Terre a continué son mouvement de rotation, et, suivant la loi que nous avons plusieurs fois rappelée, elle s'est renflée vers l'équateur.

Par suite du refroidissement continu, la Terre gazeuse s'est peu à peu transformée en une Terre liquide qui, continuant à se refroidir, s'est solidifiée sur toute sa surface. La Terre liquide a été successivement formée par la condensation des vapeurs dont son atmosphère était chargée; à mesure que la température baissait, il se produisait une pluie du métal qui venait d'atteindre son degré de liquéfaction. Ainsi, vers 350 degrés, le mercure en vapeur contenu dans l'atmosphère produisit une pluie de mercure; les pluies d'eau n'ont été possibles que lorsque l'atmosphère n'était plus qu'à 100 degrés.

La surface du noyau terrestre se solidifie alors et prend une épaisseur capable de servir de fond et de bassin aux eaux et aux liquides, qui abandonnent sans retour l'atmosphère pour former les mers des divers âges.

Le refroidissement général étant devenu suffisant, la vie apparaît à la surface du monde.

La croûte terrestre n'a encore, à l'heure actuelle, qu'une très faible épaisseur, évaluée à 50 kilomètres environ, alors que le rayon de la Terre est de 1500 lieues. A mesure qu'on descend dans les profondeurs du sol, la température s'élève, et l'on peut dire que cette température monte de 1 degré chaque fois qu'on s'abaisse de 33 mètres. Si cette loi est exacte, à dix lieues au-dessous du sol la température atteindrait déjà 1212 degrés, c'est-à-dire une chaleur suffisante pour fondre un grand nombre de métaux! Au centre de la Terre, les matières dont elle est formée doivent donc être à l'état liquide ou gazeux, et nous pouvons nous représenter notre globe comme une masse fluide, recouverte d'une croûte solide de peu d'épaisseur.

Sous certaines influences, les vapeurs, les fluides incandescents qui existent à l'intérieur de la Terre, exercent sur la partie solide des pressions assez considérables pour que cette croûte soit rompue en différents endroits : de là le phénomène des volcans et celui des tremblements de terre; de là ces crevasses qui se produisent dans le sol et qui ont tant de fois englouti des victimes humaines.

FORMATION DE L'ATMOSPHÈRE TERRESTRE.

Les volcans se comptent par milliers; les tremblements de terre, de la plus regrettable fréquence, continuent à nous épouvanter. « Aucun phénomène ne frappe plus vivement l'imagination. Nous perdons tout à coup notre confiance innée dans la stabilité du sol. C'est une puissance inconnue qui se révèle tout à coup; le calme de la nature n'était qu'une illusion et nous nous sentons rejetés violemment dans un chaos de forces destructives... On peut s'éloigner d'un volcan, on peut éviter un torrent de lave; mais quand la terre tremble, où fuir? partout on croit marcher sur un foyer de destruction. » (Humboldt.)

Ces secousses sont tellement fréquentes dans certains pays, et par exemple dans l'Amérique du Sud, le long de la chaîne des Andes, que les habitants ne les comptent pas plus que nous ne comptons en Europe les averses. Cependant certaines secousses ne méritent que trop d'être enregistrées par l'historien et le savant, témoin le tremblement de terre qui engloutit Lisbonne en 1755, et celui qui vient de frapper le sud de l'Espagne (25 décembre 1884).

L'hypothèse de Laplace sur l'origine et la formation de notre système planétaire rend parfaitement compte de toutes les particularités qui le caractérisent : coïncidence presque complète des plans des orbites des planètes, identité de sens des mouvements de rotation et de révolution de tous les corps du système, tout s'explique de la manière la plus naturelle et conformément aux lois de la mécanique.

Bien mieux, on est parvenu à réaliser en partie, au moyen d'une expérience très simple, les phénomènes décrits par Laplace. L'auteur de cette belle expérience est mort il y a quelques mois seulement : c'était un physicien belge, nommé Plateau, qui a enrichi la science d'intéressantes découvertes et qui, frappé de bonne heure d'une irrémédiable cécité, n'en continua pas moins ses délicates recherches. M. Plateau avait trouvé chez ses admirateurs et ses amis l'organe qui lui faisait défaut. « Il créait dans sa tête les expériences, et, quand les appareils nécessaires avaient été construits d'après ses indications, il faisait exécuter les expériences par ses amis, qui voyaient pour lui et lui rendaient compte des résultats. « Non, leur disait-il parfois, il doit y avoir là autre chose encore; recommencez en changeant tel ou tel organe, regardez à tel endroit, et, si je ne me suis pas trompé, vous observerez tel ou tel effet. » Il ne se trompait jamais!

Voici la curieuse expérience de M. Plateau.

Il introduit dans un mélange d'eau et d'alcool ayant la même densité que l'huile d'olives une certaine quantité de ce dernier liquide, qui se trouve dès lors soustrait à l'action de la pesanteur et qui se présente sous la forme d'une sphère par-

PAYSANS ENGLOUTIS DANS DES CREVASSES.

faitement régulière. Il traverse cette sphère par un axe qui porte un petit cercle métallique passant par son centre et qui se termine extérieurement au vase par une manivelle. La manivelle étant mise en mouvement, la sphère tourne avec une vitesse qu'on rend de plus en plus grande. On observe tout d'abord que cette sphère s'aplatit à ses deux pôles et se renfle à son équateur, dont le plan est celui du cercle qui lui communique son mouvement.

Si l'on augmente encore la vitesse de rotation, la masse

fluide se transforme en une lentille qui ne tarde pas à abandonner, dans le plan de son équateur, une partie de sa matière. Celle-ci va former tout autour d'elle un anneau tournant, plat

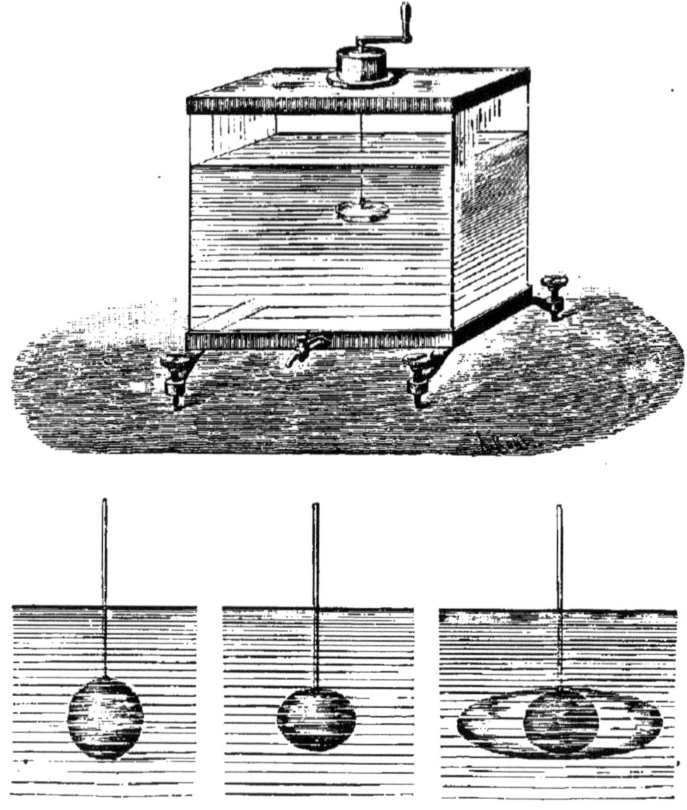

EXPÉRIENCES DE PLATEAU.

et mince, reproduisant ainsi l'image frappante du système de Saturne.

Laplace aurait été bien heureux, comme on l'a fait remarquer, s'il lui avait été donné de voir de ses yeux la réalisation expérimentale de sa grande conception cosmogonique.

LES

FONDATEURS DE L'ASTRONOMIE

§ 1. — NAISSANCE DE L'ASTRONOMIE

Les premiers hommes furent certainement frappés de l'aspect changeant du ciel. Ils observèrent, non sans une crainte superstitieuse, les mouvements de cet étincelant Soleil qui, le matin, fait disparaître les ténèbres de la nuit, et le soir, après avoir décrit sur le ciel une courbe gracieuse, semble s'éteindre dans la mer, en plongeant la Terre dans une profonde obscurité.

Sans doute, au premier soir du monde, une immense terreur dut envahir le cœur des hommes quand ils virent la nuit succéder à la magnifique clarté du jour. Ils durent penser que la création allait disparaître et qu'ils étaient destinés à retomber dans le néant dont ils venaient à peine de sortir. A ce moment, un spectacle étrange frappa leurs regards : la voûte céleste se parsema de points brillants, scintillant dans la nuit; leur nombre paraissait considérable, mais leur éclat ne parvenait pas à déchirer le voile sombre qui enveloppait la Terre.

Tout à coup une faible lueur se répand dans le ciel; un globe pâle s'avance au milieu des étoiles : c'est le Soleil, sans doute, dont la lumière est déjà affaiblie? Et à la vue de ce nouvel astre, la Lune, qu'ils prennent pour le Soleil, les hommes se sentent plus découragés encore et s'attendent à une fin prochaine.

Mais voici que les étoiles pâlissent; une blanche clarté apparaît en un des points où la voûte céleste semble reposer sur la Terre; des traits de feu sillonnent le ciel : le Soleil est revenu!

Les hommes s'habituèrent vite à ce spectacle, et cependant, chaque matin, ils se prosternaient devant le Soleil levant, confondant dans leur adoration l'astre et le Dieu qui l'avait lancé dans l'espace. Nous avons consacré dans un précédent volume[1] un chapitre entier à la légende du Soleil. Nous rappellerons seulement que les temples païens étaient tous tournés vers le Soleil levant.

Le mouvement du Soleil fournit aux premiers hommes le moyen de diviser le temps. On appela *jour* le temps pendant lequel la Terre est éclairée par le Soleil et on donna le nom de *nuit* à l'intervalle de temps pendant lequel le Soleil disparaît. On s'aperçut bien vite que le jour n'avait pas la même durée que la nuit et même que la durée des jours variait sans cesse : pendant le temps où le jour augmentait, la nuit devenait de plus en plus courte et, au contraire, les nuits devenaient plus longues quand le Soleil restait moins longtemps au-dessus de l'horizon. Il était dès lors facile de s'assurer que la durée totale du jour et de la nuit ne changeait pas : c'est ce temps total qui reçut plus tard le nom de *jour*.

L'aspect changeant de l'astre des nuits, de la Lune, dut vivement frapper l'imagination des premiers hommes. Il ne fut pas difficile d'observer qu'au bout de vingt-neuf jours la Lune avait passé par les mêmes phases. Son disque est actuellement plein; sept jours après on n'aperçoit plus qu'un demi-cercle éclairé; sept jours plus tard la Lune a disparu. Le len-

1. *La Légende des Mois*, page 13.

demain, la Lune présente un croissant extrêmement délié qui s'épaissira de jour en jour jusqu'à ce que la Lune ait reparu dans son plein. Ces curieux phénomènes permirent aux premiers hommes d'obtenir une nouvelle division du temps, plus longue que la première : on compta dès lors par *mois*.

Rien ne nous empêcherait de supposer que les mouvements du Soleil, de la Lune, des Étoiles, avaient été observés des premiers habitants de la Terre ; toutefois l'observation était ici plus délicate et sans doute un temps assez long s'est écoulé avant que les hommes eussent jeté les premiers fondements de l'astronomie. D'ailleurs, toutes les observations dont l'humanité a pu s'enrichir à ces époques reculées ont disparu lors du déluge asiatique, terrible catastrophe attestée par les traditions de tous les peuples et dont on peut fixer approximativement la date vers l'an 3000 avant notre ère.

Aussitôt après le déluge, la Terre se repeupla ; quatre grandes nations s'élevèrent : les Indiens, les Chinois et les Assyriens dans l'Asie ; les Éthiopiens, puis les Égyptiens en Afrique. Les trois fils de Noé, Cham, Sem, Japhet, obéissant à la loi qui semble obliger les hommes à s'étendre sur la Terre, quittent la vallée de Sennaar qu'ils avaient jusque-là habitée, pour se répandre sur le monde. Cham partit le premier; mais il ne se rendit pas immédiatement en Afrique. Tandis que deux de ses fils, Misraïm et Phut, allaient occuper l'Égypte et le nord de l'Afrique, un troisième fils, Chus, parcourait successivement les bords de la mer Rouge, du golfe Persique, et se rendait dans l'Inde. Le quatrième fils de Cham, Chanaan, alla en Syrie et en Palestine.

« C'est aux enfants de Seth, dit l'historien Josèphe[1], c'est à leur esprit et à leur travail qu'on doit la science de l'astrono-

1. Josèphe, né en l'an 37 de notre ère, à Jérusalem, fut à la fois général et historien. On a de lui, entre autres ouvrages, une histoire de la guerre des Juifs et une histoire des Juifs jusqu'à la prise de Jérusalem. Cette dernière histoire porte pour titre : *Antiquités Judaïques*.

mie; et parce qu'ils avaient appris d'Adam que le monde périrait par l'eau et par le feu, la crainte qu'ils eurent que cette science ne se perdît auparavant que les hommes en fussent instruits, les porta à bâtir deux colonnes, l'une de brique, l'autre de pierre, sur lesquelles ils gravèrent les connaissances qu'ils avaient acquises, afin que s'il arrivait qu'un déluge ruinât la colonne de brique, celle de pierre demeurât pour conserver à la postérité la mémoire de ce qu'ils y avaient écrit. »

L'astronomie, dit Chateaubriand, doit sa naissance à des pasteurs. « Dans les déserts de la création nouvelle, les premiers humains voyaient se jouer autour d'eux leurs familles et leurs troupeaux. Heureux jusqu'au fond de l'âme, une prévoyance inutile ne détruisait point leur bonheur. Dans le départ des oiseaux de l'automne ils ne remarquaient point la fuite des années, et la chute des feuilles ne les avertissait que du retour des frimas. Lorsque le coteau prochain avait donné toutes ses herbes à leurs brebis, montés sur leurs chariots, couverts de peaux, avec leurs fils et leurs épouses, ils allaient à travers les bois chercher quelque fleuve ignoré, où la fraîcheur des ombrages et la beauté des solitudes les invitaient à se fixer de nouveau.

« Mais il fallait une boussole pour se conduire dans ces forêts sans chemins et le long de ces fleuves sans navigateurs; on se confia naturellement à la foi des étoiles; on se dirigea sur leur cours. Législateurs et guides, ils réglèrent la tonte des brebis et les migrations lointaines. Chaque famille s'attacha aux pas d'une constellation; chaque astre marchait à la tête d'un troupeau. A mesure que les pasteurs se livraient à ces études, ils découvraient de nouvelles lois. En ce temps-là Dieu se plaisait à dévoiler les routes du Soleil aux habitants des cabanes, et la fable raconta qu'Apollon était descendu chez les bergers.

« De petites colonnes de briques servaient à conserver le souvenir des observations : jamais plus grand empire n'eut une histoire plus simple. Avec le même instrument dont il avait percé sa flûte, au pied du même autel où il avait immolé le chevreau premier-né, le pâtre gravait sur un rocher ses immortelles découvertes. Il plaçait ailleurs d'autres témoins de cette pastorale astronomie; il échangeait d'annales avec le firmament; et, de même qu'il avait écrit les fastes des étoiles parmi ses troupeaux, il écrivait les fastes de ses troupeaux parmi les étoiles. Le soleil, en voyageant, ne se reposa plus que dans les bergeries; le taureau annonça par ses mugissements le passage du Père du jour, et le bélier l'attendit pour le saluer au nom de son maître. On vit au ciel des vierges, des enfants, des épis de blé, des instruments de labourage, des agneaux, et jusqu'au chien du berger; la sphère entière devint comme une maison rustique habitée par le pasteur des hommes. »

ASTRONOME
(d'après une pierre antique).

Si l'on en croit certains historiens, et en particulier Diodore de Sicile[1], il exista un peuple appelé les Atlantes qui survécut au déluge ou tout au moins fut le premier qui occupa la Terre après le grand cataclysme qui avait détruit la création. Où vivait ce peuple? L'un prétend que ce fut dans une île qui a disparu depuis et qui était située entre l'Europe et l'Amérique, dans l'Océan qui porte encore son nom (l'Atlantique). Un autre auteur assure que les Atlantes vivaient dans la Palestine; un troisième pense que ce peuple primitif habitait la Suède...; il n'est pas possible, comme on le voit, d'être moins bien renseigné. Les Atlantes,

1. Diodore, né en Sicile, vivait du temps de César et d'Auguste. Il s'établit à Rome et publia sous le titre de *Bibliothèque historique* un ouvrage en 40 livres qui contenait l'histoire universelle depuis le commencement du monde jusqu'au premier siècle avant J.-C.

dit-on, avaient des colonies qui s'étendaient au loin ; l'une d'entre elles peupla l'Afrique occidentale : les montagnes de l'Atlas ont emprunté leur nom à celui de ce peuple primitif.

Le premier roi des Atlantes, suivant cette légende, s'appelait Uranus; ce fut le fondateur de l'Astronomie. « Comme il était soigneux observateur des astres, il détermina plusieurs circonstances de leur révolution. Il mesura l'année par le cours du Soleil et les mois par celui de la Lune, et il désigna le commencement et la fin des saisons. Les peuples, qui ne savaient pas encore combien le mouvement des astres est égal et constant, étonnés de la justesse de ses prédictions, crurent qu'il était d'une nature plus qu'humaine et, après sa mort, ils lui décernèrent les honneurs divins à cause de son habileté dans l'Astronomie. Ils donnèrent son nom à la partie supérieure de l'Univers, c'est-à-dire au ciel. »

Les savants qui nient l'existence d'Uranus ne manquent pas de faire observer que les premiers peuples de l'Inde considéraient le ciel comme une voûte surbaissée reposant sur la Terre qu'ils supposaient unie comme une table. Or, disent-ils, le ciel s'appelait *Varuna*, nom qui signifie voûte ; or le mot Varuna n'a-t-il pu se transformer et donner les noms d'*Ouranos*, Uranus?

Nous nous garderons bien de trancher la difficulté et nous continuerons de résumer les traditions que les historiens de l'antiquité nous ont léguées.

Pline[1] nous apprend que les deux plus célèbres enfants d'Uranus furent Atlas et Saturne. Atlas, dont nous reparlerons plus loin et qui donna son nom aux Atlantes, excellait dans l'Astronomie; ce fut lui, dit-on, qui eut l'idée de représenter le monde par une sphère.

1. Pline, qu'on désigne parfois sous les noms de Pline le Naturaliste et encore Pline l'Ancien, pour le distinguer de son neveu, Pline le Jeune, naquit en l'an 23. Il a publié une Histoire naturelle en 37 livres, qui est une véritable encyclopédie de toutes les connaissances scientifiques de son temps.

Saturne s'occupa davantage de l'agriculture et du labourage; c'est ce même Saturne dont nous avons raconté l'histoire dans

ATLAS.

notre volume intitulé *la Légende des Mois*, et qui, poursuivi par son fils Jupiter, dut chercher un refuge en Italie.

Sans doute, on prête à tous ces personnages des actions légendaires auxquelles personne ne saurait croire. Personne n'acceptera par exemple la fable de Saturne dévorant ses enfants et on l'expliquera, comme nous l'avons fait dans le livre déjà cité, en rappelant que Saturne personnifiait le Temps. Mais, de ce que la légende a orné de mille façons l'histoire de ces prétendus dieux, cela ne veut pas dire que leur existence doive être fatalement niée. Il est possible que les peuples aient orné, embelli l'histoire de leurs héros et aient ajouté à leurs actions des détails invraisemblables. La fable s'est certainement emparée de bien des hommes de l'antiquité : il convient de rejeter tout ce qui paraît surnaturel, sans toutefois nier l'existence de ces héros.

Comment ces Atlantes auraient-ils communiqué leurs connaissances astronomiques aux peuples de l'Inde, de la Chine, c'est ce que n'indiquent pas clairement les auteurs pour qui l'existence des fils d'Atlas n'est pas douteuse. Ils font observer, non sans raison, que les Indiens et les Chinois, après avoir eu à l'origine des données assez exactes sur le mouvement des astres, sont restés tout à coup stationnaires. Leur science paraît donc provenir moins de leur génie, que des débris échappés au déluge ou à quelque peuple savant qui leur aurait transmis des préceptes astronomiques dont la véritable explication leur aurait même échappé.

Quand on veut passer en revue, dans l'ordre chronologique, les travaux astronomiques des peuples de l'antiquité, il convient de parler d'abord des Chinois, puis des Hindous, des Chaldéens, des Égyptiens.... On remarquera que la marche de la civilisation semble suivre le cours du Soleil, c'est-à-dire qu'elle va de l'Orient à l'Occident.

§ 2. — LES CHINOIS ET LES HINDOUS

Le premier astronome chinois paraît avoir été en même temps le premier empereur. Il s'appelait Fohi et vivait vers l'an 2952, c'est-à-dire dans les premières années qui suivirent le déluge asiatique. S'il est vrai, comme les traditions l'affirment, que Fohi avait dressé des tables astronomiques, donné la figure des corps célestes et indiqué les circonstances de leurs mouvements, on peut se demander par quelle suite d'observations ces résultats avaient pu être obtenus. Faut-il donc admettre l'existence d'un peuple ayant vécu avant les Chinois et les Indiens, peuple chez lequel les connaissances scientifiques étaient parvenues à un haut degré de perfection et qui, en disparaissant, aurait légué à ses successeurs une partie des richesses intellectuelles qu'il avait amassées ?

Quoi qu'il en soit, les Chinois paraissent avoir cultivé avec succès l'astronomie : ils prédisaient avec exactitude le retour des éclipses. L'anecdote suivante nous apprendra avec quelle rigueur ils traitaient leurs astronomes lorsqu'ils s'étaient trompés dans leurs calculs.

La scène se passe 2155 ans avant notre ère : il y a par conséquent 40 siècles. Aussitôt qu'une éclipse de Soleil avait lieu, ce qui, soit dit en passant, était presque une offense pour l'empereur de Chine qu'on regardait comme l'image même du Soleil, les astronomes officiels devaient accourir en armes au-devant de leur souverain menacé. Tandis qu'au bruit des tambours on offrait des sacrifices au Grand Esprit, l'empereur et les grands devaient observer un jeûne rigoureux. Or les deux astronomes *Hi* et *Ho*, grands savants peut-être, mais à coup sûr ivrognes, avaient oublié leur raison au fond d'une bouteille. Ils négligèrent d'annoncer la venue de l'éclipse : on les mit à mort. Écoutez : « En ce temps, *Hi* et *Ho*, s'abandonnant aux vices, ont foulé aux pieds leurs devoirs ; ils se sont livrés avec emportement à l'ivrognerie... Dès le commencement, ils ont porté le trouble dans la *chaîne céleste* et ont rejeté bien loin leurs fonctions. L'aveugle a joué du tambour (le chef de la musique était un aveugle) ; les magistrats et la foule du peuple ont couru avec précipitation, tels qu'un cheval égaré. *Hi* et *Ho* étaient comme des esclaves dans leurs fonctions ; ils n'ont rien entendu ni rien appris. Aveugles et rendus stupides sur les apparences et les signes célestes, ils ont encouru la peine portée par les rois nos prédécesseurs. Le *Tchingtien* dit : Celui qui devance les temps doit être mis à mort sans rémission, ainsi que celui qui retarde les temps. »

L'astronome vigilant qui avait fait une faute de calcul se voyait, la première fois, l'objet d'une vive réprimande ; à la seconde faute, on le privait de ses appointements ; enfin on le destituait. Si la faute avait une plus grande gravité, la peine était l'exil ou la mort ! Ne semble-t-il pas que, dans ce temps-là, il fallait une bien vive vocation pour se liver à l'astronomie ?

Il serait certes très utile de consulter les travaux astronomiques exécutés à cette époque reculée ; malheureusement il arriva vers l'an 221 avant J. C. un événement tout pareil à celui qui nous a privés des travaux des Chaldéens : l'empereur Tsin-Chi-Houang, à l'instar du roi de Babylone Nabonassar, fit brûler tous les livres d'histoire et de science qui composaient le trésor chinois ! Seuls les livres traitant d'agriculture, de médecine et d'astrologie trouvèrent grâce devant le puissant souverain qui reconstruisit le grand empire de la Chine.

A défaut de témoignages écrits datés de la période qui s'est écoulée de l'an 3000 à l'an 221, la tradition nous a appris que l'astronome Hoang-Ti avait construit un observatoire vers l'an 2608, qu'il avait par conséquent des instruments propres à l'étude du ciel. L'un d'eux, dit-on, servait à connaître les quatre points cardinaux. Ne serait-ce point la boussole, qui était connue des Chinois dès la plus haute antiquité[1]?

Le grand astronome Hoang-Ti aurait reconnu, dit-on, que douze mois lunaires n'équivalaient pas exactement à une année solaire et qu'au bout de 19 ans seulement la Lune et le Soleil se retrouvaient dans la même position. C'est le Saros des Chaldéens et la période à laquelle les Grecs ont donné le nom de Cycle de Méton.

Vers l'an 2513, un astronome devenu empereur, grâce à son savoir, fut surnommé le père du calendrier parce qu'il fit commencer l'année au solstice d'hiver, à l'époque qui correspond chez nous au 21 décembre.

Sans nous embarrasser des noms plus ou moins barbares que portaient les empereurs et les astronomes chinois, nous dirons qu'après avoir été en honneur l'Astronomie fut tout à coup délaissée vers l'an 2155, et cet abandon dura jusqu'au huitième siècle avant notre ère. Si nous rappelons que les empereurs étaient d'une extrême sévérité pour les astronomes qui se trompaient dans leurs calculs, sévérité qui allait même jusqu'à les mettre à mort, on comprendra que l'amour de l'astronomie ait dû quelque peu s'éteindre dans le cœur des savants chinois.

Tandis que les astronomes chinois observaient attentivement

1. L'empereur Chingu, vers l'an 1200, reçut des ambassadeurs cochinchinois, et lorsqu'ils prirent congé, il leur fit présent d'une machine très ingénieusement composée, qui, par un mouvement continuel, se tournait toujours vers le midi. Elle s'appelait *Chinan*, nom que les Chinois donnent encore à la boussole.

le ciel et accumulaient des observations dont ils ne tiraient d'ailleurs aucun résultat théorique, les brames hindous suivaient une marche tout opposée. Ils contemplaient le ciel, non pour fixer la position des astres, mais pour imaginer quelque hypothèse sur la constitution de l'Univers. Ce qui nous vient de l'Inde se compose presque exclusivement de théories plus ou moins hasardées sur la formation des mondes. Aussi, dit M. Hoefer, le titre de savant n'était donné qu'aux grammairiens, aux métaphysiciens et aux théologiens. L'astronomie paraît indigne de leur attention, parce que cette science s'occupe d'objets trop matériels ; ils lui préfèrent l'astrologie, parce qu'elle a pour but de pénétrer les desseins du ciel et de prévoir l'avenir. L'astronomie n'est représentée chez les Hindous par aucun homme de génie, et il suffira, pour indiquer l'état d'avancement de cette science, de rappeler que dans l'Inde on croyait que les éclipses étaient dues à l'intervention des monstres *Rehou* et *Cetou*, qui se jetaient sur la Lune. Toutefois il faut retenir que les Hindous concevaient la Terre comme un globe isolé dans l'espace et qui tombait continuellement sans que les hommes en eussent conscience.

Si les Chinois et les Hindous ont été les premiers peuples qui aient cultivé l'astronomie, il faut dire que leurs progrès jusqu'à nos jours ont été à peu près nuls. En voici un exemple. On rapporte qu'il y a quelques années, un brame se trouvant en prison avec un de nos missionnaires, eut de longues conférences avec lui. « Il souffrait assez patiemment que le missionnaire réfutât l'idolâtrie, qu'il dit tout ce qu'il voulait contre les idoles et les dieux; mais quand il vit que le missionnaire prétendait que le Soleil était plus éloigné de nous que la Lune, il se fâcha pour tout de bon et ne voulut plus lui parler. »

§ 3. — L'OBSERVATOIRE DE BABYLONE

Chus, fils de Cham, eut un fils, Nemrod, le grand chasseur, qui s'établit à Babylone. Au bout de peu d'années, l'amour du vrai Dieu disparut du cœur des hommes et l'idolâtrie devint générale. A Babylone on adorait le Soleil sous les noms de Bel, Belus, Baal; on avait construit à ce dieu un temple magnifique, qui est probablement celui que la Bible désigne sous le nom de *tour de Babel*. On voit aujourd'hui encore, sur l'emplacement de l'ancienne Babylone, les ruines de ce temple, qu'on connaît sous le nom de Birs-Nimroud. Ce nom rappelle à la fois un quartier de Babylone (Borsippa) et le fondateur, Nemrod, de l'empire babylonien.

Les prêtres du temple de Baal étaient plus particulièrement désignés sous le nom de Chaldéens; ils se livraient avec ardeur à l'étude du ciel et avaient comme observatoire la partie supérieure du temple dans lequel ils faisaient les sacrifices au Soleil. Les Chaldéens avaient coutume d'inscrire les résultats de leurs observations sur des briques cuites que l'on conservait religieusement à Babylone. Il aurait donc été possible de remonter aux premiers travaux de ces astronomes, si par malheur ces témoignages de la science des Chaldéens n'avaient été perdus dans les circonstances suivantes. Vers l'an 747 avant notre ère, le roi de Babylone, qui s'appelait Nabonassar, voulut que l'histoire des rois assyriens commençât à son règne; tout ce qui précédait son arrivée au trône devait être considéré comme non avenu. En même temps qu'il ordonnait que les années fussent comptées du premier jour de son règne, il faisait détruire tous les monuments existant à Babylone : c'est ainsi que disparurent les briques qui portaient inscrites les recherches astronomiques des Chaldéens. Ce que l'on sait cependant, c'est que les Chaldéens connaissaient la raison des

BIRS-NIMROUD.

éclipses ; ils ne partageaient point les sottes croyances des autres peuples, et non seulement ils avaient observé qu'une éclipse de Lune est produite par l'ombre que la Terre projette sur son satellite, mais encore ils avaient déterminé le retour de ces curieux phénomènes. C'est ainsi qu'ils avaient trouvé qu'au bout de 18 ans le Soleil, la Lune et la Terre occupant les mêmes places respectives dans le ciel, les éclipses devaient se reproduire au bout de cette période, aux mêmes jours de l'année, dans le même ordre et dans les mêmes conditions de grandeur. Ils avaient donné à cette période de 18 années le nom de *Saros*, du mot chaldéen *Sahara* qui veut dire Lune.

Non seulement les Chaldéens avaient inventé l'Astronomie, mais ils avaient encore inventé l'Astrologie, c'est-à-dire l'art de tirer des présages des phénomènes célestes. « Ils se servirent de l'Astrologie, dit l'astronome Petit, pour abuser les

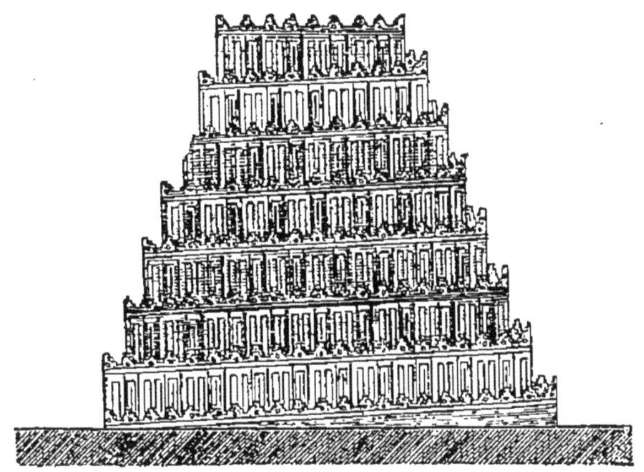

OBSERVATOIRE CHALDÉEN.

peuples, en tirer profit et subvenir aux nécessités engendrées par l'étude de l'Astronomie. Leur doctrine se répandit partout; les habiles princes y trouvèrent leur compte pour la politique, les faux prêtres pour leurs impies religions. » On crut d'après eux que les phénomènes célestes et en particulier les Comètes étaient chargés d'annoncer les guerres, les famines, etc.... et l'on n'évitait ces terribles fléaux que moyennant une forte rançon que les prêtres se partageaient.

§ 4. — LES OBSERVATOIRES ÉGYPTIENS

Chaque peuple a successivement prétendu qu'il était le plus ancien et, à l'appui de cette prétention, a voulu faire remonter son origine aux premiers jours de la création. De là des chronologies fabuleuses qui sont bien faites pour troubler l'historien. Les Égyptiens n'ont pas manqué de se donner une antique origine ; ils prétendaient même que les Chaldéens avaient puisé chez eux leurs connaissances astronomiques.

On a pensé que les Égyptiens descendaient des Éthiopiens. Si l'on se rappelle que l'Éthiopie porta également dans l'antiquité le nom d'*Inde*, on peut supposer qu'une certaine parenté existait entre les Éthiopiens et les Hindous; il n'est donc pas étonnant qu'on retrouve en Égypte un certain nombre d'opinions scientifiques qui sont vraisemblablement dues aux Indiens.

L'inventeur de l'astronomie chez les Égyptiens fut, dit-on, Thoth, auquel ils consacrèrent le premier mois de leur année, parce que le savant astronome avait imaginé le calendrier. Thoth aurait vécu vers l'an 3000 avant notre ère.

Les Égyptiens furent de patients observateurs du ciel. « Ils conservaient, dit Diodore, depuis un nombre incroyable d'années, des registres où leurs observations étaient consignées. On y trouve des renseignements sur les mouvements des planètes, sur leurs révolutions et leurs stations; de plus, sur le rapport de chaque planète avec la naissance des animaux, enfin sur les astres dont l'influence est bonne ou mauvaise. »

Avant tout, les Égyptiens se distinguèrent dans l'art de mesurer. Ils avaient entrepris de déterminer le diamètre du Soleil et celui de la Lune, et reconnu que les planètes Mercure et Vénus tournent autour du Soleil.

Ce furent les Égyptiens qui reconnurent les premiers que c'est au bout de 365 jours et un quart que le Soleil occupe dans le ciel la même position par rapport aux étoiles; nous dirons bientôt que ce fut en observant l'étoile appelée *Sirius* ou encore *Sothis*, que les Égyptiens étaient arrivés à ce résultat exact, et nous rappellerons comment l'observation de l'étoile Sirius leur était imposée par le débordement périodique du Nil. En ne donnant à l'année que 365 jours, il y avait donc un retard de 6 heures dans la position qu'aurait dû occuper Sirius; ce retard était d'un jour au bout de 4 ans et d'une année entière au bout de 4 fois 365 ou 1460 ans : cette période, au bout de laquelle Sirius ou Sothis occupait la même position par rapport au Soleil, s'appelait, on comprend pour quelle raison, *période Sothiaque*.

Ce sont les Égyptiens qui ont donné les noms des sept jours de la semaine, et nous renvoyons nos lecteurs à notre *Légende des Mois* pour tous les détails concernant l'histoire de la Semaine; ils mesuraient le temps à l'aide d'horloges d'eau nommées *clepsydres*.

Toute la science des Égyptiens était religieusement conservée par les prêtres, qui cachaient avec un soin jaloux leurs découvertes non seulement aux étrangers, mais même au peuple. Il fallait des recommandations toutes spéciales et le crédit des rois d'Égypte pour être initié aux connaissances philosophiques et astronomiques des prêtres égyptiens, et encore peut-on supposer que ceux-ci ne révélaient que ce qu'ils voulaient bien faire connaître. Heureusement pour l'histoire, les monuments de l'ancienne Égypte nous donnent une idée exacte du savoir de ceux qui les ont fait construire.

Les pyramides d'Égypte sont assurément de la plus haute antiquité. Sans prétendre, comme le font les musulmans, qu'elles ont été bâties par Gian-ben-gian, monarque universel du monde, qui vivait avant Adam, ou, comme certains le disent, qu'elles furent élevées avant le déluge par un roi nommé Saurid, on peut supposer qu'elles datent de près de 3000 ans avant notre ère.

On compte en Égypte 39 pyramides de diverses grandeurs et en Nubie une centaine. Le groupe de pyramides égyptiennes le plus important est celui de Gizeh ou Djizeh, composé de 9 pyramides, parmi lesquelles se trouvent les monuments de ce genre les plus célèbres, savoir : la pyramide de Chéops, dite la Grande Pyramide; celle de Chéphron et celle de Mycérinus.

La Grande Pyramide a une hauteur de 138 mètres au-dessus du sol, c'est-à-dire plus du double de celle de Notre-Dame de Paris (66 mètres); on évalue son volume à 2 562 576 mètres cubes! Ce que nous voulons faire remarquer, ce n'est pas le gigantesque travail que révèle ce colosse de pierre, travail pour lequel, dit-on, 360 000 manœuvres ou esclaves furent occupés durant vingt années; ce qui nous frappe, c'est que les quatre faces de la pyramide sont exactement orientées et que l'axe du monument correspond à la direction du méridien.

Un astronome contemporain, M. Piazzi Smith, s'est livré à une étude très approfondie de la pyramide de Djizeh. Ce savant prétend que les dimensions, la mesure des angles de l'édifice,... prouvent que les Égyptiens connaissaient le système décimal, le rapport de la circonférence au diamètre, la quadrature du cercle, etc. S'il est permis de concevoir quelques doutes sur les idées préconçues de l'habile savant écossais, il n'en est pas moins vrai que les nombres qu'il a publiés présentent de curieuses coïncidences et qu'on doit considérer les pyramides comme des témoignages irrécusables des connaissances astronomiques des anciens.

A ce point de vue, il convient encore de signaler ces immenses colonnes taillées dans une seule pierre, se rétrécissant de la base au sommet et qu'on nomme des obélisques. Ces masses de pierre pouvaient, comme on l'a supposé, être érigées en l'honneur d'un conquérant ou d'un dieu; mais il est également possible qu'elles aient été utilisées comme *gnomons* pour déterminer la hauteur du Soleil au moyen de

PYRAMIDE DE CHÉOPS.

l'ombre qu'elles produisaient. Les gnomons (d'un mot grec qui signifie indicateur) ont été certainement les premiers instruments astronomiques qui aient été imaginés, parce que « la nature les indiquait pour ainsi dire aux hommes : les montagnes, les arbres, les édifices sont autant de *gnomons* naturels qui ont fait naître l'idée des gnomons artificiels qu'on a ensuite employés partout. »

Un gnomon se compose d'une simple tige disposée verticalement; on place quelquefois à la partie supérieure de cette tige un disque percé en son centre; ce sont les positions différentes de l'ombre de ce disque qui indiquent les mouvements du Soleil. Il existe à Paris, dans l'église Saint-Sulpice, un magnifique gnomon établi en 1742 par l'astronome Lemonnier et dont la hauteur atteint 7 mètres; la plaque percée est adaptée à la partie supérieure du portail latéral du sud, et la trace du plan méridien mené par le trou de cette plaque est

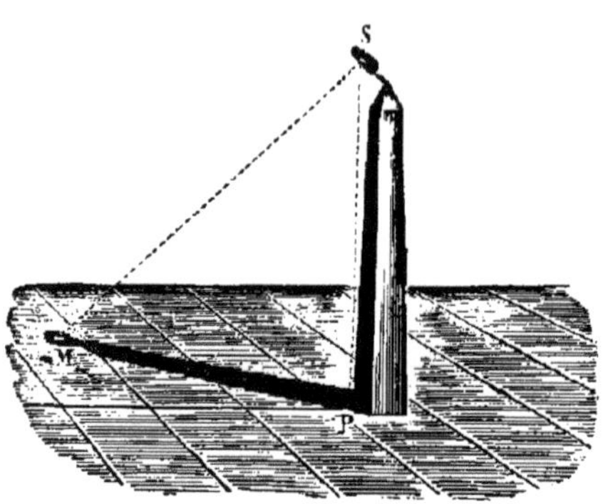

GNOMON.

figurée sur le pavé de l'église par une ligne de cuivre qui la traverse dans sa plus grande largeur.

Nos modernes cadrans solaires ne sont pas autre chose que des gnomons dont la tige, au lieu d'être verticale, est placée dans la direction de la ligne autour de laquelle tourne la Terre et qu'on nomme axe du monde ou bien encore ligne des pôles.

Les obélisques jouaient donc, chez les Égyptiens, le rôle de gnomons. Le plus ancien existait à Héliopolis (ville du Soleil) et paraît remonter à l'an 2530 avant l'ère chrétienne. C'est dans la ville d'Héliopolis que se trouvait le principal collège de prêtres égyptiens.

Parmi les nombreux obélisques qui restent encore debout, malgré les ravages du temps et des hommes, tout le monde connaît l'obélisque dit de Louqsor, du nom d'un village près de Thèbes dans lequel résidaient les rois thébains. Ce mono-

OBÉLISQUES.

lithe a été transporté en France en 1833; il orne actuellement la place dite de la Concorde, à Paris.

§ 5. — L'ÉCOLE D'IONIE

On a fait remarquer avec raison que la grande réputation scientifique des astronomes égyptiens, réputation souvent exagérée, avait été faite par les Grecs et cela par un sentiment de vanité. « Les Grecs avaient tout appris des Égyptiens; ils n'ont connu de peuple vraiment savant que celui qui avait pu les instruire. Ils avaient surpassé les Égyptiens et l'intérêt de la vanité nationale engage secrètement à élever par la louange un peuple qu'on a laissé loin derrière soi. »

Liée par son archipel à l'Asie Mineure, la Grèce a reçu par cette voie les leçons de l'Orient et de l'Égypte. L'expédition célèbre des Argonautes, la guerre contre Thèbes, la guerre contre Troie mirent les Grecs en relation avec les peuples orientaux; aussi, pendant plusieurs siècles, leur science fut empruntée à leurs voisins, bien qu'ils regardassent comme de véritables inventeurs ceux qui l'introduisaient chez eux.

Le premier astronome grec fut Thalès, né à Milet (ville de l'Asie Mineure qui fut la plus célèbre des colonies ioniennes), 641 ans avant Jésus-Christ. Il descendait, dit-on, du phénicien Cadmus, qui apporta en Grèce l'alphabet de son pays.

Thalès expliqua le premier la cause des débordements du Nil et découvrit la propriété curieuse que possède l'ambre frotté d'attirer les corps légers. On sait que cette remarque a été le point de départ de cette admirable science qu'on

LES SEPT SAGES DE LA GRÈCE.

appelle l'électricité. A l'âge de 50 ans, Thalès se rendit en Égypte et vécut avec les prêtres, qui lui communiquèrent leurs connaissances astronomiques et à qui, en échange, il apprit à mesurer la hauteur du Soleil en observant la longueur de l'ombre projetée par les pyramides.

Revenu à Milet, Thalès forma des disciples, auxquels il apprit :

> Que l'eau est le principe de tout;
> Que les étoiles sont d'une nature terrestre, mais enflammée;
> Qu'il n'y a qu'une Terre, placée au centre du monde;
> Que la Lune est éclairée par le Soleil; etc.

Le premier, Thalès sut prédire une éclipse de Soleil qui arriva dans des circonstances assez curieuses : « En ce moment les Lydiens et les Mèdes étaient aux prises. Ils se battaient avec acharnement, quand eut lieu la subite disparition de la lumière du Soleil. Cet événement occasionna aux deux armées ennemies une telle épouvante, que chacun jeta ses armes et refusa de continuer le combat. On se souvint alors de la prédiction de Thalès! »

Thalès fut l'un des sept sages de la Grèce et, avec Solon, le plus illustre. Ce nom de *sages* a été donné à des hommes qui se sont fait remarquer par leurs talents ou leurs vertus; les plus connus sont au nombre de sept : Thalès, Solon, Bias, Chilon, Pittacus, Cléobule et Ésope. L'historien Plutarque raconte qu'ils se réunirent une fois à Corinthe, où ils avaient été invités à un banquet par le tyran Périandre et sa femme. Sur notre gravure on voit Thalès debout, dissertant devant Périandre; au premier plan, à gauche, chacun reconnaît Ésope le bossu.

Thalès mourut de vieillesse. Sur sa tombe on grava ces mots : « Autant le sépulcre de Thalès est petit ici-bas, autant la gloire de ce prince des astronomes est grande dans la région des étoiles. »

Les successeurs de Thalès furent Anaximandre, Anaximène et Anaxagore. Cette similitude de noms provient de ce que les anciens honoraient leurs héros en leur donnant le surnom d'Anax, qui fut, suivant la légende, fils d'Uranus et de la Terre. Anaximandre transporta à Lacédémone les connaissances astronomiques des peuples de l'Asie ; il érigea un gnomon dans cette ville (580) et, le premier, construisit une carte géographique.

On a prétendu qu'Anaximandre croyait que la Terre avait la forme d'un disque plat : c'est évidemment une erreur, qui provient de ce qu'il l'avait représentée par une feuille plane qui était précisément la carte du monde connu à cette époque.

Anaxagore, né en l'an 500 avant J.-C., fut persécuté pour avoir osé soutenir que le Soleil était plus grand que le Péloponèse et que les éclipses étaient un phénomène naturel et non la manifestation de la colère divine. Anaxagore fut condamné à mort. Quand on vint lui apprendre la fatale sentence, il se contenta de dire : « Il y a longtemps que la nature m'avait condamné à mourir. »

Périclès, son disciple, le défendit et lui sauva la vie : il ne fut qu'exilé.

Anaxagore enseigna le premier « que les astres sont formés de substances pesantes comme la Terre, que le Soleil est une masse incandescente, que la Lune est une Terre semblable à la nôtre, composée de vallées et de montagnes. A l'objection qu'on lui faisait que si les astres étaient pesants, ils tomberaient, Anaxagore répondit que *leur mouvement circulaire* les empêchait de tomber ». On sait que c'est effectivement la raison que nous donnons aujourd'hui.

En l'an 494, l'Ionie fut conquise par les Perses; les successeurs de Thalès se rendirent dans la mère patrie : Anaximandre à Sparte, Anaxagore à Athènes; l'école ionienne va disparaître et céder la place à l'école de Pythagore.

§ 6. — L'ÉCOLE DE PYTHAGORE

Pythagore, le plus grand mathématicien, le plus grand philosophe de l'antiquité, naquit vers l'an 580 avant J.-C. On ignore quel fut le lieu de sa naissance : les uns prétendent qu'il vit le jour à Sidon, en Phénicie, et que son nom signifie *prédit par la Pythie*, parce que la Pythie (oracle de Delphes) aurait annoncé à sa mère qu'elle donnerait le jour à un fils illustre par sa sagesse; les autres le font naître à Samos, île et ville de la mer Égée, sur la côte de l'Asie Mineure.

Le fameux Polycrate, tyran de Samos, voulant probablement arrêter une émigration de ses sujets, avait interdit la sortie de l'île aux jeunes gens. Pythagore, bravant la défense, quitta Samos et commença la longue suite de ses voyages. Il se rendit à Milet, où il prit des leçons de Thalès, passa en Phénicie, et vint en Égypte demander aux prêtres d'être initié à leur science.

Pythagore se rendit d'abord auprès des prêtres d'Héliopolis, qui le renvoyèrent aux prêtres de Memphis, et ceux-ci, à leur tour, l'adressèrent aux prêtres de Thèbes. Pour détruire le mauvais vouloir des prêtres thébains, Pythagore n'hésita pas à entrer comme novice dans leur collège; il se soumit à toutes les pratiques qui lui furent imposées et passa vingt années au milieu d'eux.

On raconte que le roi de Perse Cambyse, étant venu envahir

l'Égypte, emmena à Babylone un certain nombre de prisonniers, parmi lesquels se trouvait Pythagore. Notre héros visita la Chaldée, la Perse et même, dit-on, l'Inde, « où la mémoire de son nom subsiste encore ».

Après douze ans de captivité, Pythagore (il avait alors soixante ans) revint à Samos, toujours placée sous la domination du roi de Perse, mais il ne s'y fixa pas. Après un voyage assez long en Grèce et en Italie, Pythagore s'arrêta à Crotone, ville de la Grande-Grèce, dans le Bruttium, sur la mer. C'est là qu'il résolut de fonder un institut dans lequel il professerait ses doctrines.

Pythagore eut une fin tragique. On raconte « qu'un parti s'était formé à Crotone contre les Pythagoriciens, dont l'Institut était depuis longtemps en possession de gouverner la ville, soit directement, soit par son influence. A la tête de cette faction s'était placé Cylon, disciple de Pythagore qui avait été exclu de la communauté. Un jour, comme Pythagore était chez Milon avec ses amis, Cylon arrive avec un grand nombre de ses partisans, et met le feu à la maison ». Pythagore, âgé de quatre-vingts à quatre-vingt-dix ans, périt dans les flammes

Pythagore fut le chef d'une école qui compta d'illustres astronomes : Nicétas, Héraclide du Pont, Philolaüs... Voici quelle était la base de son enseignement : Le Soleil est immobile dans l'espace et c'est autour de lui que circulent les planètes et en particulier la Terre ; les deux étoiles nommées Hesper et Lucifer ne sont qu'un même astre, la planète Vénus. La Terre est ronde, de telle sorte qu'il peut exister des habitants, droits sur leurs pieds dans une direction opposée à celle que nous avons sur notre hémisphère. La Terre tourne sur elle-même et produit ainsi, par ce mouvement, la nuit et le jour.

Toutes les idées pythagoriciennes que nous venons de rappeler sont parfaitement exactes et la science moderne les a confirmées. Quelques auteurs ont nié que Pythagore connût le mouvement de translation de la Terre autour du Soleil; nous ne discuterons point la question. A côté de ces affirmations exactes, Pythagore et ses disciples émettaient des avis erronés sur un certain nombre de points.

Ainsi, Pythagore disait que les étoiles sont attachées à une

PYTHAGORE A CROTONE.

sphère de cristal; que chaque planète avait également une sphère à laquelle elle était fixée; que tous les astres se mouvaient en décrivant *la ligne parfaite*, le cercle.... Pythagore admettait la pluralité des mondes et il affirmait, par exemple, que les animaux qui sont dans la Lune sont quinze fois plus forts que ceux de notre globe!

Avant d'arriver à Platon, il convient de citer quelques noms d'astronomes qui appartiennent soit à l'école de Pythagore, soit à l'école dite d'Élée, dont le fondateur, Xénophane, mourut dans la ville d'Élée. Citons, en passant :

Le philosophe EMPÉDOCLE, qui se jeta, dit-on, dans le cratère de l'Etna, afin de ne laisser aucune trace de sa mort ;

NICÉTAS, qui affirma aussi catégoriquement que le fit plus tard Copernic que « la Terre était en mouvement et que nous avions les mêmes apparences que si, la Terre étant en repos, le ciel lui-même était en mouvement » ;

MÉTON, dont nous avons raconté l'histoire dans notre *Légende des Mois*, et qui remarqua qu'au bout de dix-neuf ans la Terre et le Soleil occupaient les mêmes positions respectives ;

DÉMOCRITE, qui déclara le premier que la Voie lactée était un amas d'étoiles infiniment éloignées et dont la lumière se confond pour ne former qu'une lueur blanchâtre.

Le grand philosophe Platon, élève de Socrate, naquit en l'an 424 avant J.-C. S'il ne fut pas à proprement parler un astronome, son nom doit cependant être prononcé ici, car il comprit le premier que l'Astronomie ne consistait pas seulement à observer avec soin le lever et le coucher des astres, mais qu'elle avait un but plus relevé, celui de déterminer les lois générales du mouvement des corps célestes. Un élève de Platon, Eudoxe, essaya de déterminer les lois que suivent les astres que Platon avait si ingénieusement appelé *les instruments du temps*, et fut le premier des savants de cette école qu'on appelait *académique*, parce que Platon avait fondé son école à Athènes, dans un lieu environné d'arbres qui s'appelait Académie, du nom du propriétaire.

Il conviendrait peut-être de parler ici d'Aristote et de quelques-uns de ses disciples, parmi lesquels se trouvait Pythéas, astronome marseillais; je préfère m'arrêter quelques instants devant la curieuse figure des savants de l'école d'Alexandrie.

---

§ 7. — L'OBSERVATOIRE D'ALEXANDRIE

Alexandrie, ville de la basse Égypte, qui fut jadis, après Rome, la première ville du monde, fut fondée par Alexandre le Grand en l'an 332 avant J.-C. Le conquérant macédonien avait parmi ses lieutenants un homme d'un grand mérite, Ptolémée surnommé Soter (le Sauveur), qui devint roi d'Égypte après la mort d'Alexandre. Ce Ptolémée avait au plus haut degré le goût des connaissances littéraires et scientifiques; il ne se contenta pas de faire construire dans la ville nouvelle les plus beaux monuments, phare, obélisques, observatoire, il appela autour de lui les savants les plus renommés. « Le Muséum, vaste édifice qui touchait au palais du roi, contenait la plus riche des bibliothèques et un observatoire modèle. C'est là qu'on venait s'instruire aux leçons d'Aristide, de Tymocharis, de Dionysius, d'Aristarque de Samos, d'Ératosthène, d'Hipparque, de Ptolémée.... »

Nous nous contenterons de signaler les tentatives d'Aristarque pour déterminer la distance qui sépare la Terre du Soleil et dont il sera parlé plus loin, celles d'Ératosthène pour mesurer la grandeur de la Terre, et nous arrivons de suite au véritable créateur de l'astronomie mathématique, au plus grand astronome de l'antiquité, à Hipparque.

Hipparque naquit à Nicée, en Bithynie, vers l'an 200 avant notre ère. La Bithynie est au nord de l'Asie Mineure; elle est bornée au nord par la mer Noire et au sud par la Galatie et la Phrygie.

Dans sa jeunesse, Hipparque observa les astres dans sa ville natale. Plus tard il alla s'établir dans l'île de Rhodes et enfin,

PTOLÉMÉE FAIT CONSTRUIRE LE MUSÉE D'ALEXANDRIE.

bien que le fait ait été discuté, il paraît hors de doute qu'il se rendit à Alexandrie.

Hipparque fut le premier qui songea à dresser un catalogue d'étoiles. « Il osa, dit l'historien Pline, tenter une entreprise qui serait grande, même pour un dieu. Il conçut le hardi dessein de transmettre à la postérité le nombre des étoiles, et,

HIPPARQUE A L'OBSERVATOIRE D'ALEXANDRIE

au moyen d'instruments qu'il avait inventés, de soumettre à des règles la distribution des astres dans les champs célestes, et de désigner le lieu, la grandeur et l'éclat de chacun, afin de pouvoir, par là, facilement distinguer non seulement s'ils naissaient ou se rapprochaient de nous, mais généralement dans quel sens ils se mouvaient ou se dirigeaient, ou bien encore s'ils s'accroissaient ou s'amoindrissaient dans le ciel, laissé en héritage à tous. »

Le catalogue d'Hipparque contient 1026 étoiles; il a servi de base à l'astronomie du moyen âge.

Parmi les instruments dont se servait Hipparque, on remarque de longs tubes qui ressemblent à nos lunettes modernes; seulement ces tubes n'avaient pas de verres : ils étaient creux et permettaient uniquement de mieux distinguer les étoiles. On sait, en effet, qu'au fond d'un puits profond, l'astronome ne recevant pas la lumière diffuse du Soleil peut voir les étoiles même en plein jour. Le puits joue ici le même rôle que les tubes creux dont se servaient les premiers astronomes. Hipparque se servait d'un instrument nommé *Astrolabe*, ce qui veut dire *preneur d'astres*, composé de cercles les uns fixes, les autres mobiles, qui portaient le nom d'*Armilles*. Nous ne chercherons pas à savoir si l'instrument fut imaginé effectivement par Hipparque ou s'il fut renouvelé des appareils dont se servaient depuis longtemps les Chinois. Le cercle gradué qu'on voit de face sur notre dessin était suspendu au plafond de la salle ou reposait sur un pied vertical; on le dirigeait exactement dans le plan du méridien. Les autres cercles, dont nous ne voulons pas décrire l'emploi, permettaient de rapporter les distances des étoiles soit à l'équateur terrestre, soit à la courbe appelée écliptique que la Terre décrit autour du Soleil.

A côté de l'astrolabe, on a placé sur notre dessin une sphère faite en une étoffe de couleur foncée où étaient figurées en blanc les principales étoiles des constellations et dont l'examen permettait de s'assurer si les étoiles ne changeaient pas de positions relatives.

Hipparque, nous l'avons dit, détermina la position exacte dans le ciel de 1026 étoiles; il dressa des tables du mouvement du Soleil et de la Lune et avait conçu le projet de faire de même pour les planètes ; il reconnut que l'année solaire n'était pas exactement de 365 jours et 6 heures et qu'il fallait la réduire de 5 minutes; actuellement nous savons que l'année est encore moins longue et égale à 365 jours 5 heures $48^{m}51^{s}$.

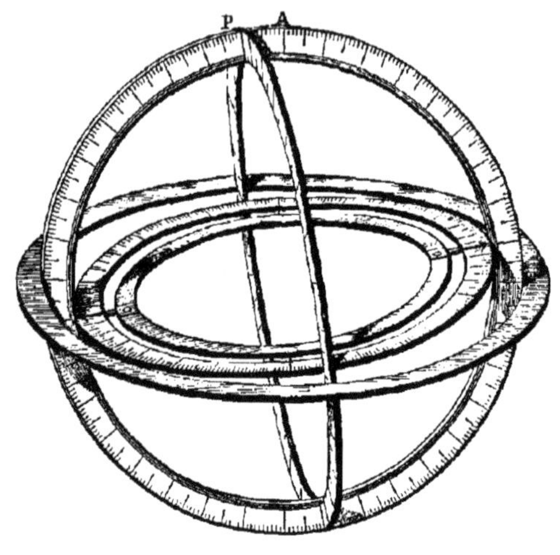

ASTROLABE.

Mais la découverte la plus importante d'Hipparque, découverte qui suffirait seule à immortaliser son nom, est celle de la *précession des équinoxes.* Le Soleil, dans son mouvement *apparent* autour de la Terre, décrit une courbe nommée écliptique, qui rencontre l'équateur terrestre en deux points situés aux extrémités d'un même diamètre. Ces deux points portent le nom d'Équinoxes, de deux mots qui signifient *nuit égale,* sous-entendu au jour, parce que lorsque le Soleil est en ces deux points, le 21 mars et le 21 septembre, les jours sont égaux aux nuits.

Les points équinoxiaux ont pour nous la plus grande importance, parce qu'ils fixent le commencement de nos saisons. Hipparque eut l'occasion de mesurer la distance qui séparait l'étoile appelée *l'Épi* du point équinoxial d'automne, mesure qui avait été déjà faite avant lui par l'astronome Timocharis; il reconnut que cette distance avait varié, qu'elle était devenue plus petite, comme si le point équinoxial s'était avancé sur l'écliptique. En répétant la même opération sur diverses étoiles, Hipparque constata que le résultat était toujours le même. Le Soleil ne se trouve donc pas chaque année, à la même date, au même point de l'équateur terrestre; il avance d'une quantité, très faible sans doute, 50 secondes[1] chaque année, mais qui devient égale à plus d'un degrée demi au bout de cent ans et de 360 degrés, c'est-à-dire une circonférence entière, au bout de vingt-cinq mille ans. C'est ce phénomène auquel on a donné le nom de *Précession des équinoxes.*

On ne connaît ni la date de la mort, ni le lieu où mourut le grand astronome Hipparque.

Il nous faut maintenant franchir un intervalle de quatre siècles avant de trouver un astronome comparable à ce grand savant. Ce n'est pas que, pendant ce long intervalle, des travaux importants n'aient été accomplis; ainsi, l'illustre Archimède mesura le diamètre du Soleil; Posidonius, le maître de Cicéron, entreprit de mesurer la grandeur de la Terre et la distance de celle-ci au Soleil ; Cléomède montra que les étoiles sont aussi grandes que le Soleil et, le premier, parla de la déformation que les rayons lumineux qui nous viennent des astres éprouvent en traversant l'atmosphère ; Sosigène, enfin, aida Jules César à réformer le calendrier romain et imagina le

1. Il faut bien remarquer que ces secondes ne se rapportent pas au temps. On a divisé les circonférences en 360 *degrés;* chaque degré a été divisé en 60 parties égales appelées *minutes* et chaque minute en 60 parties égales appelées *secondes.* Il faut donc distinguer les secondes de temps qu'on désigne par un *s* et les secondes d'arc qu'on représente par deux virgules accolées (").

calendrier qu'on appelle *Julien*, du nom du célèbre conquérant romain.

Claude Ptolémée, le plus célèbre astronome de l'école d'Alexandrie, naquit à Ptolémaïs, ville grecque de la Thébaïde, province de la haute Égypte ; on ignore la date exacte de sa naissance, mais on sait qu'il observait le ciel à Alexandrie vers l'an 139 de l'ère chrétienne. On suppose qu'il descendait des rois d'Égypte, successeurs de Ptolémée, surnommés Soter et Lagus, et qui portaient pour cette raison le nom de Lagides ; ils régnèrent jusqu'en l'an 30 avant Jésus-Christ, époque à laquelle l'Égypte devint province romaine. L'œuvre de Ptolémée est tout entière contenue dans un livre qu'il composa et qui nous est connu sous le titre d'*Almageste*, nom formé du mot arabe *al* et du superlatif grec *megistos*, très grand.

Ptolémée nia le mouvement de rotation de la Terre sur elle-même et son mouvement de translation autour du Soleil, vérités qui avaient été proclamées par l'école de Pythagore. Tout en reconnaissant que « la Terre, malgré sa grosseur, n'est pourtant qu'un point, comparativement à l'étendue de l'univers qui la contient », Ptolémée fait de ce point le centre du monde. En faisant tourner le Soleil et les planètes autour de la Terre immobile, il paraît même ignorer que les anciens Égyptiens savaient déjà qu'au moins Mercure et Vénus tournent autour du Soleil.

L'hypothèse de Ptolémée rencontrait pourtant de sérieuses objections. Quand on observe les planètes, on remarque que le mouvement qui les entraîne d'orient en occident paraît s'arrêter à certains moments ; la planète semble immobile, puis elle repart dans une direction opposée à la première. Ce phénomène, connu sous le nom de *station* et de *rétrogradation*, s'explique facilement quand on se rappelle que les planètes se meuvent avec des vitesses différentes et qu'elles décrivent des courbes allongées. Ptolémée imagina que les planètes décrivaient, non des cercles, mais des courbes assez compliquées

PTOLÉMÉE A L'OBSERVATOIRE D'ALEXANDRIE.

qu'on peut voir sur notre dessin et qui portent le nom d'Épicycles.

Jusqu'ici nous n'avons signalé que les erreurs contenues dans l'*Almageste*, il faut maintenant reconnaître que ce livre important nous conserva les anciennes observations et établit

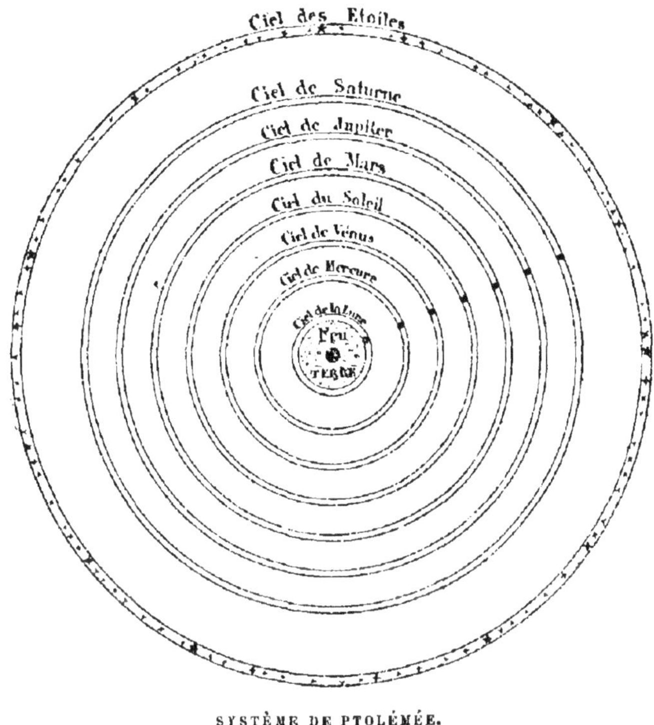

SYSTÈME DE PTOLÉMÉE.

une communication entre l'astronomie ancienne et la moder

« Sans l'*Almageste* nous n'aurions eu ni Képler, ni par conséquent Newton. Ptolémée n'a pas été un grand astronome, puisqu'il n'a rien observé...., mais il fut un savant laborieux, un mathématicien distingué. Il a rassemblé en un corps de doctrine ce qui était disséminé dans les traités particuliers de ses prédécesseurs. »

Bien que l'école d'Alexandrie ait duré cinq siècles après la mort de Ptolémée, aucun astronome n'améliora les théories erronées de l'auteur de l'*Almageste*, et il fallut attendre quatorze siècles avant que le véritable système de l'univers fût enfin connu. Comment d'ailleurs un astronome aurait-il eu

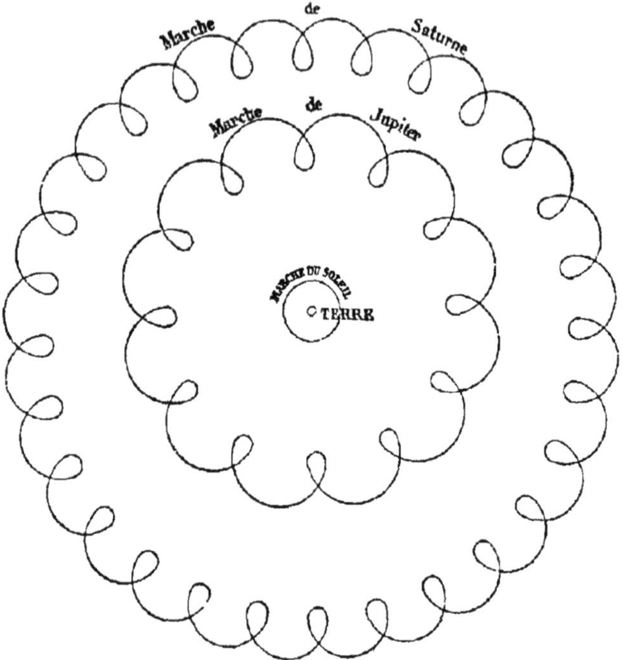

ÉPICYCLES DE PTOLÉMÉE.

l'audace de penser autrement que Ptolémée, dont la doctrine était universellement adoptée! Nous donnerons une juste idée de l'admiration des savants de l'Orient pour l'*Almageste*, en rapportant qu'une des conditions du traité de paix conclu par les califes vainqueurs avec les empereurs de Constantinople fut le don d'une édition manuscrite de l'ouvrage de Ptolémée.

§ 8. — NICOLAS COPERNIC

Avant de raconter la vie de Copernic, le véritable fondateur de l'astronomie moderne, il convient de rappeler que cette science, presque abandonnée par les Grecs, compta en Orient d'illustres représentants. Ce furent les Arabes qui devinrent les héritiers de Ptolémée, et l'école de Bagdad rivalisa un moment avec les écoles d'Alexandrie et d'Athènes.

Il nous suffira de citer quelques noms : *Al-Mamoun*, calife de la famille des Abbassides, fils d'Haroun-al-Raschid (en l'an 800 de notre ère), fit exécuter, dans les plaines de la Mésopotamie, deux opérations destinées à déterminer la longueur de la circonférence de la Terre; *Albatenius* mesura l'obliquité de l'écliptique et corrigea la valeur du mouvement de précession des équinoxes; *Aboul-Wefa* fit une étude approfondie des mouvements de la Lune et se servit heureusement du mode de calcul que nous appelons *trigonométrie*.... Aboul-Wefa mourut en 998, et, sans transition, nous passons au quinzième siècle afin de ne tracer que les grandes lignes de l'histoire de l'astronomie.

Nicolas Copernic naquit en 1473, le 12 février, dans la ville de Thorn, capitale de la Prusse polonaise. Il fit ses études élémentaires dans sa ville natale, puis, à dix-huit ans, se rendit à l'Université de Cracovie, où il apprit la philosophie, la médecine et même la peinture.

A cette époque, les jeunes gens complétaient leurs études par des voyages et faisaient un séjour plus ou moins long dans les principales universités d'Italie : Copernic se rendit à Padoue, à Bologne, puis à Rome.

Copernic rencontra à Bologne un savant professeur, Dominique Maria, qui lui inspira le goût de l'astronomie. A Rome, il trouva encore vivant le souvenir d'un grand astronome, Regiomontanus [1], et, frappé sans doute de l'enthousiasme qu'avaient provoqué les leçons de ce savant, il sentit la noble ambition de le prendre pour modèle. Copernic enseigna l'astronomie aux Romains, naturellement d'après les idées de Ptolémée. Il ne tarda pas à reconnaître que les doctrines du célèbre savant présentaient une confusion qui les rendait inacceptables et, de ce jour, songea sans relâche à créer une doctrine nouvelle. Après avoir séjourné quelque temps à Rome, où il observa une éclipse de Lune, Copernic revint à Thorn et, afin de pouvoir s'adonner tout entier aux sciences, embrassa l'état ecclésiastique : il fut nommé chanoine à Frauenbourg, ville polonaise sur les bords de la Vistule.

Nous n'écrivons pas une biographie de Copernic : aussi n'avons-nous pas à nous occuper de ses démêlés politiques avec l'ordre religieux Teutonique, non plus que de ses travaux mécaniques; nous ne parlerons que de l'ouvrage qui immortalise son nom, ouvrage publié en latin sous le titre : *de Revolutionibus orbium cœlestium*, « Sur les mouvements des corps célestes ».

Durant trente années, Copernic garda le manuscrit de son ouvrage, n'osant pas le publier, de peur qu'on n'opposât à ses

1. Regiomontanus s'appelait de son vrai nom Muller. Comme il était né à Kœnigsberg (en allemand, *montagne du roi*), il prit le nom latinisé de sa ville natale. Né en 1436, Régiomont, après avoir publié de nombreux ouvrages d'astronomie et professé avec le plus grand succès à Rome, mourut à l'âge de quarante ans, dans des circonstances singulières. Il avait relevé un certain nombre de fautes qu'un auteur avait commises dans une traduction de l'*Almageste;* les fils de l'auteur critiqué l'assassinèrent. C'est peut-être l'unique fois qu'un assassinat eut pour cause des barbarismes ou des solécismes signalés dans une traduction.

doctrines les affirmations contenues dans les Livres sacrés. Enfin, il permit à son disciple Rhéticus de livrer le manuscrit à l'impression. Copernic avait alors soixante-six ans. La première épreuve du livre fut apportée à Copernic au moment même où

COPERNIC OBSERVANT A ROME UNE ÉCLIPSE DE LUNE.

il allait mourir, le 23 mai 1543. Il eut encore la joie de le tenir pendant quelques instants entre ses mains défaillantes.

Quelle était donc cette doctrine nouvelle qui pouvait être condamnée par l'Église et qui le fut en effet? Elle se résume en un mot : Le Soleil est immobile dans l'espace et toutes les planètes, la Terre comprise, circulent autour de lui. Nos lecteurs savent que cette idée, en somme, n'était pas nouvelle; Copernic lui-même rappelle que les disciples de Pythagore professaient déjà la doctrine du mouvement de la Terre. Mais cette théorie, que nous savons aujourd'hui être la vraie, n'avait pas tardé à être abandonnée : ce fut Copernic qui eut la gloire de l'établir par des preuves irrécusables.

Écoutons Copernic parler lui-même de sa découverte ; il compare notre monde à un temple magnifique dont le Soleil occupe le centre. « Qui pourrait assigner, dit-il, dans ce temple un autre lieu d'où le flambeau du monde pût distribuer plus convenablement ses rayons dans l'espace immense qu'il embrasse!.... L'astre du jour, assis sur son trône royal, au centre de notre univers, gouverne la famille céleste qui tourne dans l'espace autour de lui. » Et plus loin : « La première et la plus élevée de toutes les sphères qui entourent le Soleil est celle des étoiles fixes; en embrassant toutes les autres, elle est immobile, et c'est à elle qu'on rapporte les mouvements et les positions des astres de notre monde.... Au-dessous de la sphère des étoiles est l'orbite de Saturne, dont la révolution est de trente ans; puis viennent successivement les orbites de Jupiter, qui fait en douze ans le tour du ciel; de Mars, qui fait sa révolution en deux ans; de la Terre avec la Lune, qui fait la sienne en un an; de Vénus, qui fait son tour du ciel en neuf mois; enfin de Mercure, qui fait le sien en quatre-vingt-huit jours. Au milieu de tous ces orbes réside le Soleil. Quelle meilleure demeure aurait-on pu assigner à l'astre lumineux pour éclairer ce temple magnifique! »

Nous verrons plus loin que Copernic se trompait en supposant que les planètes décrivent des cercles ; nous dirons bientôt que ces orbites sont des cercles allongés, qu'on appelle en géométrie des ellipses.

La doctrine de Copernic fut condamnée par le terrible tribunal de l'Inquisition, qui était chargé par l'Église romaine de rechercher et de punir l'hérésie, c'est-à-dire les doctrines qui s'écartaient de celles professées par l'Église. En l'an 1600, un philosophe italien fut brûlé vif à Rome pour avoir professé la doctrine de Copernic; nous dirons plus loin qu'un sort pareil faillit échoir au grand astronome Galilée.

Ainsi, ce fut en vain que Copernic écrivait dans la préface de son livre : « Si quelques hommes légers et ignorants voulaient abuser contre moi de quelques passages de l'Écriture dont ils détournent le sens, je méprise leurs attaques téméraires. Les vérités mathématiques ne doivent être jugées que par des mathématiciens. »

COPERNIC.

Mais quelle était donc l'hérésie de Copernic? De quels passages de l'Écriture s'armait-on pour le combattre? Il est dit que *Josué arrêta le Soleil;* et par conséquent il fallait que le Soleil fût en mouvement!!

Au milieu du dix-huitième siècle, l'inflexible sentence durait encore et les esprits les plus sensés n'osaient se déclarer partisans du système de Copernic. En 1746, le Père Boscovich, savant astronome qui nous a laissé un intéressant travail sur les comètes, s'empressait de déclarer : « Pour moi, plein de respect pour les saintes Écritures et pour le décret de la sainte Inquisition, je regarde la Terre comme immobile. » Mais une fois en règle avec sa conscience, le savant ajoute aussitôt : « Toutefois, pour la simplicité des explications, *je ferai comme si la Terre tournait.* »

Vous vous étonnez peut-être qu'au milieu du dix-huitième siècle l'intolérance fût aussi profonde et vous vous imaginez que depuis longtemps le décret de l'Inquisition a dû disparaître. Écoutez :

« Le 5 mai 1829, à Varsovie, la Société des amis des sciences élevait à Copernic une statue exécutée par le célèbre sculpteur Thorwaldsen. C'était une fête nationale, puisqu'on célébrait une des gloires les plus pures de la Pologne. Les rues que le cortège devait parcourir pour se rendre dans la partie de la ville où s'élevait le monument, et ce lieu lui-même, étaient occupés par une foule immense. Toutes les fenêtres étaient pavoisées ou garnies de feuillage et de fleurs. Le cortège arrive à l'église où l'on devait célébrer la messe. La foule remplissait ce temple majestueux, mais le temple était désert. On attendit longtemps; mais l'heure indiquée pour le service divin se passa, et aucun prêtre ne parut. Les prêtres de Varsovie n'avaient pas cru devoir, par leur présence dans l'église, honorer la mémoire du chanoine de Frauenbourg, dont le livre avait été condamné, deux siècles auparavant, par le tribunal de Rome. » (FIGUIER.)

« Le digne et honorable docteur Nicolas Copernic, dit un de ses contemporains, a laissé échapper son ouvrage quelques jours avant de quitter cette terre, comme le cygne chante avant de mourir. » Et Fontenelle s'exprime en ces termes : « Copernic

COPERNIC A SON LIT DE MORT.

se défiait fort du succès de son opinion. Il fut très longtemps à ne la vouloir pas publier. Enfin il s'y résolut, à la prière de gens très considérables; mais aussi, le jour qu'on lui apporta le premier exemplaire imprimé de son livre, savez-vous ce qu'il fit? Il mourut. Il ne voulut point essuyer toutes les contradictions qu'il prévoyait, et se tira habilement d'affaire. »

Au seizième siècle, un très petit nombre d'astronomes défendaient les idées de Copernic ; un bien plus grand nombre les attaquaient; je ne les passerai pas en revue. Tout au plus conviendra-t-il de citer le nom d'Apianus, qui proposa le premier de se servir de verres colorés pour observer le Soleil et qui remarqua que les queues des comètes sont toujours situées à l'opposite du Soleil; le nom du médecin Fernel, qui reprit la mesure de la grandeur de la Terre ; enfin le nom du pape Grégoire XIII, qui substitua le calendrier dit *grégorien* au calendrier de Jules César.

Nous aurons donné une idée suffisante de la réforme grégorienne en rappelant que depuis l'année 1582 les conventions suivantes ont été adoptées : les années ont 365 jours; tous les quatre ans on ajoute un 366e jour placé à la fin du mois de février : cette année-là est dite bissextile; parmi les années séculaires, celles-là seules sont bissextiles qui se composent d'un nombre de siècles *divisible par 4*. Ainsi l'an 1600 est bissextile; 1700, 1800, 1900 ne le sont pas; l'année 2000 sera une année bissextile.

---

§ 9. — L'OBSERVATOIRE DE TYCHO-BRAHÉ

Le 13 décembre 1546 naquit à Knudstrop, en Scanie (Danemark), le célèbre Tycho-Brahé, qui fut le plus grand de tous les astronomes observateurs. On raconte qu'à l'âge de treize ans Tycho assista à Copenhague, où il suivait les cours de l'Université, à une éclipse totale de Soleil; frappé de l'exactitude avec laquelle ce phénomène avait été prédit, le jeune homme résolut de se livrer à l'étude d'une science qui produisait de tels résultats.

En 1562, Tycho se rend à Leipzig, et, malgré l'avis de sa famille, délaisse l'étude du droit pour l'étude du ciel. Il dépense l'argent qui lui est donné en livres et en instruments d'astronomie, et la nuit, quand son précepteur est endormi, il s'assied sur le bord de la fenêtre et observe le ciel. Là, un compas à la main, il essaye de mesurer la distance angulaire qui sépare les astres; à ce moment Tycho n'avait pas seize ans.

Revenu dans sa famille et ne pouvant supporter les moqueries de tous les siens qui voient avec peine un jeune homme noble s'occuper de travaux mathématiques (!), Tycho se rend seul à Rostock. « Je me suis procuré, écrit-il à l'un de ses amis, une habitation assez commode pour étudier le ciel, disposée selon mes goûts et conforme à mes désirs. C'est là que, s'il plait à Dieu, je passerai l'hiver. »

Tycho quitte Rostock, voyage en Allemagne et, quand il rentre dans sa famille (1570), il obtient enfin la permission de se livrer à son étude favorite. C'est à cette époque qu'il observa une *étoile nouvelle* et publia à cette occasion un magnifique mémoire; sa réputation devint telle, qu'il fut prié par le roi de professer l'astronomie à l'Académie de Copenhague. Tycho aurait bien voulu refuser, car il lui semblait que sa noblesse

TYCHO-BRAHÉ.

dérogeait en faisant un cours! mais comment refuser au roi? Aussi écoutez le début de la première leçon de Tycho: « Hommes illustres! et vous jeunes étudiants! j'ai été prié, non seulement par quelques-uns d'entre vous, mais aussi par notre sérénissime roi lui-même, d'exposer dans des séances publiques quelques parties des sciences mathématiques. Une pareille tâche, qui ne m'est pas familière, ne convient guère mieux *à mon rang et à ma naissance* qu'à la faiblesse de mon génie et de mes études. Mais il ne m'est pas permis de résister à un désir qui est exprimé par la majesté royale. »

Son cours étant fini, Tycho recommence ses voyages en Allemagne et en Italie; il se rend à Cassel, à Francfort, passe en Suisse, en France, en Italie.... et, lorsqu'il revient dans sa famille, il apprend avec une joie qui se devine que le roi de

OBSERVATOIRE DE TYCHO-BRAHÉ.

Danemark lui concède en toute propriété l'île d'Hueno, située dans le détroit du Sund, afin qu'il puisse établir un observatoire et que, de plus, Frédéric II s'engage à payer tous les frais qu'exigera cette construction.

L'observatoire construit par Tycho-Brahé prit le nom d'*Uranienbourg*, palais d'Uranie, déesse de l'astronomie. « C'était un véritable château, construit sur le plateau central de l'île, à un quart de lieue de la mer. Avec le luxe d'un grand seigneur et l'intelligence d'un astronome consommé, Tycho réunit aux

TYCHO-BRAHÉ ÉTUDIE L'ASTRONOMIE.

convenances d'une existence fastueuse toutes les dispositions favorables à l'étude de l'astronomie. Dans les appartements, décorés de peintures et de statues, d'ingénieuses inscriptions rappelaient les progrès de la science du ciel et la mémoire des plus illustres astronomes.... Des laboratoires de chimie permettaient, conformément aux idées de l'époque, de mêler à l'étude des astres celle des métaux soumis à leur influence. Une vingtaine de jeunes gens, choisis parmi les plus habiles des universités danoises, étaient employés aux calculs et aux observations. » Dans les jardins se trouvait un pavillon portant le nom de *Stelleborg* (château des étoiles) pour observer le ciel pendant le jour.

De 1577 à 1597, Tycho ne cessa de doter la science des plus intéressantes observations astronomiques.

Mais, à la mort du roi de Danemark Frédéric II, les ennemis de Tycho agirent auprès du nouveau roi et créèrent à l'astronome tant de difficultés, que celui-ci dut abandonner son magnifique observatoire. Quels étaient ces ennemis? Tycho, il faut bien le dire, avait un caractère très difficile; l'un de ses élèves, l'illustre Képler, disait de lui : « Tycho est un homme avec lequel on ne peut vivre sans être sans cesse exposé à de cruelles insultes. » On remarquera d'ailleurs que les plus grands astronomes ont inspiré peu d'affection à leurs disciples : Tycho, Newton, Le Verrier ont été des savants du plus grand mérite, mais en même temps des esprits chagrins qui ont rendu malheureux ceux qui les entouraient. Non seulement Tycho avait blessé ceux qui travaillaient avec lui, mais il avait pour ennemis tous les grands qui étaient jaloux de sa faveur auprès du roi, les médecins qui lui reprochaient de donner des consultations gratuites aux malheureux....

On l'accusait en outre de sorcellerie. « Il avait un goût prononcé pour la magie. Il avait une collection variée d'automates, d'instruments de physique et de machines, dont il se servait pour produire, comme dans la magie, ces apparitions étranges qui effrayent les ignorants. Il prenait un plaisir infini à se moquer de la crédulité des paysans de son île, lesquels s'imaginaient voir réellement des démons. Son étude constante du ciel lui avait fait la réputation de connaître l'avenir.... Il avait disposé, dans une pièce située au-dessus de sa chambre à coucher, des appareils qui correspondaient avec sa chambre, avec la salle à manger, avec le musée de l'observatoire, et il produisait des effets analogues à ceux qu'on montre aujourd'hui en évoquant les esprits. »

Tycho, quittant Uranienbourg, fut accueilli à bras ouverts par l'empereur d'Allemagne, Rodolphe II, qui lui fit don d'un hôtel magnifique dans la ville de Prague. Tycho ne survécut que peu de temps à la perte de son observatoire.

Le 13 octobre 1601, il mourut en prononçant ces mots : « Il me semble que ma vie n'a pas été inutile! » La cause de sa mort paraît assez curieuse. On raconte que, se trouvant à dîner chez un grand seigneur de Prague, il fut pris d'un violent malaise et que, victime de l'étiquette, il ne voulut point sortir. Rentré chez lui, il fut pris de violentes douleurs et mourut.

Nous avons déjà raconté dans un précédent volume[1] quelques traits caractéristiques de la vie de Tycho et qui se rapportent à ses croyances astrologiques.

Tycho avait, paraît-il, reconnu d'après l'observation de la planète Mars que son visage serait difforme. Et le fait se réalisa. Arago nous raconte que, voyageant en Allemagne, Tycho eut une querelle à propos... d'un théorème de géométrie. La querelle s'envenima : un duel s'ensuivit, à la suite duquel Tycho perdit son nez. Il faut croire que ce cruel accident désespéra Tycho comme homme, mais qu'il le remplit de joie comme astrologue. La fatalité, sous les traits de la planète Mars, ne l'avait-elle pas averti? Notre savant dut se faire mouler un faux nez en cire.

1. *Curiosités scientifiques*, page 108.

On raconte encore qu'au début de la maladie qui devait l'emporter, Tycho reconnut que la planète Mars occupait dans le ciel la même place qu'au moment de sa naissance; de plus, la Lune était en opposition avec Saturne! Ce fut en vain que les médecins le supplièrent de ne pas manger; à quoi bon? Les astres n'annonçaient-ils pas sa mort? Tycho refusa de se soumettre au régime de la diète et mourut.

Le grand astronome d'Uranienbourg fut avant tout un excellent observateur. Il faut citer ses recherches sur la déviation des rayons lumineux, phénomène qui porte le nom de *réfraction* et qui avait été déjà signalé par Cléomède; sur les mouvements de la Lune, sur les comètes..... Il publia un catalogue d'étoiles et, au moment de mourir, demanda à Képler de le continuer.

Tycho ne fut pas un homme de génie comme Copernic. L'astronome Bailly a admirablement dessiné la silhouette de ces deux savants : « Copernic, dit-il, fut le législateur de l'astronomie; il avait réformé le système du monde. Mais l'art d'observer demandait un réformateur; ce réformateur fut Tycho-Brahé, doué de l'esprit des détails, souvent plus utile que celui de l'ensemble. La science alors avait besoin de faits, il perfectionna les moyens de les acquérir; il fut un observateur infatigable. »

Tycho voulut cependant imaginer lui aussi un système astronomique; malgré son admiration pour Copernic, il repoussa sa doctrine, qui était pourtant la vraie. Sans doute Tycho ne croyait plus, comme autrefois Ptolémée, que toutes les planètes circulaient autour de la Terre; il admit comme Copernic que toutes elles circulent autour du Soleil, toutes sauf la Terre. Et il modifia la théorie de Copernic en supposant que le Soleil et son cortège de planètes tournait autour de la Terre. Cette conception était erronée.

---

§ 10. — L'OBSERVATOIRE DE JEAN KÉPLER

A l'Observatoire de Prague, Tycho-Brahé avait eu pour élève Jean Képler et, bien que ces deux hommes n'aient pu vivre longtemps ensemble à cause de la différence de leurs caractères, ce fut à Képler que Tycho mourant confia le soin de continuer son catalogue d'étoiles.

Nous avons esquissé dans un volume précédent (*Nos vraies conquêtes*) la biographie de Képler. En voici les principaux traits :

Ce fut un illustre astronome allemand, Jean Képler, né le 27 décembre 1571 à Magstatt (Wurtemberg), mort pauvre en 1630 à Ratisbonne, qui indiqua pour la première fois les lois que suivent les astres errants. Chétif, malingre, fils de parents pauvres, Képler fut d'abord employé aux travaux des champs; sa mauvaise santé ne lui permit pas de conserver longtemps ces fatigants labeurs. On l'envoya étudier dans une petite école, et sans doute il fût devenu pasteur (Képler était protestant), lorsqu'il eut l'idée de suivre les cours d'astronomie qu'on professait à l'université de Tubingue. Sa vocation se dessina de suite : « C'est, en vérité, dit-il, une voix divine qui appelle les hommes à l'étude de l'astronomie, cette science exprimée, non par des mots et des syllabes, mais par le monde lui-même, par cet effort sublime de l'intelligence humaine à se mesurer avec l'ordre des corps célestes. » Chargé de pro-

KÉPLER.

fesser les mathématiques à Graetz (Styrie), Képler dut quitter ses fonctions au moment où commencèrent en Allemagne les persécutions contre les protestants; il se réfugia à Prague, auprès du grand astronome danois Tycho-Brahé.

Devenu en 1601 astronome de l'empereur Rodolphe II, il semblerait que la vie matérielle dût être au moins assurée pour notre savant; il n'en fut rien. Jamais Képler ne parvint à toucher les 3000 francs qu'on lui avait promis par an. « *La solde est brillante!* écrivait-il, mais les caisses sont vides; je perds mon temps à la porte du trésorier de la Couronne, et à mendier. » Cette curieuse exclamation d'un savant qui, devant toucher 3000 francs par an, s'écrie : La solde est brillante! est bien faite pour provoquer notre sourire. Trois mille francs! voilà l'ambition d'un Képler! et ce modeste revenu, dont ne se contenterait pas aujourd'hui le plus petit gratte-papier, ne lui était même pas payé. Képler mourut misérable. « Ne pouvant plus parler, il se contenta de montrer sa tête et d'indiquer du doigt le ciel. » Cent cinquante ans après sa mort, on lui éleva un magnifique monument. M. Hoefer dit avec raison, dans son *Histoire de l'astronomie* : « Si, de son vivant, Képler eût pu avoir l'argent que coûta le monument qu'on lui éleva en 1786, il aurait peut-être vécu quelques années de plus, au grand profit de la science! »

Képler ne tarda pas à rejeter les systèmes erronés de Ptolémée et de son maître Tycho-Brahé. Il s'en tint avec raison au système de Copernic, qu'il modifia très heureusement. Lorsqu'on faisait devant lui quelque objection à la théorie de l'astronome de Thorn, il s'écriait : « Comment les astronomes ne voient-ils pas qu'ils veulent ôter un fétu de l'œil de Copernic et qu'ils laissent une poutre dans l'œil de Ptolémée! »

Copernic faisait tourner toutes les planètes, même la Terre, autour du Soleil; seulement il supposait que tous ces astres décrivaient des cercles.

Képler reconnut que les planètes ne décrivent pas des

cercles, mais des courbes à peu près semblables, qu'on appelle *ellipses*. Ce sont les courbes que tracent le plus souvent les jardiniers pour limiter les pelouses. On plante deux piquets dans le sol et l'on attache à ces piquets les extrémités d'une corde plus ou moins longue; alors, tendant la corde au moyen d'une tige pointue, on trace sur le sol une ligne : c'est l'ellipse. Les deux points fixes s'appellent *foyers*. Képler montra que les planètes décrivent des ellipses autour du Soleil placé à l'un des deux foyers.

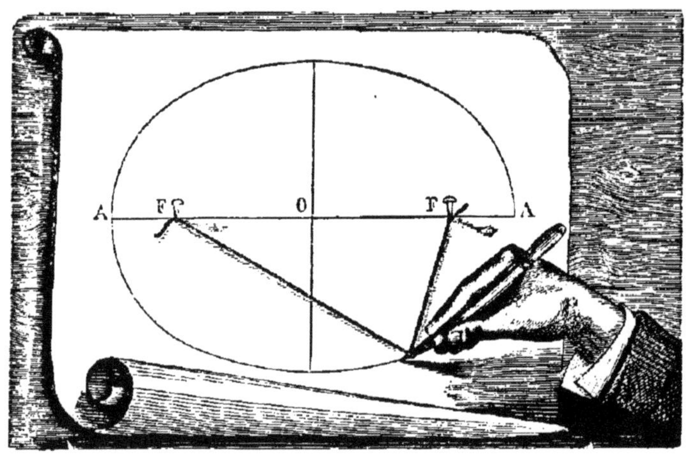

TRACÉ D'UNE ELLIPSE.

L'œuvre immortelle de Képler se résume dans les trois lois qui portent son nom.

Première loi. — Les planètes décrivent autour du Soleil des ellipses dont cet astre occupe un des foyers.

Deuxième loi. — Les aires des portions d'ellipse parcourues successivement par la ligne droite qui joint une planète au Soleil sont proportionnelles aux temps employés à les parcourir.

Quelques explications sont ici nécessaires. Le dessin que nous plaçons sous vos yeux représente l'ellipse décrite par une planète. Le Soleil est en S; la planète parcourt la ligne PM'AM. Quand la planète est au point P, le plus voisin du Soleil, on dit qu'elle atteint son *périhélie* (le mot *hélios* veut dire Soleil); quand elle est en A, point le plus éloigné du Soleil, on dit qu'elle a atteint son *aphélie*.

Lorsque la planète est en M ou en M', au milieu de l'arc AMP ou de l'arc PM'A, on dit qu'elle est à sa *distance moyenne*. Dans

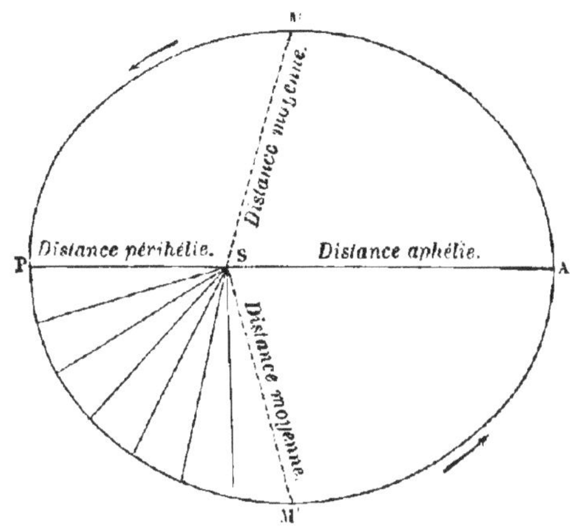

ORBITE D'UNE PLANÈTE.

ce cas, en effet, la distance SM est égale à la moitié de la longueur rectiligne AP, c'est-à-dire égale à la demi-somme des distances périhélie et aphélie.

Si nous joignons, par la pensée, le Soleil à la planète par des lignes droites, nous obtenons des petits triangles ayant un côté courbe, analogues à ceux représentés sur notre dessin. Ce sont les aires, c'est-à-dire les surfaces de ces petits triangles, qui sont proportionnelles au temps : si, au bout d'un mois, le triangle ainsi formé par les lignes partant du Soleil et aboutissant aux deux positions de la planète a une surface de *tant* de mètres carrés, au bout de deux mois la surface sera double, au bout de trois mois elle sera triple, etc.

Troisième loi. — Les carrés des temps des révolutions des

planètes autour du Soleil sont entre eux comme les cubes des grands axes de leurs orbites.

Pour chaque planète la distance qui sépare le périhélie de l'aphélie s'appelle grand axe; c'est la longueur de la ligne droite PA. Si une planète se meut 4 fois plus vite qu'une autre, on en conclut que son grand axe est plus grand que celui de la première planète; si les vitesses des deux astres sont dans le rapport de 1 à 2, les cubes des grands axes seront dans le rapport de 1 à 4. Si donc on connaît le grand axe de la première (appelons-le L), le grand axe de la seconde, représenté par l, s'obtiendra en posant :

$$l^3 = 4 \times L^3.$$

On sait que cette expression l^3 signifie $l \times l \times l$ et s'exprime ainsi : « l à la troisième puissance »; pour avoir l, il faut extraire une racine cubique.

De la relation précédente on déduit que, pour avoir l, il faut multiplier L par la racine cubique de 4. Exemple : la Terre tourne autour du Soleil en une année, tandis qu'Uranus fait sa révolution en 84 ans. Le rapport des carrés des temps de révolution est égal au rapport des nombres 1 et 7056 ($7056 = 84 \times 84$); si l'on représente par l'unité la distance moyenne de la Terre au Soleil, la distance d'Uranus au Soleil sera donc représentée par la racine cubique de 7056, c'est-à-dire par le nombre 19.

Je n'insiste pas davantage. Ce qu'il faut dire dès maintenant, c'est que les admirables lois de Képler, interprétées par Newton, ont fondé l'Astronomie moderne.

§ 11. — GALILÉE ET NEWTON

L'invention des lunettes, qui ne remonte qu'au commencement du dix-septième siècle, a pour ainsi dire renouvelé l'Astronomie. Ce fut, dit-on, le hasard qui vint au secours de la science, et nous avons donné dans un précédent volume[1] deux des versions les plus accréditées relatives à cette découverte. En voici une troisième :

« Le fils d'un ouvrier d'Alcmaer (ville de Hollande), nommé Jacques Metius, ou plutôt Jacob Metzu, qui faisait des lunettes à porter sur le nez, tenait un jour d'une main un verre convexe, comme sont ceux dont se servent les vieillards, et de l'autre main un verre concave, qui sert à ceux qui ont la vue courte. Ce jeune homme ayant mis, par amusement ou par hasard, le verre concave près de son œil, et ayant un peu éloigné le convexe qu'il tenait au-devant par l'autre main, s'aperçut qu'il voyait au travers de ces deux verres quelques objets éloignés beaucoup plus grands et plus distinctement qu'il ne les voyait auparavant à la vue simple. Ce nouveau phénomène le frappa; il le fit voir à son père, qui sur-le-champ assembla ces mêmes verres et d'autres semblables dans des tubes de quatre ou cinq pouces de long.

Telle est l'origine des lunettes d'approche, qui furent con-

1. *Nos vraies conquêtes*, page 156.

nues d'abord sous le nom de lunettes de Hollande ou de Galilée. »

Le premier astronome qui dirigea la lunette astronomique vers le ciel fut l'illustre Galilée, né à Pise, dans le grand-duché de Toscane (Italie), le 18 février 1564.

Tout en étudiant la médecine à l'Université de Pise, le jeune Galilée (il avait alors vingt ans) lisait avec passion tous les ouvrages de mathématiques et de physique qu'il pouvait emprunter, car il était trop pauvre pour les acheter. Or il arriva que le père de Galilée, ne pouvant continuer de payer la pension de son fils, était dans la dure nécessité de lui faire interrompre ses études, lorsqu'on proposa au jeune homme de rester comme professeur de mathématiques dans cette même Université qu'il allait être obligé de quitter comme élève.

A cette époque, Galilée recevait un traitement de 300 francs par an; somme bien modeste sans doute, mais qui du moins lui permettait de vivre sans recourir trop souvent à la bourse paternelle.

Galilée se fit connaître par ses belles expériences sur le *pendule* et sur la *chute des corps;* sa renommée s'étendait chaque jour, et cependant l'indépendance de son caractère lui avait créé tant d'ennemis, qu'il dut quitter l'Université de Pise et se rendre à Padoue, où ses protecteurs lui avaient procuré une chaire de mathématiques.

De septembre 1592 à juillet 1610, Galilée demeura à l'Université de Padoue. Durant ces dix-huit années, des découvertes nombreuses illustrèrent son nom et lui firent une réputation universelle. C'est à cette époque qu'il commença ses recherches astronomiques à l'aide de la lunette nouvellement inventée. Voici comment Galilée s'exprime à ce sujet : « Il y a environ dix mois (il écrivait ceci en mars 1610) que l'on m'apprit qu'un certain Hollandais avait imaginé une lunette à l'aide de laquelle se voyaient les objets éloignés aussi clairement que s'ils étaient rapprochés. Cela me fit appliquer au moyen d'arriver à l'inven-

LE FILS DE METZU.

tion d'un instrument semblable, et j'y parvins peu après... Je construisis un tube de plomb aux extrémités duquel j'adaptai deux verres qui avaient tous deux, d'un côté, une face plane, tandis que de l'autre l'un des verres était concave et l'autre convexe. En approchant l'œil de la face concave, je regardai des objets assez grands et rapprochés. Je parvins à construire un instrument si excellent, qu'il m'a mis à même de voir les objets mille fois plus grands qu'à la simple vue. »

A l'aide du télescope, Galilée découvrit les montagnes de la Lune, les satellites de Jupiter, les taches du Soleil.

Galilée quitta Padoue en 1610 et vint professer les mathématiques à Florence. C'est à cette époque qu'il se livra plus particulièrement à l'étude de l'astronomie et qu'il osa déclarer, contrairement aux idées reçues, que le Soleil était immobile dans l'espace et que la Terre tournait autour de lui. Cette doctrine du mouvement de la Terre, déjà professée par l'astronome Copernic, était alors considérée par l'Église catholique comme une hérésie. Galilée fut mandé à Rome devant le tribunal de l'Inquisition et dut abjurer ce que le tribunal appelait ses erreurs.

Le 22 juin 1633 eut lieu la cérémonie de l'abjuration, en présence de tous les prélats et cardinaux... L'illustre vieillard, à genoux, dut lire ce qui suit : « Moi, Galilée, âgé de soixante-dix ans, ayant sous les yeux les Saints Évangiles que je touche de mes mains... ayant écrit et fait imprimer un livre dans lequel j'expose que *le Soleil est le centre du monde et ne se meut pas*... j'abjure, je maudis et je déteste les erreurs susnommées. »

On raconte qu'en se relevant, Galilée se serait écrié en parlant de la Terre : *E pur si muove !* « Et pourtant elle tourne! » Que Galilée ait eu cette pensée, cela ne paraît pas douteux; mais certainement il ne l'exprima pas à haute voix, car le tribunal n'aurait pas manqué de recommencer son procès et cette fois Galilée eût été livré au bourreau.

Après avoir été détenu quelque temps dans la villa Médicis à Rome, Galilée obtint la permission de se retirer à Sienne, où il resta prisonnier dans le palais de l'archevêque. Enfin, le 1er décembre, le vieillard put retourner dans sa maison de

GALILÉE.

campagne près de Florence, « à la condition qu'il y vivra dans la solitude, qu'il n'invitera personne à venir le voir et ne recevra pas les visites qui pourraient se présenter ».

La solitude, la mort d'une fille bien-aimée détruisirent rapidement sa santé. Il perdit d'abord un œil, puis les deux yeux.

Après avoir supplié longtemps le Saint-Office de lui permettre de revenir à Florence, il obtint enfin cette autorisation quand on eut constaté que « sa santé ne lui permettrait pas de faire des réunions, ou que, dans son état d'abattement, un avertissement suffirait pour l'en empêcher ». Il lui était d'ailleurs

NEWTON.

interdit, « sous peine de prison perpétuelle et d'excommunication, de sortir de sa maison et de dire un seul mot à qui que ce fût sur le mouvement de la Terre ».

Galilée mourut le 9 janvier 1642. L'illustre martyr de l'intolérance religieuse repose dans l'église Sainte-Croix de Florence.

La même année où mourait Galilée, naissait en Angleterre l'un des esprits les plus remarquables qu'ait produits l'humanité, Isaac Newton.

J'ai raconté dans un autre volume[1] la vie du grand savant anglais. Il me suffira de rappeler que Newton publia sous ce titre : *Principes mathématiques de la philosophie naturelle*, un ouvrage qui a été justement appelé « la plus haute production de l'esprit humain ».

En prenant comme point de départ les lois données par Képler, Newton montra que tous les corps de la nature *s'attirent* d'autant plus qu'ils sont plus rapprochés et que leurs masses sont plus considérables. Newton prouva que la force qui fait tomber le fruit d'un arbre est la même qui fait circuler les astres dans l'espace; ce fut, dit-on, en voyant tomber une pomme d'un arbre qu'il conçut l'idee de l'attraction universelle. Cette idée nouvelle, l'*attraction*, appliquée par Newton au calcul des mouvements des astres, a renouvelé l'Astronomie.

Ce fut le 28 avril 1686 que Newton présenta à la Société royale de Londres le manuscrit de ses « Principes mathématiques ». Il montrait que le mouvement des planètes autour du Soleil s'effectuait exactement comme si elles étaient attirées par une force émanée du Soleil et dont l'action serait d'autant plus grande que l'éloignement de la planète serait moindre. Après avoir constaté que son hypothèse rendait compte des diverses circonstances du mouvement des planètes, Newton voulut appliquer sa théorie au mouvement de la Lune. Précisément l'astronome français Picard venait de mesurer les dimensions de la Terre. Newton, s'appuyant sur le résultat de ces mesures, commença les calculs de vérification de sa théorie. On raconte qu'au moment de terminer ses calculs, alors que dans quelques instants sa conception allait recevoir une consécration définitive, Newton fut saisi d'une émotion telle, qu'il

1. *Nos vraies conquêtes*, page 67.

ne put continuer et qu'il fut obligé de demander à un ami d'achever le travail.

Grâce à Newton, nous pouvons savoir exactement où se trouve telle planète tel jour, à telle heure, telle minute, telle seconde! Aussi comprend-on l'enthousiasme de Voltaire, qui s'écriait :

> Confidents du Très-Haut, substances éternelles
> Qui brûlez de ses feux, qui couvrez de vos ailes
> Le trône où votre maître est assis parmi vous,
> Parlez : du grand Newton n'étiez-vous pas jaloux?

Newton, né en 1642, mourut à l'âge de quatre-vingt-quatre ans. En l'année 1692, sa raison se troubla un instant, très probablement sous l'influence d'un travail excessif. Voici dans quelles circonstances.

« En allant un soir à la chapelle pour faire ses dévotions, Newton laissa par mégarde une bougie allumée sur son bureau de travail. Pendant son absence, un chien favori, qu'il appelait Diamant, renversa la bougie; de là un incendie qui consuma une grande quantité de manuscrits et de notes. A son retour, il aperçut le désastre irréparable. Suivant les uns, il se contenta de dire : « Ah! Diamant, Diamant, tu ne soupçonnes pas le mal que tu m'as fait. » Selon d'autres, la perte de ses notes manuscrites produisit une impression si pénible sur Newton, qu'il en tomba malade et que son intelligence en fut pour quelque temps affaiblie. »

Newton mourut le 20 mars 1727. Son corps fut conduit à Westminster et l'Angleterre lui éleva un splendide monument en marbre sur lequel on grava ces mots : « Les hommes doivent se féliciter qu'un aussi grand ornement de l'espèce humaine ait existé. »

---

§ 12. — L'OBSERVATOIRE DE PARIS

En l'année 1666, le roi Louis XIV, sur la proposition de son ministre Colbert, créa une Académie des sciences sur le modèle de l'Académie française, fondée comme on sait par Richelieu en 1635, et de l'Académie des inscriptions et belles-lettres, qui existait depuis trois années (1663).

J'ajoute de suite que deux autres académies, celle des beaux-arts et celle des sciences morales et politiques, vinrent plus tard se joindre aux trois précédentes. Ces cinq Académies constituent par leur réunion l'*Institut de France*.

L'Académie des sciences s'occupa, dès sa formation, de surveiller la construction du grand observatoire que le roi Louis XIV voulait élever à Paris. Le 21 juin 1667, une commission d'académiciens se transporta sur l'emplacement choisi. « Si une espèce de pompe et de cérémonie peut être comptée pour quelque chose en ces matières, rien ne fut plus solennel que les observations qui se firent le 21, jour du solstice. Les mathématiciens se transportèrent à l'endroit désigné du faubourg Saint-Jacques, et tirèrent une méridienne et huit directions... Ils trouvèrent pour la hauteur du pôle à l'observatoire 84°49'30", et pour la déclinaison de l'aiguille aimantée, 15 minutes à l'Occident. Toutes ces observations furent la consécration du lieu. Les fondements de l'Observatoire furent aussi

FONDATION DE L'OBSERVATOIRE DE PARIS.

jetés cette année et l'on frappa une médaille avec ces mots : *Sic itur ad astra*, « Ainsi on va jusqu'aux astres. »

En attendant l'achèvement de l'Observatoire, l'Académie des sciences chargea les astronomes qui se trouvaient dans son sein, de différentes expéditions scientifiques. C'est ainsi que Picard se rendit à Uranienbourg pour déterminer exactement la position de cette ville et rendre dès lors possible la comparaison des observations de Tycho-Brahé avec celles qu'on effectuerait à Paris. Picard rapporta de son voyage les manuscrits originaux de l'illustre astronome danois et amena en France le jeune Rœmer, auquel nous devons la première mesure qui fut donnée de la vitesse de la lumière.

Cependant la construction de l'Observatoire touchait à sa fin, et déjà on pouvait louer l'architecte, Claude Perrault, de la grandeur et de la solidité de l'édifice. Claude Perrault, né en 1613, faisait partie de l'Académie des sciences depuis sa fondation, et mettait à la disposition de la compagnie une intelligence et un zèle peu communs. Il était docteur et architecte, comme Boileau ne nous l'a pas laissé ignorer :

> Perrault. . . . .
> Vous êtes, je l'avoue, ignorant médecin,
> Mais non pas habile architecte.

Il mourut victime de son ardeur scientifique : assistant à la dissection d'un chameau putréfié, il ne sut pas s'éloigner à temps : l'infection le rendit malade et l'emporta; il avait soixante-quinze ans.

On s'était proposé, en créant l'Observatoire, de réunir dans le même lieu tout ce qui avait rapport aux sciences. Les machines, les modèles présentés à l'Académie devaient y être déposés; l'Académie devait même y tenir ses séances. Au-dessous de la terrasse, on avait commencé la construction de fourneaux et de laboratoires de chimie ; enfin on se proposait de bâtir, autour de l'Observatoire, des logements particuliers pour tous les astronomes de l'Académie et les autres savants attachés à cet établissement. Ces projets ne furent point mis à exécution : l'Académie eût été trop éloignée du centre de Paris; le mélange des instruments de mécanique, de chimie et d'astronomie eût été une cause de gêne; enfin la réunion de tous les astronomes en un même lieu fut regardée comme présentant de graves inconvénients. L'immense édifice destiné aux observations astronomiques fut distribué en longues galeries et en vastes salles d'une élévation considérable, parce que les observations se faisaient alors avec de très grandes lunettes et des instruments de grande dimension. Toutefois l'œuvre de l'habile architecte auquel nous devons la colonnade du Louvre, fut dès l'origine et à juste titre critiquée. Les plans de l'Observatoire avaient été envoyés, en octobre 1868, à Jean-Dominique Cassini, astronome italien, dont la réputation était universelle; mais, dès cette époque, il n'était plus temps de le consulter. « Lorsque j'arrivai à Paris (en avril 1669), dit J.-D. Cassini dans ses mémoires, le bâtiment de l'Observatoire était élevé au premier étage. Les quatre murailles principales avaient été dressées exactement aux quatre principales régions du monde. Mais les trois tours avancées que l'on ajoutait à l'angle oriental et occidental du côté du midi et au milieu de la face septentrionale me parurent empêcher l'usage important qu'on aurait pu faire de ces murailles en y appliquant quatre grands quarts de cercle.... J'aurais voulu que le bâtiment même de l'Observatoire eût été un grand instrument.... Je proposai d'abord qu'on n'élevât ces tours que jusqu'au second étage. Je trouvais aussi que c'était une grande incommodité de n'avoir pas dans l'Observatoire une seule grande salle d'où l'on pût voir le ciel de tous côtés, de sorte qu'on n'y pouvait pas suivre d'un même lieu le cours entier du Soleil et des autres astres.... Mais ceux qui avaient travaillé au dessin de l'Observatoire opinaient de l'exécuter conformément au premier plan qui avait été proposé; et ce fut en vain que je fis mes représentations à cet égard et bien d'autres encore. » On le voit, les efforts de J.-D. Cassini n'aboutirent

J.-D. CASSINI.

pas à faire modifier, au moins dans les parties essentielles, le plan proposé par Perrault.

L'anecdote suivante nous éclairera mieux encore sur ce sujet : J.-D. Cassini arriva à Paris le 4 avril 1669 ; les plans de l'Observatoire lui étant soumis, il trouva qu'ils n'avaient pas le sens commun. « Jour pris avec M. Perrault, pour en raisonner devant le roi et M. Colbert, l'éloquent Perrault défendit en fort jolies phrases son plan et son architecture ; Cassini, ne sachant que fort mal le français, écorchait les oreilles du roi, de M. Colbert et de Perrault, en voulant plaider la cause de l'astronomie ; et ce fut au point que Perrault, dans la vivacité de la dispute, dit au roi : *Sire, ce baragouineur-là ne sait ce qu'il dit.* Cassini se tut, et fit bien ; le roi donna raison à Perrault et fit mal : d'où il en est résulté que l'Observatoire n'a pas le sens commun. »

Les successeurs de J.-D. Cassini, c'est-à-dire ses fils, petit-fils et arrière-petit-fils, ne cessèrent point de protester à l'occasion contre la disposition qui avait été donnée à l'Observatoire. En 1730, on fut obligé de construire extérieurement au bâtiment des petits cabinets où l'on plaça le quart de cercle mobile de Langlois, les voûtes de l'Observatoire empêchant la vue du zénith. En 1765, le monument tombait en ruine ; lorsqu'il venait quelques étrangers visiter l'Observatoire, il fallait les conduire avec précaution sous des voûtes dont les pierres, minées par les eaux, se détachaient fréquemment et faisaient courir aux curieux le risque de la vie

D'où vient donc qu'au bout d'un siècle seulement l'édifice exigeât une restauration générale? C'est que l'architecte Perrault avait disposé à la partie supérieure du bâtiment une plate-forme de quatre-vingt-cinq pieds d'élévation, fort belle assurément et d'un grand agrément pour la promenade, mais qui, sans pente sensible, empêchait l'écoulement des eaux pluviales, leur permettant ainsi de s'infiltrer dans les voûtes ; nous venons de voir ce qui en était résulté. Cassini de Thury accentua ses plaintes, proposa même d'avancer les fonds nécessaires pour les réparations ; il ne fut pas écouté. On le dédom-

DOMINIQUE CASSINI PRÉSENTÉ A LOUIS XIV.

magea seulement de son zèle pour les intérêts de l'astronomie en le nommant directeur général de l'Observatoire. Ainsi, ce fut juste un siècle après la fondation de cet établissement que fut créée la place de directeur.

Toutefois les choses étaient dans le même état, c'est-à-dire dans la plus pitoyable situation; Cassini IV renouvela les doléances de son père, et, plus heureux que lui, parvint, en 1785, à obtenir la restauration de l'Observatoire. « Il suffisait à Perrault, lit-on dans les mémoires déjà cités de Cassini IV, d'avoir imposé à la façade et à la masse de l'Observatoire ce caractère grave et grandiose convenable à sa destination; c'était là le cachet que son génie était jaloux d'y imprimer; c'était ce qui devait frapper et flatter l'œil du curieux, du voyageur. Du reste, peu lui importait que l'astronome pût y observer plus ou moins commodément. » Et plus loin : « Le plan d'un observatoire ne doit jamais être fait par un architecte, mais par un astronome. Le plus bel observatoire est celui pour lequel on fait très peu de dépenses en bâtiments et beaucoup en instruments; c'est tout l'opposé de ce qui eut lieu à l'Observatoire de Paris. » Cassini IV eut donc la joie de voir mettre à exécution ses projets de restauration : les voûtes furent démolies, puis refaites en ménageant sur la terrasse supérieure des pentes convenables pour l'écoulement des eaux; des cabinets spéciaux pour de nouveaux instruments furent établis, et l'on commença, avec l'Observatoire ainsi transformé, des séries régulières et continues d'observations.

Il faut croire cependant que le mal n'avait point été suffisamment atténué, puisque, cinquante ans après, l'illustre Biot soutenait en toutes occasions que « la construction du grand bâtiment qu'on appelle l'Observatoire avait été des plus malheureuses pour l'astronomie française ». Le maréchal Vaillant, en 1854, au nom d'une commission nommée pour réorganiser l'Observatoire, disait : « L'imagination du public a beau voir dans l'Observatoire le sanctuaire de l'astronomie, la vérité est qu'on n'y a jamais fait d'observations suivies. Cette masse monumentale est si complètement impropre à un tel office, que son seul emploi a consisté jusqu'ici à servir d'habitation aux astronomes, et Dieu sait comment on est parvenu à pratiquer quelques logements incommodes et insuffisants dans ce donjon, dont les épaisses murailles ne se prêtent pas plus aux exigences de la vie domestique qu'à l'installation des instruments de précision. » Enfin Le Verrier disait : « L'édifice fut élevé sans aucun souci des besoins de l'astronomie, et, en fait, il n'a jamais pu servir aux observations; les astronomes ont toujours dû installer leurs instruments dans des cabinets ou des constructions légères extérieures au bâtiment. » En 1867, M. Le Verrier, adoptant une idée de Cassini IV, proposait de raser l'étage supérieur et d'employer les matériaux à la construction, au nord, en regard du Luxembourg, d'une façade plus convenable que celle qui existe et qui serait assez élevée encore au point de vue architectural. Ses demandes ne furent point écoutées.

Ce fut le 14 septembre 1671 que fut faite par Cassini la première observation astronomique à l'Observatoire de Paris. J.-D. Cassini, né en 1625, à Perinaldo, dans le comté de Nice, jouissait d'une juste célébrité en Italie, lorsque Colbert l'appela en France, en 1669, et réussit à l'y maintenir. Cassini s'était acquis une telle réputation comme astronome, ingénieur et naturaliste, que, chaque fois qu'il passait à Florence, l'Académie *del Cimento* s'assemblait extraordinairement pour l'entendre et le consulter sur quelque problème important. Avant son arrivée en France, Cassini avait déjà publié de nombreux mémoires sur les sciences; on lui doit des éphémérides des satellites de Jupiter, une théorie de la lumière zodiacale et un grand nombre de travaux sur presque tous les sujets de l'astronomie.

« Homme d'esprit et homme de qualité, facile et agréable d'humeur, habitué à la représentation et à l'éclat extérieur,

Cassini, dit M. Bertrand dans son ouvrage sur les académiciens, obtint aisément la faveur du roi ; habile à la ménager, il excellait à charmer son imagination.... Un jour, une comète parut dans le ciel. Le roi désira savoir vers quelle région elle se dirigeait. Cassini, qui ne l'avait observée qu'une fois, le lui dit immédiatement. La comète suivit une autre route, mais le roi ne s'en informa pas et se souvint seulement de l'habileté de M. Cassini. En découvrant deux nouveaux satellites de Saturne, Cassini put se glorifier d'avoir porté le nombre total des astres errants au chiffre de quatorze, qui avait l'honneur d'être uni au nom illustre de Louis. La flatterie eut un plein succès, et une médaille, frappée par ordre du roi, en consacra le souvenir.

Vers la fin de ses jours, le grand astronome perdit la vue, malheur qui lui fut commun avec Galilée et avec Arago.

« Galilée et Cassini, dit Fontenelle, ont fait tant de découvertes dans le ciel, qu'ils ressemblent à Tirésias, qui devint aveugle pour avoir vu quelque secret des dieux. » Cassini était d'une constitution très saine et très robuste ; son esprit était égal, tranquille ; sa cécité même ne lui avait rien ôté de sa gaieté ordinaire. Ses sentiments de religion aidaient beaucoup à ce calme perpétuel ; les cieux, qui racontent la gloire de leur auteur, n'avaient jamais mieux persuadé personne.... Il communiquait sans peine ses découvertes, au risque de se les voir enlever, et désirait qu'elles servissent aux savants plutôt qu'à sa personne. »

Cassini mourut le 14 septembre 1712, le jour anniversaire de sa première observation astronomique à Paris.

Jacques Cassini, son fils (1669-1756), travailla à l'Observatoire et s'occupa de la détermination de la vraie figure de la Terre.

Cassini de Thury (1714-1784), fils de Jacques, fut le premier directeur de l'Observatoire. Il commença la publication de la belle carte de France qui porte son nom.

Jacques-Dominique comte de Cassini (1747-1845), fils de Cassini de Thury, succéda à son père comme directeur de l'Observatoire. Destitué sous la Révolution, Cassini, arrêté comme royaliste, parvint à grand'peine à sauver sa vie.

A partir de l'année 1795, l'Observatoire de Paris fut placé sous la direction d'une commission spéciale appelée le *Bureau des Longitudes*. A ce moment « la Convention entreprit de réunir les forces scientifiques éparpillées par nos troubles civils. La marine avait besoin d'éphémérides astronomiques,

OBSERVATOIRE DE PARIS

d'instruments d'observation, de chronomètres, de cartes exactes. La guerre avait besoin de vastes travaux géographiques. Les arts de précision avaient disparu : plus de haute horlogerie, plus d'instruments d'optique. L'astronomie était désorganisée : le directeur de l'Observatoire avait été chassé; l'établissement était en proie à l'anarchie. Le gouvernement entreprit de satisfaire d'un seul coup à tous ces besoins, dont le caractère commun était de dépendre des sciences mathématiques, et il créa le *Bureau des Longitudes*. »

De 1795 à 1854, le Bureau fut chargé de déléguer un de ses

L'OBSERVATOIRE DE PARIS SOUS LOUIS XIV.

membres à la direction de l'Observatoire. Successivement Lalande, Bouvard, Arago, furent placés à la tête de ce grand établissement.

Arago, dont le nom est justement populaire dans le monde entier, naquit à Estagel (Pyrénées-Orientales), le 26 janvier

ARAGO

1786. A l'âge de 23 ans, à la suite d'une expédition scientifique en Espagne, Arago devint membre de l'Institut. Ses belles découvertes en astronomie, en physique, assurent l'immortalité à son nom. En 1830, Arago fut chargé par le Bureau des Longitudes de diriger l'Observatoire de Paris.

En 1854, l'Observatoire devint indépendant du *Bureau des Longitudes*, et eut à sa tête l'astronome éminent Le Verrier, que la découverte de la planète Neptune avait rendu populaire.

Le Verrier naquit à Saint-Lô, en 1811, de parents sans fortune. Entré de bonne heure à l'École polytechnique, il en sortit deux ans après comme ingénieur à la Manufacture des Tabacs. Tout en travaillant d'une manière spéciale les sciences chimiques (Le Verrier découvrit un nouveau composé du phosphore), le jeune ingénieur s'occupait vivement des hautes questions de la mécanique céleste. Déjà il avait présenté quelques beaux mémoires à l'Académie des sciences, lorsque en 1845 Arago, directeur de l'Observatoire, conseilla au jeune ingénieur d'étudier avec soin les mouvements de la planète Uranus, dont les variations étaient encore inexpliquées. Le Verrier se mit immédiatement à l'œuvre. Nous dirons plus loin quel succès couronna ses efforts.

Le Verrier est mort il y a quelques années et nous devons signaler une bien curieuse coïncidence. Il y a trente ans, Le Verrier, savant distingué sans doute, mais inconnu du public, se révéla en un instant par ce coup de foudre scientifique qui fut la découverte de sa planète. Du jour au lendemain, le jeune savant devint une illustration de notre pays. Ce jour inoubliable fut le 23 septembre 1846.

Après trente années de gloire, de travail et de luttes, Le Verrier mourut le 23 septembre 1877, le jour anniversaire de son triomphe.

L'administration de Le Verrier ne fut pas heureuse. Ce grand savant avait un caractère difficile qui éloigna de l'Observatoire la plupart des savants qui se sentaient une vocation spéciale pour l'astronomie. Chose bizarre, assurément, tous les grands astronomes paraissent avoir été d'une race particulièrement irritable, et l'un des reproches les plus graves qui puissent leur être faits est de n'avoir su former aucun élève !

En 1870, une révolution intérieure obligea Le Verrier à quitter l'Observatoire qu'il dirigeait tyranniquement depuis seize années. Delaunay, savant géomètre, dont les beaux travaux sur la Lune sont très appréciés, lui succéda.

Le nouveau directeur ne conserva pas longtemps ses fonctions. Une mort affreuse vint le surprendre, en pleine vie. Le 4 août 1872, Delaunay quittait Paris afin de se reposer quelques jours sur les côtes de Normandie. Arrivé à Cherbourg, Delaunay voulut visiter en bateau la rade : il s'embarque. Le canot, monté par quatre hommes, chavire. Tout l'équipage est noyé. Le corps du malheureux directeur de l'Observatoire fut retrouvé le lendemain, à l'île Pelée, à cinq kilomètres de Cherbourg.

Tout, dans cet épouvantable accident, était fait pour surprendre les amis de Delaunay, depuis le projet même de ce voyage d'agrément, le seul peut-être qu'ait entrepris l'infortunée victime, jusqu'à la promenade en bateau. M. Delaunay avait, en effet, l'eau en aversion, ce qui s'explique facilement par les malheurs singuliers qui frappèrent sa famille. Le père de Delaunay périt *noyé*, près de Troyes, sous les yeux de sa femme et de son fils, en prenant un bain en pleine rivière. Non loin de l'endroit où succomba cette première victime, le frère de Delaunay périt également *noyé* vers 1856 !

A la mort de Delaunay, Le Verrier fut replacé à la tête de l'Observatoire; mais la maladie qui devait l'emporter l'avait déjà atteint. Le Verrier mourut le 23 septembre 1877.

Depuis l'année 1878, notre grand Observatoire est placé sous la direction de l'amiral Mouchez.

A la fin du dernier siècle, l'astronomie française était singulièrement plus prospère qu'aujourd'hui. A Paris, il y avait, à côté du grand Observatoire :

L'observatoire de la marine, dans l'hôtel de Cluny, fondé par de l'Isle, et où l'astronome Messier découvrit vingt et une comètes;

L'observatoire du collège Mazarin, dans lequel La Caille a démontré le premier la variation de l'obliquité de l'écliptique;

L'observatoire du couvent des Capucines, rue Saint-Honoré;

L'observatoire du Luxembourg, où Lalande fit ses premières armes;

L'observatoire de Sainte-Geneviève, où Pingré rassemblait tous les matériaux de sa cométographie;

Les observatoires du Collège de France, de l'École militaire, de l'Estrapade, de la rue des Postes, de la rue de Richelieu, de la rue de Paradis, etc....

En province, nous avions les observatoires de Lyon, de Bourg-en-Bresse, de Toulouse, de Dijon, de Marseille, de Montpellier, d'Avignon, de Brest, etc....

Tous ces établissements disparurent au milieu des guerres de l'Empire. A l'étranger, comme chez nous, l'astronomie subit à cette époque un long temps d'arrêt. Malheureusement, quand on reprit cette étude dans les différents pays, la France ne sut pas conserver sa suprématie.

Aujourd'hui nous n'avons à Paris qu'un seul observatoire astronomique important; il faut mentionner cependant les tentatives faites au moment même où nous écrivons pour fonder au Trocadéro un observatoire populaire.

En province, depuis quelques années, nous avons des établissements astronomiques à Marseille, à Toulouse, à Besançon, à Lyon, à Bordeaux, à Nice. A Meudon, près de Paris, M. Janssen dirige un établissement d'astronomie physique qui doit rivaliser avec les plus beaux établissements étrangers.

Et la France reprendra rapidement, à la tête des nations civilisées, le rang qui lui appartient et qu'elle avait momentanément perdu.

LA LÉGENDE DES ÉTOILES

§ 1. — LES ÉTOILES

Le nombre des étoiles visibles à l'œil nu est beaucoup moins considérable qu'on ne le croit généralement. Les anciens catalogues, ceux qui furent établis avant l'invention des lunettes, n'en mentionnent que 1500.

Depuis que les astronomes peuvent se servir de lunettes et de télescopes, les catalogues d'étoiles se sont naturellement enrichis d'un grand nombre d'astres nouveaux; toutefois il n'y en a guère que 300 000 dont les positions aient pu être fixées.

Je viens de parler de *Catalogues d'étoiles :* il convient de dire ici que toutes les étoiles observées sont désignées soit par un nom particulier, soit par une lettre, soit par un numéro; de plus, les catalogues renferment, dans une colonne spéciale et en regard du nom de l'astre, deux nombres appelés : l'un, *ascension droite*, l'autre, *déclinaison*, qui permettent de fixer exactement sa position sur le ciel.

Parmi les plus anciens catalogues, ne renfermant par conséquent que les étoiles visibles à l'œil nu, nous pouvons citer ceux : d'Hipparque, complété par Ptolémée, qui contient 1026 étoiles; d'Ulugh-Beigh, qui contient 1019 étoiles ; de

Tycho-Brahé, calculé et édité par Képler, qui comprend 1000 étoiles, etc.

Depuis l'invention des lunettes (XVIIe siècle), un certain nombre de catalogues ont été publiés : celui de Lalande, renfermant 50 000 étoiles ; celui de Bessel, qui en contient 75 000 ; le grand catalogue de Bonn, fait par Argelander, comprenant 325 étoiles toutes situées entre l'équateur céleste et le pôle nord. L'Observatoire de Paris publie en ce moment un catalogue contenant les résultats de 300 000 observations d'étoiles faites dans cet établissement.

Un premier regard jeté sur le ciel montre que les étoiles ne sont pas toutes également brillantes. Tandis que quelques-unes sont douées d'un éclat très vif, d'autres sont tellement faibles qu'on a peine à les apercevoir. Pour faciliter l'indication de l'éclat d'une étoile, on a classé tous ces astres par ordre de grandeur. Ainsi on dit qu'une étoile est de 1re, de 2e, de 3e.... grandeur, suivant qu'elle est plus ou moins brillante. Le mot *grandeur*, employé ici, ne se rapporte en aucune façon aux dimensions réelles des étoiles : il correspond à l'apparence qui résulte pour nous de ces dimensions réelles combinées avec la distance à laquelle se trouve l'étoile, ainsi qu'avec son éclat intrinsèque.

Ainsi, nous dirons plus loin que l'étoile appelée *Arcturus* est de 1re grandeur, c'est-à-dire qu'elle est rangée parmi les étoiles les plus brillantes du ciel. Mais on se tromperait fort si l'on voulait en conclure une indication sur sa grosseur ou sur son éclat véritable. Voici une bougie et une lampe allumées : ces deux lumières sont placées sur une table et je m'aperçois sans peine que l'éclat de la lampe est bien supérieur à celui de la bougie. Mais éloignons la lampe à un mètre, à deux, à dix mètres, son éclat paraît de plus en plus affaibli et il arrivera rapidement un moment où la lumière de la bougie l'emportera sur l'autre.

On ne peut donc comparer l'éclat véritable de deux étoiles

quand on ignore leurs distances respectives à la Terre; nous ne pouvons qu'indiquer leur *éclat apparent*. C'est en se fondant sur ces apparences que les étoiles ont été classées en plusieurs ordres de grandeur. Il y a seulement 18 étoiles de 1re grandeur; Arcturus, que je citais tout à l'heure, se trouve parmi ces 18 étoiles. On compte 54 étoiles de 2e grandeur; 162 étoiles de 3e grandeur; 496 étoiles de 4e grandeur; etc. Ces nombres sont faciles à retenir :

1re grandeur.	18
2e grandeur.	18×3
3e grandeur.	18×3^2
. . . .	
10e grandeur.	18×3^9
. . . .	
14e grandeur.	18×3^{13}.

Les étoiles visibles à l'œil nu varient de la 1re à la 6e grandeur; ce sont les seules que connaissaient les anciens. Leur nombre total s'obtient en faisant la somme des termes suivants :

$$18 + 18 \times 3 + 18 \times 3^2 + 18 \times 3^3 + 18 \times 3^4 + 18 \times 3^5.$$

Il est sans doute possible de calculer séparément chacun des termes de cette somme quand on se rappelle qu'un facteur de la forme 3^5, qui s'énonce ainsi : trois élevé à la cinquième puissance, ou encore *trois, puissance cinq*, représente le produit de cinq facteurs égaux à trois, c'est-à-dire $3 \times 3 \times 3 \times 3 \times 3$. On peut, à l'aide d'une formule très simple, obtenir immédiatement le résultat; cette formule est la suivante :

$$\text{Somme} = \frac{18(3^6-1)}{2} = 6552.$$

Si la loi précédente est exacte, il y aurait donc au ciel environ 6500 étoiles visibles à l'œil nu.

A l'aide du télescope on a considérablement augmenté ce

nombre. « Ce qui étonna le plus Galilée, lorsqu'il dirigea pour la première fois une lunette sur le ciel, c'est la multitude des étoiles que le télescope fit paraître et, pour ainsi dire, créa dans les champs du ciel. On n'avait connu jusque-là que six degrés de grandeur parmi les étoiles ; il est le premier qui ait parlé du septième ordre qu'il appelle le premier des *Invisibles*. Il voulut les compter, mais, effrayé du nombre, il s'arrêta; le temps lui aurait manqué. »

Les astronomes comptent aujourd'hui quatorze degrés de grandeur, et si l'on applique la loi énoncée plus haut, on arrive à ce résultat qu'il est possible aujourd'hui d'observer environ quarante-trois millions d'étoiles.

La lumière des étoiles est en général blanche comme celle du Soleil. Mais il y en a quelques-unes qui présentent une coloration assez prononcée. Les astronomes grecs ne connaissaient que des étoiles rouges et des étoiles blanches : les étoiles de couleur bleue, verte, jaune, n'ont été remarquées que dans les temps modernes.

J. Herschel a donné un catalogue de 76 étoiles rouges, parmi lesquelles nous signalerons : Arcturus, Aldébaran, Antarès, Pollux, etc.... Les étoiles Procyon, la Chèvre, Altaïr, la Polaire, sont jaunes. La lumière de Castor est d'un vert pâle, etc....

Il résulte des indications fournies par plusieurs ouvrages de l'antiquité, que la belle étoile nommée Sirius était anciennement rougeâtre. La lumière de cette étoile étant actuellement du blanc le plus pur, on doit en conclure qu'elle a perdu la coloration qu'elle présentait d'abord. C'est à peu près le seul exemple bien constaté que l'on ait du changement de couleur de la lumière d'une étoile.

Étoiles variables. — Dès que l'on eut divisé les étoiles en plusieurs classes de grandeur, on put constater un phénomène des plus étranges : l'éclat de certains astres s'affaiblit

TÉLESCOPE (OBSERVATOIRE DE PARIS).

avec le temps; quelques étoiles, bien observées, bien cataloguées, ont disparu complètement. D'autres étoiles, au contraire, deviennent de plus en plus brillantes, et quelques-unes même paraissent naître spontanément. Enfin, certaines étoiles, qu'on appelle pour cette raison *périodiques*, ont un éclat qui varie périodiquement.

Parmi les étoiles dont l'éclat s'est affaibli, je citerai l'étoile δ de la Grande Ourse, dont il sera parlé plus loin (page 159), qui était plus brillante que les trois étoiles du Timon et qui est plus faible aujourd'hui ; l'étoile appelée Mérope, de la constellation des Pléiades, qui, visible jadis à l'œil nu, s'éteignit un beau jour, puis reparut et disparut enfin pour la seconde fois : on ne l'aperçoit plus aujourd'hui qu'à l'aide d'un télescope.

Parmi les étoiles nouvelles qui ont apparu brusquement dans le ciel, certaines n'ont eu qu'un éclat temporaire. Écoutez ce que raconte Tycho-Brahé : « Un soir, dit-il, que je considérais comme à l'ordinaire la voûte céleste, dont l'aspect m'est si familier, je vis avec un étonnement indicible, près du zénith, dans Cassiopée (voy. p. 154), une étoile radieuse d'une grandeur extraordinaire. Frappé de surprise, je ne savais si j'en devais croire mes yeux. Pour me convaincre qu'il n'y avait pas d'illusion, et pour recueillir le témoignage d'autres personnes, je fis sortir les ouvriers occupés dans mon laboratoire, et je leur demandai, ainsi qu'à tous les passants, s'ils voyaient, comme moi, l'étoile qui venait d'apparaître tout à coup. J'appris plus tard qu'en Allemagne des voituriers et d'autres gens du peuple avaient prévenu les astronomes d'une grande apparition dans le ciel, ce qui a fourni l'occasion de renouveler les railleries accoutumées contre les hommes de science. » Ceci se passait en novembre 1572.

L'étoile aperçue par Tycho-Brahé et qui venait de faire brusquement son apparition, avait acquis en quelques instants un éclat comparable à celui de Sirius. Son éclat alla en augmentant jusqu'à surpasser celui de Jupiter et elle devint même visible en plein jour. Au bout d'un mois, en décembre 1572, elle commença à décroître progressivement, et, au mois de mars 1574, elle avait complètement disparu. Ce qui montre bien que l'astre était une étoile et non une comète par exemple, c'est que, pendant tout le temps qu'il fut visible, il conserva une position invariable par rapport aux étoiles voisines.

« Cette étoile de 1572 est loin d'être le seul exemple de ce genre. Nous pouvons citer, entre autres, l'étoile qui se montra subitement dans le ciel, en l'an 125 avant Jésus-Christ, et qui, ayant fixé l'attention d'Hipparque, fut la cause qu'il entreprit son catalogue d'étoiles ; une étoile qui parut en l'an 389, près de α de l'Aigle, qui eut pendant trois semaines un éclat pareil à celui de Vénus, et qui disparut entièrement ; une étoile très brillante que l'on aperçut, le 10 octobre 1604, dans la constellation du Serpentaire, et qui resta visible pendant un an. Une étoile de 3e grandeur parut en 1670 dans la tête du Cygne ; cette étoile disparut bientôt, se montra de nouveau, puis disparut encore, après avoir subi, dans l'espace de deux ans, quelques alternatives d'accroissement et de diminution ; depuis cette époque, on ne l'a plus revue.

« Récemment, au mois de mai 1866, une étoile de 3e grandeur a paru subitement dans la constellation de la Couronne boréale ; puis elle s'est affaiblie peu à peu et a fini par disparaître au bout de quelques jours. »

On admet aujourd'hui que ces étoiles qui disparaissent après avoir brillé d'un vif éclat sont des étoiles ordinairement invisibles à l'œil nu et qu'un *incendie* violent a rendues visibles pendant quelque temps. J'ai souligné à dessein le mot « incendie », car il représente très bien le phénomène dont il s'agit. C'est un incendie, en effet, qui illumine brusquement l'étoile ; à l'aide d'instruments particuliers appelés Spectroscopes, on peut même apercevoir les flammes. L'esprit est confondu en songeant à la violence de ces phénomènes qui ont pour théâtre la profondeur des espaces célestes. Un seul chiffre suffira pour frapper vivement notre imagination. Si l'incendie avait lieu à une distance de 76 000 lieues, nous l'apercevrions *une seconde* après qu'il aurait éclaté : or l'incendie qui a produit l'apparition de l'étoile de Tycho-Brahé a eu lieu à une distance telle que nous ne l'avons aperçu que cent ans après le moment où il s'est produit !!

Étoiles périodiques. — Il existe un certain nombre d'étoiles dont l'éclat varie périodiquement. « Une des plus remarquables est *Algol*, de la constellation de *Persée*, dont l'éclat varie de la 2ᵉ grandeur à la 4ᵉ grandeur. Pendant $2^j 14^h$, cette étoile est de 2ᵉ grandeur, sans que son éclat semble changer; au bout de ce temps elle commence à s'affaiblir, et décroît jusqu'à la 4ᵉ grandeur, dans l'espace d'environ $3^h \frac{1}{2}$; ensuite son éclat augmente de nouveau, et, après un même temps de $3^h \frac{1}{2}$ environ, elle se retrouve de 2ᵉ grandeur. A partir de là, elle reste encore invariable pendant $2^j 14^h$, décroît de nouveau, puis revient à son éclat primitif, et ainsi de suite. La durée totale de chacune de ces périodes successives est de $2^j 20^h 48^m$.

« L'étoile *Omicron* de la constellation de la *Baleine* est également périodique, mais la période de ses variations est beaucoup plus longue, et en outre son éclat diminue tellement à chaque période, qu'elle devient complètement invisible pendant un certain temps. Après avoir brillé comme une étoile de 2ᵉ grandeur pendant environ quinze jours, elle décroît peu à peu pendant environ trois mois; il s'écoule ensuite près de cinq mois sans qu'on puisse l'apercevoir, puis elle reparaît et met encore à peu près trois mois à reprendre son plus grand éclat. La durée totale de la période de ses variations est de 334 jours. Ces modifications successives de l'étoile dont il s'agit ne se produisent pas toujours de même; lorsqu'elle atteint son plus grand éclat, elle n'est pas toujours de 2ᵉ grandeur; souvent elle s'arrête à la 3ᵉ grandeur. La durée de ce plus grand éclat, et les temps qu'elle emploie, soit à décroître jusqu'à sa disparition, soit à croître après sa réapparition, varient en général d'une période à une autre. »

On peut encore citer parmi les étoiles périodiques :

Une étoile de *Céphée*, qui varie de la 3e à la 5e grandeur, et dont la période est de $5^j 8^h 37^m$; une étoile de la *Lyre*, qui varie de la 3e à la 5e grandeur et dont la période est de $6^j 9^h$; une étoile d'*Antinoüs*, qui varie de la 4e à la 5e grandeur, et dont la période est de $6^j 4^h 15^m$; une étoile d'*Hercule*, qui varie de la 3e à la 4e grandeur et dont la période est de $60^j 6^h$; une étoile du *Cygne*, qui est tantôt de la 6e grandeur, tantôt complètement invisible, et dont la période est de 18 ans.

Comment expliquer la périodicité d'éclat qu'éprouvent les étoiles ? On a émis deux hypothèses qui rendent assez bien compte, l'une et l'autre, des phénomènes observés :

Ou bien ces étoiles tournent sur elles-mêmes et nous montrent ainsi des parties de leur surface qui ne sont pas également brillantes ;

Ou bien elles sont environnées de satellites qui circulent autour d'elles et qui, en s'interposant entre elles et nous, produisent de véritables éclipses.

La première explication, qui s'accorde assez bien avec tout ce que nous savons sur la rotation des astres sur eux-mêmes, n'est pas nouvelle. Au dix-septième siècle, l'astronome Bouilliaud l'énonçait de la manière suivante : « L'étoile périodique de la Baleine est un globe dont la plus grande partie de la surface est obscure, et l'autre partie est lumineuse : ce globe a un mouvement propre autour de son axe et présente à la Terre, tantôt sa partie claire, et tantôt sa partie obscure, ce qui cause la vicissitude de ses apparences. »

On a objecté avec raison à l'hypothèse de Bouilliaud que le phénomène aurait dû s'accomplir d'une façon toujours régulière, tandis que, nous l'avons dit, il n'en est pas ainsi.

Pour échapper à cette difficulté, l'astronome Maupertuis

admettait qu'il pouvait y avoir des étoiles tournant très rapidement sur leur axe, et dont le disque pouvait être extrêmement aplati par l'action de la force centrifuge. Il admettait encore qu'autour de ce corps central aplati se trouvait quelque grosse planète dans une orbite fort excentrique inclinée sur le plan de l'étoile, et dérangeant sans cesse par son attraction le plan de l'équateur de cette dernière. C'est une organisation bien complexe, et dont nous n'avons pas d'exemple. La constitution d'un corps si aplati soulève des objections; la rapidité du mouvement de rotation opposerait une résistance bien invincible au déplacement continuel du plan de l'équateur.

Le Verrier préférait revenir à l'hypothèse de Bouilliaud en la complétant. Voici son opinion sur cette question : Tous les corps célestes ont été, à leur origine, doués d'une température prodigieuse; ils sont allés et vont sans cesse en se refroidissant, et il s'en trouve, à notre époque, à tous les états de température. Outre les corps visibles par leur lumière, il en existe sans doute un très grand nombre qui sont complètement obscurs, et peut-être est-ce l'une des raisons qui font que la voûte du ciel n'est pas plus lumineuse malgré le nombre indéfini d'étoiles qui se superposent les unes derrière les autres.

Considérons l'un de ces astres doué encore d'une température extrêmement élevée, bien qu'il ait pu déjà abandonner, par les effets combinés du refroidissement et de la force centrifuge, divers corps secondaires effectuant leur rotation autour de lui. Dans un immense globe porté à cette haute température, et qui perd sans cesse une quantité considérable de sa chaleur par le refroidissement, l'équilibre ne saurait exister. Nous en avons pour témoin ce qui se passe de nos jours dans le Soleil. La matière du corps embrasé étant sans cesse *brassée*, ce corps peut rester complètement lumineux pendant une longue suite de siècles.

Cependant le refroidissement qui s'opère par la radiation à

travers les espaces laisse échapper un énorme flux de chaleur. Pour en prendre une idée, il nous suffira de dire que la radiation de notre Soleil suffirait, à la surface de l'astre, pour fondre en une heure une couche de glace de 750 mètres d'épaisseur. Il arrive donc un moment où, par suite de ce refroidissement, certaines parties de la surface du corps peuvent devenir temporairement solides et constituer des taches. C'est le cas actuel de notre Soleil. Ces taches n'ont rien de permanent et disparaissent bientôt fondues dans le torrent de la matière incandescente. Avec le temps cependant, elles reviennent et s'étendent de plus en plus; la surface s'encroûte et peut devenir solide sur une plus ou moins grande étendue. Le mouvement de rotation apporte alors à notre vue tantôt des parties lumineuses, tantôt des parties obscures, et ainsi tous les phénomènes que nous avons cités peuvent se présenter.

Si la partie encroûtée n'est qu'une minime portion de la surface, l'étoile n'éprouve qu'une variation dans l'éclat de sa lumière, sans disparaître complètement. Que si, au contraire, plus de la moitié de la surface est encroûtée et obscure, il pourra y avoir des époques où l'étoile s'évanouira entièrement, comme le font l'étoile de la Baleine et celle du Cygne.

Il nous reste à expliquer les irrégularités; rien n'est plus simple. Pendant que ces îlots de matières solides s'établissent, leurs bords, ou mieux les parties encore faibles, mal affermies, doivent être souvent enlevées et détruites, et de là résultent les inégalités observées dans la période lumineuse.

Mais le refroidissement finit toujours par prendre le dessus, et il vient un moment où cette surface est entièrement envahie. Ce serait le cas de cette étoile qui, après avoir été en 1670 de 3e, en 1671 de 5e, en 1672 de 4e grandeur, avait fini par disparaître.

La même cause explique, d'après Le Verrier, la naissance inopinée d'une étoile. Il vient en effet un moment, dit-il, où les croûtes doivent finir par envahir toute la surface en la couvrant d'une couche qui, par la rapidité du refroidissement extérieur, devient promptement obscure. Cette croûte, à l'origine, n'est pas suffisamment épaisse pour résister à toutes les tempêtes des fluides intérieurs. Il arrive donc qu'après un calme relatif de plusieurs siècles ou de plusieurs milliers d'années elle se trouve brisée; et alors la matière incandescente reparaissant à la surface, l'étoile redevient de nouveau visible.

Une grande commotion étant nécessaire pour amener ce résultat, on comprend que l'étoile réapparaisse subitement. A partir de ce moment, à mesure que le calme se rétablit, la surface se refroidit de nouveau; les croûtes qui n'avaient peut-être pas toutes été dissoutes dans la masse, reviennent et aident à la consolidation; et ainsi, en peu de mois, l'étoile retombe dans son obscurité.

Étoiles multiples. — Quand on observe certaines étoiles avec de puissantes lunettes, on observe, non sans étonnement, qu'elles se dédoublent. Chacune d'elles se compose de deux étoiles très voisines qui semblent se confondre. Il pourrait se faire que cette apparence ne fût qu'un effet de perspective, les deux étoiles étant à peu près sur la même ligne droite qui, partant de l'étoile, aboutirait à notre œil, et dans ce cas les étoiles pourraient être à une très grande distance l'une de l'autre. Ce phénomène se présente en effet quelquefois; mais le plus souvent les deux étoiles sont réellement placées très près l'une de l'autre et le nombre de ces astres doubles est relativement considérable. Ainsi, l'astronome Struve a constaté que, sur 120 000 étoiles qu'il avait personnellement observées, il y avait plus de 3000 étoiles doubles.

L'observation attentive des étoiles doubles a montré à Herschel que les deux astres qui forment une étoile double *tournent l'un autour de l'autre*, et ce mouvement paraît s'effectuer conformément aux lois qui régissent, d'après Képler, le mouvement des planètes autour du Soleil.

« Les deux étoiles qui composent une étoile double ne sont pas, en général, de même intensité. Très souvent elles présentent des teintes différentes : ainsi la plus forte des deux est souvent rougeâtre ou jaunâtre, et la plus faible a plus souvent encore une nuance d'un vert ou d'un bleu assez prononcé. Ces différences de teinte sont certainement dues quelquefois à un simple effet de contraste; mais il est impossible d'attribuer à cette cause unique la coloration si fréquente et souvent si prononcée qu'on remarque dans les étoiles doubles.

« La différence d'intensité des deux étoiles composantes d'une étoile double peut être telle que l'une d'elles soit très visible, et que l'autre ne puisse être aperçue que par l'emploi des plus puissants moyens d'observation. Nous en avons un exemple remarquable dans la belle étoile Sirius. Bessel avait remarqué, en 1844, qu'elle était animée d'un mouvement périodique, et il avait attribué ce mouvement à l'action d'un corps obscur situé dans le voisinage de l'étoile. Ce *compagnon de Sirius*, soupçonné par Bessel, a été découvert en 1862 aux États-Unis par M. Clark, à l'aide d'une lunette de 47 centimètres d'ouverture.

« L'observation fait voir qu'il existe dans le ciel des étoiles triples et quadruples, c'est-à-dire formées par la réunion de trois ou quatre étoiles situées réellement à de petites distances les unes des autres. Mais ces étoiles sont beaucoup moins nombreuses que les étoiles doubles. Ainsi, sur les 120 000 étoiles observées par W. Struve, et dans lesquelles il a trouvé plus de 3000 étoiles doubles, il n'y avait que 52 étoiles triples. »

§ 2. — LES CONSTELLATIONS

Nous avons dit que toutes les étoiles *semblaient* se mouvoir sur le ciel ; il convient de compléter cette première observation en indiquant dans quel sens ce mouvement apparent aurait lieu.

On appelle Est ou Levant, le point du ciel où le Soleil *paraît* se lever ; Ouest ou Couchant, le point du ciel où le Soleil dis-

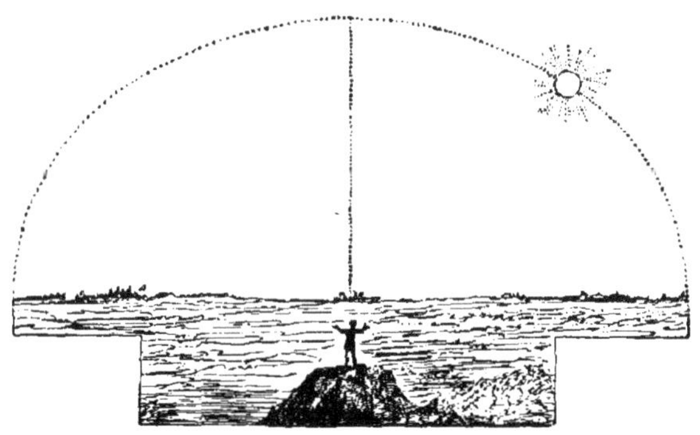

COMMENT ON S'ORIENTE.

paraît. Si nous nous plaçons dans la direction Est-Ouest, notre bras droit étant du côté du Levant, nous avons le Nord devant nous, le Sud derrière nous.

Le Soleil semble donc chaque jour se mouvoir de l'Est à l'Ouest et nos lecteurs savent déjà que ce mouvement n'est qu'apparent : c'est la Terre qui tourne sur elle-même, précisément dans le sens opposé au mouvement apparent du Soleil, c'est-à-dire de l'Ouest à l'Est.

Les Étoiles sont immobiles aussi bien que le Soleil, et si elles paraissent emportées sur le ciel, cela tient également au mouvement de la Terre. Les étoiles paraissent donc courir de l'Est à l'Ouest.

Mais, en se déplaçant, les étoiles conservent les unes par rapport aux autres leurs distances respectives; les figures qu'elles forment entre elles ne changent pas d'aspect. Il semble donc possible de retrouver les différentes étoiles quand on a observé avec un peu d'attention la place qu'elles occupent.

Les premiers astronomes observèrent bien vite cette liaison invariable entre les étoiles et, comme ils fixaient leur route d'après leur position, ils imaginèrent de donner des noms à chacune d'elles. La tâche était pénible : ils commencèrent par les étoiles les plus brillantes, puis réunirent sous le même nom un certain nombre d'astres qui paraissaient former un groupe distinct. Ce sont ces groupes que nous appelons des *Constellations*, du mot latin *stella* qui veut dire étoile.

Les noms de ces constellations sont pour la plupart des noms d'animaux et leur origine se perd dans la nuit des temps. Chateaubriand nous dit, dans un passage déjà cité (page 27), que les bergers, ces premiers observateurs du ciel, « écrivirent les fastes de leurs troupeaux parmi les étoiles ».

On trouve dans l'*Iliade* la mention de plusieurs des constellations grecques. Homère, décrivant le fameux bouclier que Vulcain fabrique pour Achille, dit « qu'il représente tous les signes dont le ciel est couronné : les Pléiades, les Hyades, le robuste Orion, l'Ourse que l'on appelle aussi le Chariot, qui tourne aux mêmes lieux en regardant Orion, et *seule n'a point de part aux bains de l'Océan* ». J'expliquerai tout à l'heure la phrase soulignée.

Dans le premier livre de ses *Géorgiques*, Virgile nous

apprend que « le nautonier compta les étoiles et leur donna des noms : telles les Hyades, les Pléiades et l'Ourse, étincelante fille de Lycaon ».

L'auteur du livre de Job dit en parlant de Dieu : « C'est lui qui a créé Arcturus et les Hyades et Orion..... »

La tradition a conservé les noms qu'on donnait aux constellations du temps d'Hipparque et de Ptolémée; les nouvelles, c'est-à-dire celles que les lunettes ont permis d'observer, ont été baptisées d'une manière absolument arbitraire. « Quelques astronomes courtisans imaginèrent de confectionner des constellations en l'honneur de leurs souverains. C'est ainsi que Royer forma le *Sceptre* et la *Main de justice* et remplaça la *Mouche* par le *Lis*, en l'honneur de Louis XIV; que Hévélius, en 1690, plaça au ciel le *Bouclier de Sobieski*[1]; que Halley y transporta le *Chêne de Charles II;* etc... » Au huitième siècle, un savant anglais, Bède, dit le Vénérable, proposa de remplacer les noms mythologiques des constellations par des noms de saints ou de martyrs chrétiens; c'est ainsi que pendant un certain temps le *Bélier* fut remplacé par *Saint Pierre*, le *Taureau* par *Saint André*, *Hercule* par les *Trois Mages*, etc., mais cette substitution n'a pas été conservée.

Les anciens ne connaissaient qu'un des deux hémisphères terrestres, celui que nous appelons l'hémisphère boréal. Lorsque les astronomes observèrent pour la première fois l'hémisphère austral, ils aperçurent des étoiles dont l'existence avait été jusque-là inconnue. La Caille, qui les découvrit lors de son voyage au cap de Bonne-Espérance, imagina de nouvelles constellations, auxquelles il donna les noms suivants : l'Atelier du sculpteur, le Fourneau chimique, l'Horloge astronomique, le Burin du graveur, le Chevalet du peintre, la Boussole, la Machine Pneumatique, l'Octant, le

[1] Jean Sobieski, né en 1629, fut roi de Pologne sous le nom de Jean III et l'un des plus grands héros de ce malheureux pays.

Compas et le Cercle, le Télescope, le Microscope, la Croix du Sud, etc.

Chaque constellation comprend naturellement un certain nombre d'étoiles. Pour reconnaître chacune d'elles, on a donné aux plus brillantes un nom particulier : Wéga, Altaïr, Arcturus, Algol, etc..., noms dont nous chercherons tout à l'heure l'origine. Mais pour distinguer les autres on a dû les désigner d'une manière quelconque. Le plus généralement on donne aux différentes étoiles d'une même constellation les lettres de l'alphabet grec : α (alpha), β (bêta), γ (gamma), δ (delta), ε (epsilon), etc. D'autres étoiles furent distinguées par la place qu'elles occupaient dans la constellation dont elles faisaient partie ; on disait et l'on dit encore souvent : *l'Œil du Taureau, le Cœur du Lion, l'Épaule de la Vierge, la Queue de l'Ourse*, etc..., le Taureau, le Lion, la Vierge, l'Ourse étant les noms des constellations auxquelles ces étoiles appartiennent. Enfin, l'astronome Bayer imagina d'appliquer aux étoiles les lettres de l'alphabet grec. Je donne dans le tableau suivant les lettres grecques et leur prononciation française, afin de pouvoir désigner sans nouvelle explication les différentes étoiles dont nous raconterons l'histoire.

α alpha	ι iota	ρ rô
β bêta	κ cappa	σ sigma
γ gamma	λ lambda	τ tau
δ delta	μ mu	υ upsilon
ε epsilon	ν nu	φ phi
ζ dzêta	ξ ksi	χ khi
η êta	ο omicron	ψ psi
θ thêta	π pi	ω oméga.

Les étoiles semblent se mouvoir sur le ciel. Une observation attentive de très courte durée montre que la voûte céleste est animée d'un mouvement d'ensemble dirigé de l'est à l'ouest, précisément dans le sens du mouvement du Soleil. Nous savons aujourd'hui que ce prétendu mouvement n'est qu'une apparence, due à la rotation de la Terre sur elle-même. Le ciel en réalité est immobile : c'est l'observateur qui tourne, sans en avoir conscience, de l'ouest à l'est.

Dans ce mouvement apparent de la voûte céleste, certaines constellations ne quittent pas l'horizon de l'observateur; elles n'ont point de lever, elles n'ont point de coucher. D'autres, au contraire, ne sont visibles que pendant quelques heures, et restent plus ou moins longtemps au-dessus de notre horizon. D'autres enfin, ce sont celles qui avoisinent le pôle austral, demeurent toujours inconnues aux habitants des régions septentrionales.

Il est bon de commencer l'étude de l'astronomie par celle des constellations, et certes rien n'est plus facile. Nous voudrions enseigner à nos lecteurs le moyen de retrouver sur le ciel les principales constellations et de nommer les étoiles les plus brillantes dont chacune est composée.

Nous supposerons que tout le monde connaît les sept étoiles de la Grande Ourse et, partant de cette constellation, il nous sera facile de connaître toutes les autres. La légende de ces constellations nous permettra de mieux graver leur forme et leur position dans notre mémoire.

§ 3. — LA GRANDE OURSE

Un de nos grands poètes a fait remarquer que le nom du Créateur, Jéhovah, a sept lettres, et il a imaginé que ces sept lettres sont fixées au firmament et forment par leur ensemble la constellation qu'on appelle *Chariot de David* ou encore *Grande Ourse*. Écoutez ces beaux vers; Victor Hugo parle de Dieu :

> Quand il eut terminé, quand les soleils épars,
> Éblouis, du chaos montant de toutes parts,
> Se furent tous rangés à leur place profonde,
> Il sentit le besoin de se nommer au monde;
> Et l'être formidable et serein se leva,
> Il se dressa dans l'ombre et cria « Jéhovah! »
> Et dans l'immensité ces sept lettres tombèrent,
> Et ce sont, dans les cieux que nos yeux révèrbèrent,
> Au-dessus de nos fronts, tremblant sous leurs rayons,
> Les sept astres géants du noir septentrion.

Les « sept astres géants » dont parle le poète avaient chez les anciens une tout autre origine.

Calisto, nymphe attachée à Diane, était l'objet de la haine de Junon, femme de Jupiter. L'irascible épouse du roi de l'Olympe est célèbre par ses cruelles vengeances : la pauvre nymphe Chélonée, coupable de retard le jour du mariage de Junon, fut métamorphosée en tortue; la reine des Pygmées, Pigas, coupable de s'être comparée à elle, fut changée en grue; les filles de Proctus, qui s'étaient proclamées plus belles que

Junon, furent changées en génisses.... Junon, qui avait, comme on le voit, le génie des transformations, métamorphosa Calisto en Ourse. Jupiter plaça la malheureuse Calisto parmi les constellations.

Cette explication mythologique me paraît bien peu satisfaisante et, bien que le nom de Grande Ourse soit généralement adopté, il paraît évident qu'il ne doit pas se rapporter à l'animal qui enferma l'âme de Calisto. Comment trouver en effet une ressemblance quelconque avec une ourse dans les sept

LES OURSES.

étoiles qui forment la constellation dont nous parlons? D'autant mieux que les quatre étoiles qui sont sensiblement dans le prolongement l'une de l'autre, devraient figurer la queue de l'ourse.... et l'ourse n'a pour ainsi dire pas de queue! On a donc cherché à expliquer cette bizarrerie, et l'on a pensé que cette constellation se trouvant en regard du pôle de la Terre, c'est-à-dire d'une région extrêmement froide, pouvait être représentée par l'animal qui hante ces solitudes glacées. Ajoutons que le mot ourse se dit, en grec, *Arctos*, et que c'est de là qu'est venu notre mot français *arctique*.

Certains auteurs ont rappelé que les étoiles servaient aux marins pour se guider sur les mers. « Or, de toutes les étoiles, celles de la Grande Ourse sont non seulement très brillantes, mais toujours visibles dans notre hémisphère. Pour cette raison, les Phéniciens les appelaient *doube* (constellation parlante); et il paraît que ce même mot *doube* a une deuxième signification qui est *ourse.* »

Mais que devient alors notre légende mythologique? N'était-elle pas corroborée par ce fait que longtemps on appela cette constellation Calisto? Point, répondent les étymologistes : ce nom Calisto est une corruption du grec *callista*, qui veut simplement dire la plus belle; peut-être encore ce nom est-il dérivé du mot phénicien *callista* qui veut dire *salut*, à cause du secours que son observation donnait aux navigateurs.

Le nom de *Grande Ourse* est pour ainsi dire un nom scientifique; le public appelle plus volontiers cette constellation : le Chariot de David. Ici, l'explication est plus facile. Cette constellation a bien l'aspect d'un char : les quatre étoiles qui sur notre dessin portent les lettres grecques $\alpha, \beta, \gamma, \delta$, représentent les quatre roues; les trois étoiles appelées ε, ζ, η désignent les trois chevaux.

Les Gaulois nommaient cette constellation le Chariot d'Arthur; les Anglais, la Charrue; les Latins, les Sept Bœufs (*septem triones*), ce qui nous apprend, en passant, l'origine du mot septentrion, qui signifie aujourd'hui le nord. Les Arabes ont donné à la Grande Ourse le nom de Grand Cercueil; les trois étoiles qui suivent le char représentent les pleureuses qui accompagnaient autrefois de leurs gémissements payés le corps qu'on portait en terre.

« Voici les noms arabes de ces sept étoiles :

α Dubhé	ε Alioth
β Mérak	ζ Mizar
γ Phegda	η Benetnasch ou Ackaïr.
δ Megrez	

« Chose curieuse, il paraît que les Iroquois désignaient par le mot Okouari, c'est-à-dire l'Ours, la constellation de la Grande Ourse, et cela avant la découverte de l'Amérique. »

Dans l'antiquité chrétienne, on représente assez souvent le bon Pasteur accompagné de sept étoiles. « Ces étoiles qui ne disparaissent jamais sous l'horizon sont, disait-on, le symbole

LE BON PASTEUR ET LES SEPT ÉTOILES.

de l'Église. » D'autres auteurs chrétiens affirment que « le Fils de l'homme avait dans sa main sept étoiles ». D'autres enfin

LA GRANDE OURSE ET LE PETIT POUCET.

prétendent que les sept étoiles de la Grande Ourse sont les « sept anges des sept églises ».

Si vous examinez le dessin que je place sous vos yeux, vous remarquerez un peu au-dessus de l'étoile ζ un huitième astre, une toute petite étoile, dont voici la curieuse histoire.

Cette petite étoile peut être observée à l'œil nu, au moins

par les personnes qui ont de bons yeux; c'est pour cette raison que les Arabes l'appellent Saïdak, c'est-à-dire *l'épreuve*, parce qu'ils s'en servent pour éprouver la portée de leur vue. Cette même petite étoile porte encore les noms de *Conducteur*, *Postillon*, *Cavalier*, parce qu'elle semble assise sur le bœuf ζ et chargée de diriger le chariot céleste.

Dans la langue wallonne, la Grande Ourse porte le nom de *Chaur-Pocé*, char Poucet, et le conducteur du char s'appelle Poucet. Ce nom se trouve également chez les Germains : la petite étoile qui nous occupe s'appelle *dumeke* dans la basse Allemagne, *dumke* à Osnabruck, *duming* dans le Mecklembourg, *Hans Dumken* dans le Holstein ;... et ces différents mots signifient en français *poucet*.

Vous connaissez, tous, les adorables contes de Perrault qui ont fait les délices de notre enfance. S'il me fallait choisir parmi ces intéressants récits, j'éprouverais quelque embarras; cependant je reconnais que ma mémoire a retenu de préférence les merveilleuses aventures du petit Poucet et de ses frères. Mes souvenirs sont assez précis pour que je puisse au besoin retracer les inquiétudes du pauvre bûcheron et de sa femme, incapables de nourrir une aussi grande famille, et se décidant, non sans larmes, à abandonner leurs enfants dans la forêt. Mais Poucet, caché sous un escabeau, a surpris la fatale résolution de ses parents et il saura déjouer leurs projets. Qu'est-ce donc que Poucet ? c'est le plus jeune des sept frères; sa taille est si petite, que son père le bûcheron a répété vingt fois « qu'il n'était pas plus haut que son pouce » ; le nom de Poucet lui est resté.

Un matin, le bûcheron prévient ses fils qu'ils l'accompagneront dans la forêt; les enfants ont embrassé leur mère, dont l'émotion n'a pas échappé à la sagacité de Poucet. Le jour fatal est donc arrivé. Poucet a rempli ses poches de cailloux et... Mais je me surprends à vous raconter la légende que vous connaissez mieux que moi !

Je ne ferai certes aucun tort à la mémoire de Charles Perrault en disant que le fond de ses contes ne lui appartient pas et qu'il s'est borné à recueillir les vieilles légendes que de temps immémorial les *mères-grands* ont racontées à leurs petits-enfants. Perrault attachait si peu d'importance à son ouvrage, qu'il le publia en 1697 sous le nom de son fils. Ces contes n'avaient été qu'un agréable délassement pour l'auteur des « Éloges des hommes illustres du dix-septième siècle » (deux volumes in-folio), d'un poème épique sur saint Paulin, d'un discours en vers intitulé *Apologie des femmes*, etc., etc.... La postérité a oublié les deux in-folio, le poème épique, le discours en vers, et n'a retenu, de toute l'œuvre de Perrault, que ses contes, qu'il avait dédaigné de signer de son nom.

Perrault ne s'est pas borné à reproduire avec une exquise naïveté et une grande bonhomie des récits empruntés aux légendes des différents peuples de l'antiquité; il les a souvent modifiés de manière à les rendre méconnaissables, et nous devons presque regretter ces altérations. Bornons-nous à l'histoire du petit Poucet et recherchons le texte même des contes primitifs; il ne nous sera pas difficile de montrer comment cette histoire est liée à celle de la constellation que l'on appelle « la Grande Ourse » ou « la Charrue ».

Ce qui frappe tout d'abord, quand on relit les anciennes légendes, c'est la supériorité que les auteurs accordent aux êtres tout petits, aux nains, sur les géants. Ces derniers ont l'intelligence épaisse et jouent toujours le rôle de victimes; c'est ainsi que Polyphème est mystifié par Ulysse, que Goliath succombe sous la fronde de David, que l'Ogre est vaincu par Poucet. Les petits, au contraire, sont toujours intelligents et rusés; les nains, en particulier, sont représentés souvent comme les génies de la terre. Ils ont un pouvoir magique, une science prophétique, et leurs petites mains sont douées de la plus extrême habileté : c'est un nain qui fabriqua Durandal, la célèbre épée de Roland.

Dans le conte de Perrault, Poucet est le septième fils d'une pauvre famille de bûcherons ; dans les anciennes légendes, au contraire, notre héros est un enfant unique dont la naissance presque miraculeuse a été longuement désirée par ses parents. Écoutez le commencement d'un de ces récits : « Il y avait un pauvre paysan qui était un soir assis au coin de son feu et tisonnait, pendant que sa femme filait à côté de lui. Il dit : « Comme c'est triste de ne pas avoir d'enfants ! Notre maison est toujours silencieuse, quand ailleurs c'est si bruyant et si joyeux. — Oui, répondit la femme en soupirant, si nous en avions seulement un seul, quand même il serait tout petit, pas plus grand que le pouce, j'en serais contente; nous l'aimerions bien. » Ses vœux furent exaucés : elle eut un enfant qui n'était pas plus grand que le pouce. Les parents dirent alors : « Il est comme nous l'avons souhaité, et ce sera notre cher enfant, » et à cause de sa taille ils l'appelèrent Poucet.

Un conte russe, dont le titre se traduit exactement par ces mots « le petit Poucet », fait naître le héros dans les circonstances suivantes : « Il y avait une fois un vieux et une vieille. Un jour la vieille était en train de hacher des choux, quand elle fit un faux mouvement et laissa retomber la hache sur le petit doigt, si bien qu'elle se le détacha de la main. Elle le prit et le jeta dans le tas d'ordures derrière le poêle. Voilà qu'elle entendit une voix humaine qui partait de derrière le poêle et qui disait : « Maman, retire-moi d'ici ! » La vieille toute saisie demanda : « Qui es-tu? — Je suis ton fils, né de ton petit doigt. » La vieille le prit et le regarda : ah ! qu'il était petit, tout petit, tout petit! on le voyait à peine par terre ; elle l'appela petit Poucet. »

Un conte grec, qui porte le nom de *Grain de poivre* et qui est certainement pareil à celui de Poucet, donne au petit être une origine absolument extraordinaire : « Il y avait une fois un vieil homme et une vieille femme qui n'avaient pas d'enfants : un jour la vieille alla aux champs et en rapporta une corbeille de fèves, et la regardant elle dit : « Je voudrais que toutes ces fèves fussent des petits enfants. » A peine avait-elle parlé, qu'une bande de petits enfants sauta de la corbeille et se mit à danser autour d'elle. Mais une telle famille sembla trop considérable à la vieille, et elle s'écria : « Je voudrais que vous redevinssiez des fèves. » A peine avait-elle parlé, que les enfants grimpèrent vite dans la corbeille et y redevinrent des fèves, excepté un petit garçon que la vieille emmena avec elle à sa maison. Il était si petit, qu'on l'appelait Grain de poivre, mais si gentil et si bon, que tout le monde l'aimait. »

Je pourrais multiplier ces exemples. Ainsi Perrault n'a pas pris aux anciens leurs récits merveilleux de la naissance de Poucet; son bûcheron et sa bûcheronne n'ont pas un enfant unique, mais sept enfants. Pourquoi Perrault a-t-il choisi ce nombre sept? Je l'ignore et peut-être lui-même a-t-il pris ce chiffre au hasard; je rappelle toutefois en passant que la constellation de la Grande Ourse est formée de sept étoiles principales.

Non seulement Perrault n'a pas raconté la naissance de son petit héros, mais il a omis un trait capital qu'on retrouve dans toutes les anciennes légendes et sur lequel je veux précisément insister : Poucet conduit un char et se place dans l'oreille d'une des bêtes qui le traînent. Écoutez :

« Comme un jour sa mère voulait porter le déjeuner aux champs à son père, il la pria de le lui laisser porter. « Eh! « pauvre petit, qu'est-ce que tu pourras porter? » dit sa mère. Mais il insista tant qu'elle y consentit. Quand il eut porté le déjeuner, il demanda à son père de le laisser labourer. Son père lui dit : « Comment pourrais-tu labourer? Laisse-moi « tranquille. » Le petit dit : « Je me glisserai dans l'oreille « du cheval. » Il y grimpa et se mit à labourer. »

Voici la suite du conte russe dont j'ai déjà donné le commencement. « Poucet arriva au champ où son père labourait : « Dieu te garde, petit père! » Le vieux regarda tout autour de lui. « Voilà un prodige! J'entends une voix humaine, et je ne « vois personne. Qui est-ce qui me parle? — Moi, ton fils. — « Je n'ai jamais eu d'enfant. — Je ne suis au monde que de ce « matin : maman hachait des choux pour faire un pâté, elle « s'est coupé le petit doigt de la main, elle l'a jeté derrière le « poêle, et voilà : Petit Poucet était né. Je suis venu te re- « joindre et t'aider à labourer la terre. Va, petit père, assieds- « toi, mange ce que Dieu t'a donné, et repose-toi un peu. » Le vieux fut enchanté, et il s'assit pour dîner; quant à Petit Poucet, il se glissa dans l'oreille du cheval et se mit à labourer. »

Toutes les légendes, je le répète, sauf celle que nous a racontée Perrault, contiennent cet incident de la vie de Poucet : le nain conduit l'attelage de son père en se plaçant dans l'oreille d'un des animaux qui le traînent.

Nous pouvons maintenant revenir à notre étude de la constellation de la Grande Ourse. Le petite étoile placée au-dessus de ζ est le conducteur du char; sa petitesse est extrême : c'est Poucet. L'étoile est pour ainsi dire dans l'oreille du bœuf ζ : c'est bien là le moyen que Poucet avait imaginé pour conduire les bœufs qui traînaient la charrue paternelle.

Ainsi la légende de Poucet est écrite dans le ciel et nous comprenons maintenant pourquoi chez les peuples du Nord la constellation de la Grande Ourse porte le nom de Char-Poucet.

Perrault a non seulement omis de nous parler de la naissance miraculeuse de son héros et de ses exploits comme laboureur, mais il a négligé d'autres traits assez amusants de la vie de Poucet. M. Gaston Paris, auquel nous avons emprunté toutes nos citations, affirme que les peuples chez lesquels on retrouve les deux premiers épisodes que nous avons rapportés, en connaissaient encore trois autres, qu'on peut intituler ainsi : Poucet voleur de bœufs; Poucet emporté par quelqu'un et réussissant à s'enfuir; Poucet avalé par un de ses bœufs. Je ne raconterai que le dernier épisode.

Dans le conte grec, le héros porte le nom de *Moitié de pois.*

Or voici ce qui lui arrive : « Moitié de pois ou Poucet est avalé par un des bœufs de son père; on tue le bœuf, on en jette les boyaux; le renard passe et avale les boyaux avec Moitié de pois;

POUCET ET LA VACHE.

mais celui-ci lui rend la vie dure. Dès que le renard s'approche d'une maison, l'hôte qu'il porte dans son ventre crie à tue-tête : « Gare à vous, les gens, le renard veut manger vos poules! » Le renard, qui meurt de faim, prend conseil du loup pour faire taire cette voix importune. Le loup, qui par extraordinaire dupe cette fois son compère, lui conseille de se jeter par terre du haut d'un arbre; le renard suit le conseil et se tue raide. Maître loup dévore son ami et en même temps Moitié de pois; dès lors, pour lui non plus, plus de repas possibles; dès qu'il approche d'un troupeau, il entend crier dans son ventre : « Holà, bergers! sur pied, le loup va manger un mouton! » Le chagrin qu'il en ressent le pousse au suicide : il se précipite du haut d'un rocher, meurt, et Moitié de pois sort de sa retraite et retrouve ses parents. »

Les contes allemands contiennent cet incident dont n'a pas parlé Perrault. Dans la version anglaise, intitulée *Tom Thumb*, Poucet est tombé dans une botte de foin et avalé par une vache; la vache le rejette un beau jour et Poucet tombe dans le tablier d'une servante. Dans un conte gaélique, Poucet, qui s'appelle Thomas, s'étant abrité sous une feuille, est avalé par un grand taureau moucheté. Tandis que ses parents désespérés l'appellent de tous côtés, Thomas s'écrie, de l'intérieur du taureau :

Voilà que vous me cherchez
Haut et bas de tout côté,
Et je suis ici tout seul
Dans le taureau moucheté.

En résumé, l'histoire de Poucet est fort ancienne; on la retrouve dans les légendes de presque tous les pays et très vraisemblablement elle a été inspirée par l'aspect de la constellation de la Grande Ourse. Perrault ne nous a donné qu'une version très éloignée des textes primitifs, avec des additions intéressantes sans doute, mais qui ne se rapportent plus à la vieille légende du petit Poucet.

§ 4. — LA PETITE OURSE

Menez par la pensée une ligne droite reliant les étoiles α et β de la Grande Ourse, étoiles qu'on appelle les *Gardes* de l'Ourse, et prolongez cette ligne du côté de l'étoile α; la première étoile que vous rencontrerez sera l'étoile Polaire, étoile de la constellation de la Petite Ourse, désignée par la lettre grecque α. La distance qui sépare α de la Grande Ourse de l'étoile Polaire est à peu près cinq fois plus grande que la distance des *Gardes* (voy. p. 154).

La constellation de la Petite Ourse est formée de sept étoiles dont les positions sont renversées par rapport aux sept étoiles du Chariot; on l'appelle souvent Petit Chariot, Petit Cercueil.... Son histoire mythologique est intimement liée à celle de la Grande Ourse. Lorsque Calisto eut été métamorphosée en ourse, elle erra dans les bois remplissant l'air de ses cris. Son fils Arcas, qui était à la chasse, l'ayant aperçue, se disposait à la tuer, lorsque Jupiter, pour prévenir cet effroyable parricide, enleva mère et fils et les plaça dans les cieux après avoir changé Arcas en *petit ours!* Contentons-nous de cette explication et ajoutons seulement que cette Petite Ourse est une des constellations les plus intéressantes du Ciel, parce qu'elle renferme l'étoile Polaire, c'est-à-dire l'étoile placée au point que rencontrerait la ligne des pôles de la Terre si elle était prolongée par la pensée jusqu'à la sphère céleste. Cette étoile nous paraît donc immobile et c'est autour d'elle que paraissent graviter toutes les constellations. Pour être complètement exact, il faut dire que l'étoile Polaire n'est pas exactement placée au point d'intersection de la ligne des pôles de la Terre avec le Ciel : elle est à une très petite distance du pôle véritable, un degré et demi environ.

L'immobilité de l'étoile Polaire permet aux voyageurs, aux navigateurs, de trouver avec certitude leur route. L'histoire suivante paraîtra sans doute intéressante.

« Le 4 avril 1799, le général anglais Baird, lors de la guerre contre Tippoo-Saïb, reçut ordre de marcher durant la nuit, pour reconnaître une hauteur sur laquelle on supposait que l'ennemi avait placé un poste avancé; le capitaine Lambton l'accompagnait comme aide de camp. Après avoir traversé à plusieurs reprises cette hauteur sans y rencontrer personne, le général résolut de retourner au camp, et il se mit en route, tournant le dos au quartier général. Cependant, comme la nuit était claire et que les constellations des Ourses étaient visibles, le capitaine Lambton remarqua qu'au lieu de retourner au sud, comme il le fallait pour gagner le camp, la division s'avançait vers le nord, c'est-à-dire vers le gros de l'armée ennemie, et il avertit immédiatement le général de cette méprise. Mais cet officier, qui s'inquiétait fort peu de l'astronomie, répliqua qu'il savait très bien ce qu'il faisait sans consulter les étoiles. A l'instant même, le détachement tomba dans un avant-poste ennemi. Cette surprise ayant trop bien confirmé l'observation du capitaine, on se hâta d'abord de disperser les soldats de l'avant-poste, puis de rebrousser chemin. On se procura de la lumière, on consulta une boussole, et l'on trouva, comme le disait en riant l'officier astronome, que les étoiles avaient raison. » (*Merveilles célestes.*)

Les deux constellations de la Grande et de la Petite Ourse ont inspiré un grand nombre de poètes. Nous reproduisons la citation suivante, empruntée à Ware, poète américain : « Avec quels pas grandioses et majestueux cette glorieuse constellation du nord s'avance dans son cercle éternel, suivant parmi les étoiles sa voie royale dans une clarté lente et silencieuse! Création puissante, je te salue! j'aime à te voir, errant dans les brillants sentiers, comme un géant superbe à la forte ceinture, sévère, infatigable, résolu, dont les pieds ne s'arrêtent jamais devant le chemin qui les attend. Les autres tribus abandonnent leur course nocturne et reposent sous les vagues leurs orbes fatigués; mais toi, tu ne fermes jamais ton œil brûlant et ne suspends jamais ton pas déterminé. En avant, toujours en avant! tandis que les systèmes changent, que les Soleils se retirent, que les mondes s'endorment et se réveillent, tu poursuis ta marche sans fin. »

Entre la Grande Ourse et la Petite Ourse se trouvent des étoiles appartenant à la constellation du *Dragon;* leur nombre est assez considérable : on en compte plus de cent, mais une seule est de 2e grandeur.

Calisto, dont le char craint le flot de Téthys,
Vers les glaces du Nord brille auprès de son fils;
Le Dragon les embrasse ainsi qu'un fleuve immense.

Cette constellation a porté successivement les noms de *Dragon*, *Serpent*, *Gardien des Hespérides*, *Python*, etc... Elle rappelle sans doute l'histoire de ce dragon chargé par Junon de garder le jardin des Hespérides et qui fut tué par Hercule. Sur le ciel, la tête du Dragon est située à côté de la Lyre et en face d'Hercule; elle est figurée par quatre étoiles à partir desquelles les autres étoiles sont rangées en une longue file qui sépare les deux Ourses, et se replie vers l'étoile Polaire pour former la queue (voy. p. 137).

§ 5. — LA LÉGENDE DU BOUVIER

En prolongeant la ligne droite qui joindrait ζ et η de la Grande Ourse, c'est-à-dire les deux dernières étoiles de la queue, on trouve une magnifique étoile appelée *Arcturus*, qui appartient à la constellation du Bouvier. Il faut dire qu'Arcturus n'est pas précisément sur la ligne droite que nous avons menée, mais un peu au-dessous. On voit sur notre dessin que

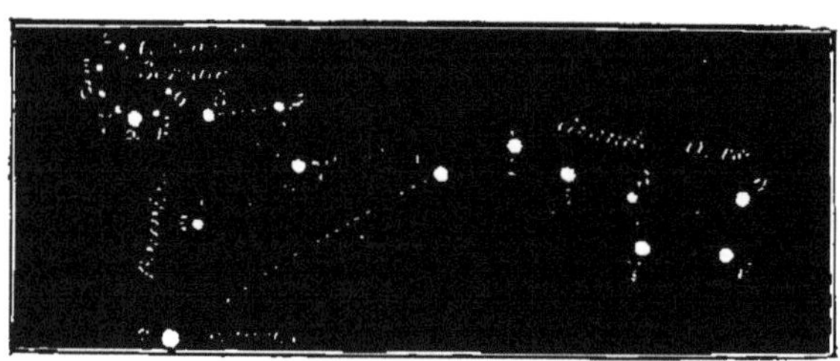

LE BOUVIER ET LA COURONNE.

la distance d'Arcturus à l'étoile η est environ cinq fois plus grande que la distance des deux dernières étoiles de la queue de la Grande Ourse.

D'où vient ce nom d'Arcturus, ainsi que le nom de Bouvier donné à la constellation dont cette étoile fait partie?

Un bouvier est un gardeur ou un conducteur de bœufs. Arcturus est formé de deux mots grecs qui signifient gardien de l'Ourse. Le nom de la constellation et celui de son étoile la plus brillante se rapportent donc à la même idée; il suffit de se rappeler que les sept étoiles de la Grande Ourse portaient autrefois le nom de *Sept Bœufs* (septem triones).

..... Le Bouvier, au milieu de sa course,
Roulait obliquement le char pesant de l'Ourse.

On devine que la légende du Bouvier est intimement liée à celle d'Ourse. Voici, en effet, ce que nous apprend la mythologie.

La nymphe Calisto, épouse de Jupiter au temps où la polygamie n'était pas un cas pendable, eut un fils, Arcas, qui devint roi de la contrée appelée Arcadie, à laquelle il aurait ainsi donné son nom. Lorsque l'irascible Junon, irritée contre Calisto, l'eut métamorphosée en Ourse, il arriva qu'Arcas faillit tuer sa mère. Cette méprise fâcheuse, mais bien explicable après tout, engagea Jupiter à placer la mère et le fils dans le ciel : Calisto devint la Grande Ourse, et Arcas, chargé de surveiller sa mère, devint la Petite Ourse suivant les uns, le Bouvier suivant d'autres poètes.

Voici d'autres légendes. Les Grecs racontent qu'Icarius, père d'Érigone, une des épouses de Bacchus, ayant chargé *un char* d'outres pleines de vin, le conduisit dans l'Attique et distribua les présents de Bacchus aux laboureurs. Ceux-ci, quand ils ressentirent les effets de l'ivresse, se crurent empoisonnés, se jetèrent sur Icarius et le tuèrent; mais Zeus (Jupiter) transporta la victime dans le ciel avec sa fille Érigone et son char. Le char est celui de la Grande Ourse; Icarius est le Bouvier et Érigone est représentée par la constellation de la Vierge, placée au-dessous du Bouvier et dont j'indiquerai plus tard la position exacte.

A propos de cette histoire, j'emprunte à M. G. Paris une bien curieuse remarque. Les Grecs racontaient que les deux cadavres d'Icarius et d'Érigone avaient été enfouis en secret et qu'on les avait longtemps cherchés sans succès. Ce fut, disent-ils, le chien d'Icarius qui révéla la place où les deux corps se trouvaient. On trouve ici pour la première fois la légende du chien dévoué qui dénonce le crime commis sur son maître, légende qui se modifiera de mille façons dans la suite des temps et que nous trouvons en France même sous le nom de légende du Chien de Montargis.

Les Grecs donnent encore une autre origine au Bouvier. Philomélos, fils de Déméter et d'Iasion, avec le peu d'argent qu'il avait, acheta trois bœufs et fabriqua le premier char; Déméter, qui est vraisemblablement Cérès, déesse des moissons, admira tant l'invention de son fils, qu'elle le transporta au ciel avec son char et ses bœufs. Ce char est celui de la Grande Ourse; Philomélos est le Bouvier.

La constellation du Bouvier est représentée sur notre dessin par cinq étoiles placées aux sommets d'un pentagone très irrégulier, qu'on ne serait même pas éloigné de prendre pour un quadrilatère, car l'étoile ε est à peu de chose près sur la ligne droite qui joint les étoiles α et δ.

Arcturus est une des plus belles étoiles du ciel; elle est, comme on dit, de première grandeur (voy. page 119); elle brille d'une belle couleur jaune d'or. L'étoile ε, que l'on voit au-dessus d'elle, est *double;* le télescope la décompose en deux astres distincts : l'un de ces astres est jaune, l'autre bleu. Arcturus est une des étoiles les plus voisines de la Terre. On a pu mesurer sa distance à notre planète, et j'éprouve quelque embarras à exprimer d'une manière claire le résultat obtenu. Si cette distance était exprimée en lieues de 4 kilomètres, il me faudrait écrire un nombre de quatorze chiffres! Je puis dire que cette distance est de SOIXANTE MILLE MILLIARDS DE LIEUES! Mais j'avoue que ce nombre colossal ne représente rien de bien net à notre esprit. Il me paraît plus facile de rappeler que la lumière parcourt 76 000 lieues par seconde, et que, en partant de ce chiffre déjà considérable, on arrive à reconnaître que la lumière d'Arcturus met *vingt-cinq* ans à parvenir jusqu'à nous. Si la lumière d'Arcturus venait tout à coup à s'éteindre, nous l'apercevrions encore durant un quart de siècle!

Tout à côté de la constellation du Bouvier, à la hauteur des étoiles δ, β et γ, nous apercevons sept étoiles rangées en cercle et qui forment une constellation à laquelle on a donné le nom de Couronne boréale. Ce nom de *Couronne* s'explique facilement par la disposition même des étoiles.

La plus belle des étoiles de la Couronne, l'étoile α, porte le

COURONNE BORÉALE.

nom de *Margarita*, ou encore celui de *la Perle;* elle est de 2e grandeur.

C'est dans la constellation de la Couronne que, le 13 mai 1866, M. l'ingénieur Courbebaisse aperçut une étoile nouvelle. Sa dépêche était ainsi conçue : « J'ai constaté sa position au sud-est et près d'ε de la Couronne, sur le prolongement de l'alignement α, γ, δ, jusqu'à sa rencontre avec la perpendiculaire élevée d'ε sur $\varepsilon\delta$. » Depuis le jour de son apparition, l'étoile alla sans cesse en s'affaiblissant : elle devint invisible à l'œil nu au bout de sept jours.

§ 6. — LA LÉGENDE DE CASSIOPÉE

Si l'on joint par la pensée l'étoile δ de la Grande Ourse à l'étoile Polaire et qu'on prolonge cette ligne idéale au delà de la Polaire, d'une longueur égale à elle-même, on rencontre une constellation dont la forme est bizarre : c'est la constellation de Cassiopée. On distingue cinq belles étoiles, désignées par les lettres grecques α, β, γ, δ, ε, et qu'on peut ranger parmi

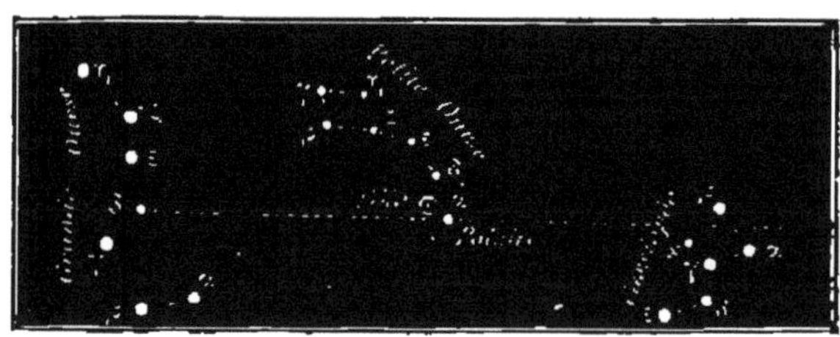

CASSIOPÉE.

les étoiles de 3e grandeur. Ces étoiles forment à peu près une M dont les jambes seraient très écartées. On aperçoit sur notre dessin une sixième étoile χ, beaucoup plus petite et qui donne à la constellation la forme d'une chaise.

Ce groupe prend toutes les situations possibles en tournant autour du pôle, se trouvant tantôt au-dessus, tantôt à gauche, tantôt à droite de l'étoile Polaire, mais il est toujours facile à trouver, attendu qu'il ne se couche jamais et qu'il est toujours à l'opposé de la Grande Ourse par rapport à l'étoile Polaire.

Les six étoiles de Cassiopée sont visibles à l'œil nu. Quand on observe la constellation à l'aide du télescope, on découvre un assez grand nombre d'étoiles : l'astronome Flamsteed en a compté cinquante-cinq assez belles.

Cette constellation a joué un rôle important dans l'histoire de l'Astronomie. Nous avons rappelé qu'elle offrit à l'astronome Tycho-Brahé, en 1572, le spectacle d'une étoile nouvelle, apparaissant subitement dans le Ciel.

D'où vient le nom de Cassiopée donné à la constellation qui nous occupe? « Cassiopée, femme de Céphée, roi d'Éthiopie, eut un jour la vanité de se croire plus belle que les Néréides, malgré la couleur africaine de son teint. » Cette dernière partie de la phrase semblerait indiquer que Cassiopée était une affreuse négresse; quant aux Néréides, c'étaient les nymphes des eaux. « Les Néréides, mises en fureur par une telle prétention, supplièrent Neptune de les venger de cet affront; le souverain des mers ordonna à un monstre marin de ravager les côtes de Syrie. Pour conjurer le fléau, Céphée enchaîna sa fille Andromède sur un rocher et l'offrit en sacrifice au terrible monstre. Mais le jeune Persée, touché de tant de malheurs, enfourcha le cheval Pégase, modèle des coursiers, et partit pour le rocher fatal. Il arriva juste au moment où Andromède allait devenir la proie du monstre marin. A cette vue, Persée se précipite du haut des airs sur le montres, lui tranche la tête et délivre Andromède évanouie. »

C'en est fait; à ses pieds revoyant son vengeur,
Andromède a senti redoubler sa rougeur;
Les dieux sont satisfaits; et, près de lui placée,
Jusqu'au brillant Olympe elle a suivi Persée.

Tous les héros de ce drame ont pris place au ciel et forment des constellations situées à côté l'une de l'autre et faciles à reconnaître.

J'ai dit comment on trouvait la constellation consacrée à Cassiopée, la femme vaniteuse qui a provoqué la colère de Neptune. La ligne droite qui joindrait l'étoile Polaire (α de la Petite Ourse) à l'étoile β de Cassiopée rencontrerait l'étoile α de la constellation d'*Andromède*, étoile qui appartient en même temps à la constellation de *Pégase* (voyez page 158). Je rappelle que Pégase, le coursier sur lequel Persée était monté,

ANDROMÈDE ET PERSÉE.

était un cheval ailé qui naquit du sang de Méduse lorsque cette gorgone fut tuée par Persée.

La constellation de *Pégase* ou, comme on dit encore, du *Carré de Pégase*, ne comprend donc à la vérité que trois étoiles, la quatrième appartenant à Andromède. Ces étoiles sont de 2e grandeur.

A peu près dans le prolongement de la diagonale du carré qui va de α de Pégase à α d'Andromède, on trouve β et γ d'Andromède, puis α de Persée, toutes trois de 2e grandeur. L'ensemble de ces trois étoiles et des quatre du carré de Pégase forme une grande figure ayant beaucoup d'analogie avec celle de la Grande Ourse.

L'étoile α de Persée, de 2e grandeur, et située, comme nous venons de le dire, sur le prolongement des trois étoiles α, β et γ d'Andromède, se trouve entre deux autres, γ, de 4e grandeur, et δ, de 5e grandeur, qui forment avec elle un arc concave vers la Grande Ourse, et facile à distinguer. Du côté de la convexité de cet arc, on voit l'étoile *Algol* ou β de Persée.

MÉDUSE.

L'étoile Algol, qu'on appelle encore la *tête de Méduse*, est pour ainsi dire le type des étoiles à éclat périodique. Pendant deux jours et quatorze heures, cette étoile est de 2e grandeur, sans que son éclat semble changer; au bout de ce temps elle commence à s'affaiblir et décroît jusqu'à la 4e grandeur, dans l'espace d'environ trois heures et demie; ensuite son éclat augmente de nouveau, et après un même temps de trois heures et demie environ, elle se retrouve de 2e grandeur. A partir de là, elle reste encore invariable pendant deux jours quatorze minutes, décroît de nouveau, puis revient à son éclat primitif, et ainsi de suite. La durée totale de chacune de ces

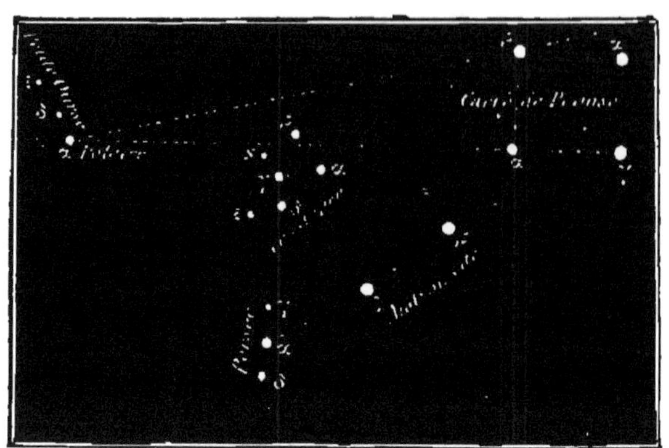

PÉGASE, ANDROMÈDE ET PERSÉE.

périodes successives est de 2 jours, 20 heures, 48 minutes. La régularité de ce phénomène permet de l'attribuer à la présence d'un satellite qui circulerait autour d'Algol de manière à produire des éclipses partielles de la lumière de l'étoile.

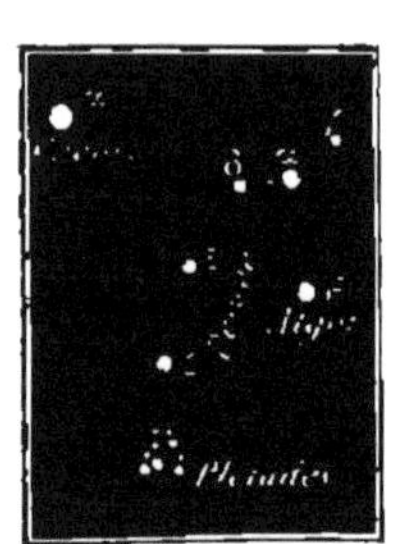

LES PLÉIADES.

La légende de Cassiopée, d'Andromède et de Persée a inspiré les peintres et les poètes. Notre grand Corneille a donné une tragédie, *Andromède*, qui a présenté quelques caractères singuliers. Notre dessin représente un des décors de la pièce, jouée en 1650.

Le décor représente la place publique de la capitale du royaume d'Éthiopie. « Les deux côtés et le fond du théâtre sont des palais magnifiques, tous différents de structure, mais qui gardent admirablement l'égalité et la justesse de la perspective. » Le roi Céphée et la reine Cassiopée ont été punis par les dieux du fol orgueil que provoquait chez eux la beauté de

SCÈNE D'ANDROMÈDE.

leur fille Andromède. Un monstre marin parcourt le rivage éthiopien et dévore tous ceux qu'il rencontre; pour l'apaiser, on lui sacrifie tous les mois une jeune fille désignée par le sort. Cassiopée est tremblante; elle craint que l'oracle de Jupiter ne porte son choix sur sa fille, lorsque Vénus apparaît : « Les nuages se dissipent, le ciel s'ouvre; Vénus apparaît, assise sur une grande nue; son visage est si éclatant que les rayons qui en sortent forment une grande et lumineuse étoile qui suffit à éclairer toute l'étendue de cette scène.... Que Vénus puisse arriver jusqu'au bord du théâtre, suspendue, sans que l'œil puisse discerner comment elle est attachée, c'est ce qui ne peut trouver assez d'admirateurs. » Vous savez que Vénus vient annoncer le prochain mariage d'Andromède avec un puissant personnage, et je n'ai pas à vous rappeler comment, en dépit de l'oracle qui a condamné Andromède à périr, Persée, fils de Jupiter, monté sur Pégase, tue le monstre marin, délivre Andromède et l'épouse.

Corneille dit lui-même, en désignant le machiniste Torelli : « S'il m'est dû quelque gloire pour avoir introduit cette Vénus dans le premier acte, il lui en est dû bien davantage pour l'avoir fait venir de si loin, et descendre au milieu de l'air dans cette magnifique étoile, avec tant d'art et de pompe qu'elle remplit tout le monde d'étonnement et d'admiration. »

C'est dans cette comédie de Corneille qu'on vit, pour la première fois en France, un cheval sur le théâtre.

Je n'ai pas besoin de vous rappeler que de nos jours l'exhibition d'animaux domestiques ou féroces a pris la plus grande extension. Tantôt on nous montre le chien de Montargis, sautant à la gorge de l'assassin Macaire ; tantôt ce sont les chiens du mont Saint-Bernard, qui débarrassent le héros du linceul de neige qui le recouvre. Ici, on nous montre des singes et des chiens savants qui donnent la réplique aux acteurs; des éléphants! des ours!! des lions!!! jouent les principaux rôles dans certaines de nos pièces et, dans les scènes militaires, un grand nombre de chevaux apparaissent sur le théâtre.

Mais en 1682, au moment où les comédiens de l'hôtel de Bourgogne représentaient la pièce de Corneille, la présence d'un cheval sur le théâtre était une curieuse innovation. Ce cheval représentait le coursier Pégase, et voici, nous dit un auteur du temps, comment on le dressait : « Un jeûne austère auquel on réduisait le cheval lui donnait un grand appétit et, lorsqu'on le faisait paraître, un gagiste était dans la coulisse où il vannait de l'avoine. Le cheval, pressé par la faim, hennissait, trépignait des pieds et répondait ainsi parfaitement au dessein qu'on avait. Ce jeu de théâtre du cheval contribua fort au succès de la tragédie. » Observez d'une part que c'est toujours par le même moyen qu'aujourd'hui encore nous dressons les animaux sur la scène et, en outre, observez qu'il aurait été cruel, pour tout autre que notre grand Corneille, d'apprendre que le succès de sa comédie fût en partie obtenu par le cheval Pégase. Mais Corneille était, vous le savez, d'une modestie sans égale et, parlant d'Andromède, il dit qu'il a cherché toutes les occasions dans cette pièce d'écrire de beaux vers; « mais, ajoute-t-il, il s'en est rencontré si peu, que j'aime mieux avouer que cette pièce n'est que pour les yeux. »

J'ai dit que l'étoile α de Persée formait avec les étoiles γ et δ un arc tournant sa concavité vers la Grande Ourse; prolongez cet arc en ligne courbe et vous trouverez une admirable étoile de 1re grandeur : c'est la *Chèvre*, ou encore *Capella*, de la constellation du *Cocher*.

Il est vraiment malaisé d'expliquer pourquoi le nom de *Cocher* a été donné à la constellation que nous venons de découvrir. Faut-il croire que ce nom s'applique à Phaéton, le conducteur du char du Soleil, ou penser qu'on a voulu fixer au ciel le souvenir de Bellérophon, qui, dit-on, inventa les chars? Nous ne trancherons pas la difficulté et nous nous contenterons d'indiquer que cette belle constellation contient plus de soixante étoiles, parmi lesquelles la Chèvre brille d'un éclat tout particulier. Cette chèvre, vous l'avez deviné, c'est Amalthée, qui eut l'honneur de nourrir Jupiter et qui obtint en récompense d'être placée au rang des constellations.

On sait que, la chèvre Amalthée ayant brisé une de ses cornes contre un rocher, « la nymphe préposée à sa garde remplit

LA CHÈVRE AMALTHÉE.

cette corne de fruits et de fleurs, et l'alla déposer sur l'autel de Jupiter, qui accepta l'offrande et fit de cette corne une source de richesses inépuisables : c'est la corne d'abondance. » Que deviendraient ces légendes, s'il fallait croire les auteurs qui prétendent qu'Amalthée fut, non une chèvre, mais une princesse, « fille du roi Mélissus, et qui prit soin de Jupiter lorsque la mère de celui-ci l'eut dérobé à la voracité de Saturne? »

§ 7. — LES FILLES D'ATLAS

L'arc formé par les étoiles α, γ, δ, de Persée, continué en ligne droite, rencontre ε et ζ de la même constellation et aboutit au groupe des *Pléiades*, formé d'un amas d'étoiles très rapprochées les unes des autres. D'où vient ce nom?

Au temps où les dieux prenaient plaisir à quitter l'Olympe pour tourmenter les mortels, c'était, je pense, au temps où les bêtes parlaient, il arriva une bien fâcheuse aventure au roi de Mauritanie, Atlas, qui avait cependant du sang de Jupiter dans les veines.

Atlas avait tant de filles, que l'historien est obligé, pour s'y reconnaître, de les grouper et de donner un nom à chacun des groupes. Nous mentionnerons les Hespérides, les Hyades, les Pléiades,... toutes filles d'Atlas, mais dont les mères s'appelaient Hespéris, Ethra, Pléione.... Ce qui surprendra le lecteur, c'est que toutes ces princesses firent, comme on dit de nos jours, de très beaux mariages; elles épousèrent des rois et même des dieux : l'histoire mentionne leur beauté, mais ne nous apprend rien sur le chiffre de leur dot!

Cette nombreuse famille habitait l'Afrique septentrionale, dans cette contrée que nous appelons aujourd'hui l'Atlas, du nom de notre héros. Les Hespérides, au nombre de *sept*, cultivaient un merveilleux jardin dans lequel on pouvait admirer les plus beaux produits de la nature; sur des arbres au magnifique feuillage, on voyait des pommes d'or (des oranges sans doute) qui tentaient la gourmandise des princes et même celle des dieux; un dragon veillait nuit et jour sur elles. Hercule, avec la complicité d'Atlas, parvint à tuer le dragon et à s'emparer des pommes d'or. Atlas avait voulu sans doute s'assurer la protection d'Hercule; mais comptez donc sur la reconnaissance d'un dieu! A quelque temps de là, Atlas ayant mécontenté Jupiter fut transformé en montagne et chargé de soutenir le ciel. Hercule, invoqué, n'eut même pas la reconnaissance de l'estomac et abandonna son ami dans l'infortune

Cette histoire ou plutôt cette légende a souvent inspiré les savants, gens très disposés de leur nature à tout expliquer. L'un prétend que les Hespérides personnifient les heures du soir; leur jardin, c'est le firmament, les pommes d'or sont les étoiles, le dragon représente le Zodiaque, et Hercule n'est pas autre chose que le soleil. Un autre considère cette légende comme personnifiant la victoire des peuples civilisés (Hercule serait un prince phénicien) sur les nations barbares. Un troisième pense que les anciens ont voulu rappeler la scène du paradis terrestre; mais j'avoue que, à part les pommes, je ne comprends pas bien le rapprochement. Quoi qu'il en soit, le fameux dragon, gardien des pommes d'or, proche parent sans doute du serpent Python tué par Apollon et de cet autre serpent tué par Minerve, fut rangé parmi les constellations : il est situé près du pôle, entre la Grande et la Petite Ourse....

Les filles d'Atlas et d'Ethra, les Hyades, étaient également au nombre de sept; cependant les auteurs n'en comptent que cinq. On raconte que leur frère Hyas fut tué à la chasse par un animal féroce; la douleur de ces jeunes princesses fut si grande, que, touché de leur affliction, Jupiter les enleva au ciel, où elles devinrent des étoiles. Mais l'amour fraternel ne put être consolé : les Hyades pleurent toujours, et ces larmes incessantes nous amènent des pluies. Remarquons d'ailleurs que le nom de ces jeunes filles, les Hyades, vient d'un mot grec qui veut dire « il pleut »; on croyait que la présence de cette constellation au-dessus de l'horizon annonçait la pluie. Toute cette histoire est rappelée dans ces mauvais vers de Demoustier :

..... Les Hyades pleurent leur frère,
Qu'un monstre dévorant ravit à leur amour.
Le roi des cieux, touché de leur douleur amère.
En vain les transporta dans son brillant séjour.

Les Pléiades enfin, également filles d'Atlas, étaient au nombre de *sept;* elles s'appelaient Électre, Maïa, Taygète, Stérope, Alcyone, Céléno, Mérope. La légende rapporte que ces jeunes princesses, désolées de la mort de leurs sœurs, les Hyades, se tuèrent et furent, comme celles-ci, transformées en constellation. Pendant longtemps ces sept étoiles brillèrent au ciel, mais tout à coup l'une d'elles, Mérope, disparut. Les anciens ne manquèrent pas d'expliquer le phénomène : ils pensèrent que, même transformées en étoiles, les six premières Pléiades avaient trouvé des maris dans l'Olympe; seule Mérope n'attira les regards d'aucun dieu : elle alla au fond du ciel cacher son dépit et se déroba ainsi aux regards des mortels.

Si nous ne croyons pas à la légende qui attribue la fuite de Mérope à un dépit de vieille fille, nous devons reconnaître que la disparition de l'étoile Mérope est un fait scientifique bien et dûment constaté. Les astronomes grecs avaient observé que Mérope, visible à l'œil nu, après avoir brillé d'un vif éclat, s'était éteinte; l'étoile reparut un jour, jeta de nouveau une vive lumière, et disparut enfin pour la seconde fois; on ne l'aperçoit plus aujourd'hui qu'à l'aide d'un télescope. Nous avons déjà signalé le même phénomène à l'occasion d'une étoile de la constellation de Cassiopée.

Les Pléiades apparaissent au printemps; leur nom vient d'un mot grec qui signifie naviguer, parce qu'au moment où elles se lèvent commençaient les grandes navigations dans la Méditerranée. On dit que « ces étoiles étaient redoutées des marins à cause des pluies et des orages qui semblaient s'élever avec elles, et qu'ils attribuaient à leur influence ». On se souvient que les Hyades, très voisines de leurs sœurs les Pléiades, étaient également accusées d'amener les pluies.

Les Hyades et les Pléiades ne forment pas au ciel des constellations distinctes; elles font, au contraire, partie de la belle constellation appelée le Taureau. Au temps où l'on croyait apercevoir dans le ciel l'image même de l'animal qui donna son nom à la constellation, on prétendait que le Taureau n'était autre que le bœuf Apis des Égyptiens, le veau d'or des Hébreux, etc.... Les Pléiades, disait-on, scintillent sur son épaule, les Hyades brillent sur son front, son œil droit n'est autre que la magnifique étoile Aldébaran.

Nous avons dit que les sept étoiles des Pléiades étaient réduites à six depuis le départ de Mérope. Lorsqu'on voulut rechercher la fugitive dans le ciel, à l'aide d'une longue-vue, puis en se servant de lunettes perfectionnées, on aperçut autour des six grosses étoiles un nombre considérable de petits astres parmi lesquels Mérope était dissimulée. Ainsi, fait remarquable assurément, là où l'œil ne distinguait que six étoiles, le télescope a montré huit cents étoiles, parmi lesquelles les treize plus importantes se détachent facilement. Huit cents étoiles, c'est-à-dire huit cents soleils comparables peut-être au nôtre ! La réalité n'est-elle pas souvent plus merveilleuse encore que la légende ?

---

§ 8. — LA LÉGENDE D'ORION

En joignant l'étoile Polaire à la Chèvre, et en prolongeant cette ligne au delà de la Chèvre, on trouve *Orion*, la plus brillante des constellations. Écoutez sa légende.

Jupiter, le maître des Dieux, s'ennuyant sans doute dans l'Olympe, descendit un jour sur la terre en compagnie de Neptune et de Mercure. Les voyageurs se trouvaient en Béotie.

« C'était le moment où les bœufs ramènent les charrues renversées et où la brebis rassasiée livre à la soif de l'agneau ses mamelles inclinées. Le vieux Hyrié, cultivateur d'un champ modeste, les aperçoit par hasard comme il se tenait à l'entrée de son étroite cabane. « La route est longue, leur dit-il, et il vous reste peu de temps ; les hôtes trouvent ma porte ouverte. » Son air répond à ses paroles : il réitère son invitation, les dieux l'acceptent sans se faire connaître. Ils entrent sous le toit noirci par la fumée; un peu de feu se conservait dans une souche de la veille. Le vieillard à genoux réveille la flamme avec son souffle, et l'alimente de menus éclats de bois qu'il casse encore.

« Pendant que les mets simples composés d'herbes potagères s'apprêtent, il présente un vin rouge à ses hôtes ; le dieu des mers prend la première coupe, et quand il l'a vidée : « Verse, « dit-il, que Jupiter boive maintenant à son tour. » Au nom de Jupiter le vieillard pâlit. Dès qu'il a repris ses esprits, il immole le bœuf avec lequel il cultivait son pauvre champ, et le fait rôtir à grand feu; il tire d'un baril enfumé le vin qu'il y a enfermé jadis, aux premiers ans de son enfance. Les dieux, pour le récompenser de son hospitalité, lui envoient un fils qu'il désirait depuis longtemps et qui fut nommé Orion. »

Orion devint d'une taille colossale et fut célèbre dans toute la Grèce par sa beauté et par sa passion pour la chasse. Serviteur de Diane, il mécontenta la déesse chasseresse, qui le fit dévorer par un scorpion dans l'île de Délos. Prise d'un remords quelque peu tardif, Diane plaça son serviteur dans le ciel, où il forme la plus belle de toutes les constellations.

La belle constellation d'Orion, voisine de l'équateur, se trouve dans la catégorie des étoiles qui ne sont visibles qu'à certaines époques : elle a par conséquent un lever et un coucher. La légende nous explique pour quelle raison cette constellation s'étend moitié au-dessus, moitié au-dessous de l'équateur. Le héros avait reçu de Neptune, l'un de ses trois parrains, le don de marcher dans les flots, et sa taille était si élevée, que lorsqu'il parcourait les mers, il en dépassait le niveau des épaules et de la tête.

C'est à la fin de novembre qu'Orion apparaît, et sa beauté éclipse celle des autres constellations.

Qui donc sur l'Océan, dans l'ombre et le silence,
Élève avec orgueil son front majestueux,
Et, bravant de Phœbé le disque lumineux,
Devant son trône même insulte à sa puissance?
C'est toi, noble Orion.....

Durant quatre mois, Orion reste notre hôte ; il disparaît à la fin de mars. Orion reste donc au-dessus de nos têtes durant la mauvaise saison, ce qui fait que les poètes l'ont rendu responsable des pluies et des tempêtes de l'hiver.

Comment trouver Orion pendant le temps qu'il brille au-dessus de nos têtes? Tournez les yeux vers le sud et à peu de distance de la voie lactée, vous apercevrez une constellation formant un quadrilatère plus haut que large, au centre duquel sont placées trois étoiles rangées obliquement.

Ces sept étoiles principales de la constellation d'Orion sont désignées sur le dessin que nous plaçons sous vos yeux par les sept lettres grecques $\alpha, \gamma, \beta, \varkappa, \delta, \varepsilon, \zeta$. Les deux plus grosses α, β, placées à deux sommets opposés du quadrilatère, sont figurées par un cercle blanc de plus grande dimension; viennent ensuite, γ, δ, ε, ζ, et enfin $\varkappa$. Les étoiles α et β sont dites de *première grandeur :* elles se trouvent parmi les vingt et une étoiles les plus belles du ciel et occupent même un rang honorable : β est la sixième, α est la dixième.

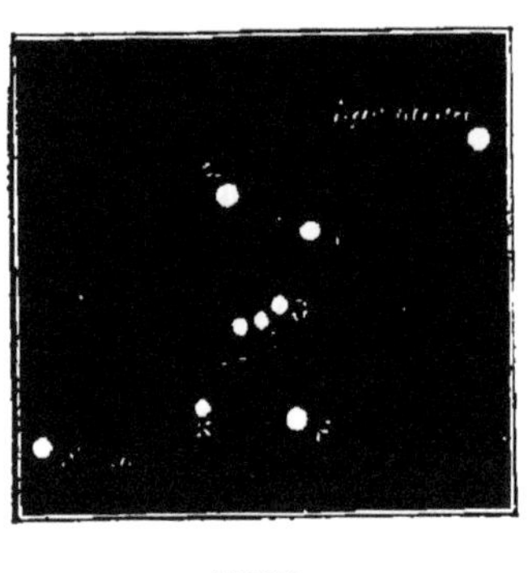

ORION.

Ces deux étoiles ont reçu un nom particulier; leur éclat leur a valu d'être désignées non pas seulement par une lettre, mais par des noms que tous les astronomes ont adoptés. L'étoile α s'appelle Bételgeuse; l'étoile β est connue sous le nom de Rigel. J'ai eu la fantaisie de rechercher l'origine de ces deux noms, et j'avoue que je n'ai trouvé aucune étymologie satisfaisante. Ce que je puis dire, c'est que sur les anciennes cartes qui donnent le dessin des constellations, Orion est représenté par un géant brandissant en l'air une massue; Bételgeuse est sur son épaule; Rigel est sur son genou gauche.

Ces deux étoiles principales d'Orion présentent des phénomènes assez curieux. Bételgeuse est une étoile colorée en rouge; son éclat est variable. L'étoile est plus brillante à certains moments, et l'on a pu même constater que son éclat variait progressivement, diminuant jusqu'à un certain point, augmentant ensuite. Ce double phénomène se reproduit constamment et avec régularité; ce n'est qu'au bout de deux cents jours que l'étoile retrouve son maximum d'éclat.

La belle étoile Rigel, celle qui est placée au genou gauche d'Orion, est non moins intéressante que Bételgeuse : c'est une étoile double. Quand on observe Rigel à l'aide d'une forte lunette, on voit qu'elle se dédouble en deux étoiles, l'une blanche, l'autre bleue, tournant l'une autour de l'autre, exactement comme les planètes tournent autour du Soleil. J'ajoute de suite que, parmi les trois étoiles qui se trouvent dans le quadrilatère d'Orion, les étoiles δ et ζ sont dans le même cas que Rigel : δ se compose de deux soleils, l'un blanc et l'autre pourpre ; ζ est formé d'un soleil jaune et d'un soleil bleu.

Les trois étoiles obliques placées à l'intérieur du quadrilatère sont connues sous les noms de *Baudrier*, de *Ceinture d'Orion ;* on les appelle encore : les *Trois Mages*, l'*Épée*, le *Bâton de Jacob*, ou encore le *Râteau*.

Quand on examine avec une lunette la constellation d'Orion, on s'aperçoit que les espaces obscurs sont peuplés d'un grand nombre de petites étoiles. Si l'on regarde d'un peu plus près, on aperçoit au-dessus de l'étoile du milieu du Baudrier (étoile ε) un nuage blanc, qui n'est autre qu'une nébuleuse de l'aspect le plus extraordinaire.

La nébuleuse d'Orion fut aperçue pour la première fois par Huygens, savant hollandais qui vivait au milieu du dix-septième siècle.

Voici la phrase même dans laquelle Huygens annonce sa découverte : « Les astronomes ont compté dans l'Épée d'Orion trois étoiles très voisines l'une de l'autre. Lorsque en 1656 j'observais, par hasard, celle de ces trois étoiles qui occupe le centre du groupe, au lieu d'une, j'en découvris douze, résultat que d'ailleurs il n'est pas rare d'obtenir avec des télescopes. De ces étoiles, il y en avait trois qui se touchaient presque, et quatre autres semblaient briller à travers un nuage, de telle façon que l'espace qui les environnait paraissait beaucoup plus lumineux que le reste du ciel, qui était serein et entièrement noir. On eût cru volontiers qu'il y avait une ouverture dans le ciel qui donnait jour sur une région plus brillante. »

La nébuleuse d'Orion a une forme irrégulière ; au centre on aperçoit une partie plus brillante, limitée par des colonnes presque rectilignes ; on l'a comparée « à la tête d'un animal monstrueux, dont la gueule reste béante et dont le nez se pro-

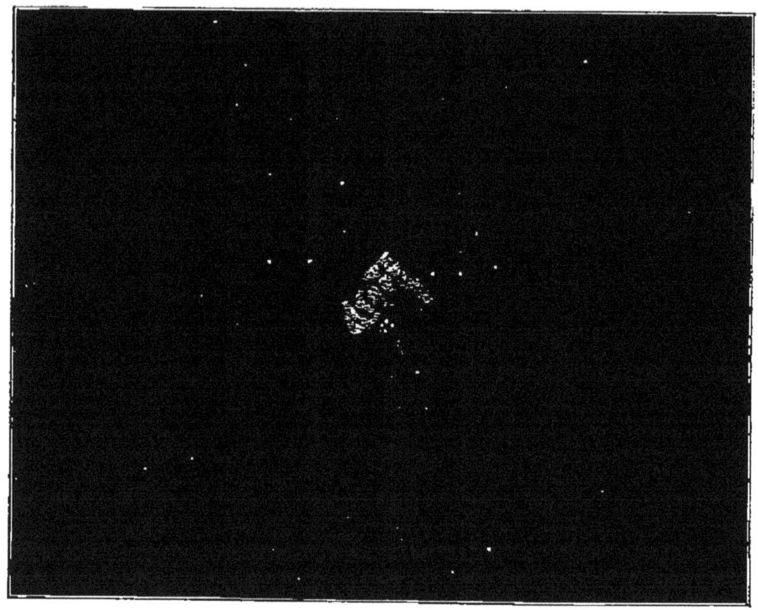

NÉBULEUSE D'ORION.

longe comme la trompe d'un éléphant ». Ce centre est formé d'un amas d'étoiles, c'est-à-dire de soleils ! Bond, astronome américain, en a compté plus de onze cents !

« Dans la nébuleuse on rencontre une étoile extraordinaire, placée un peu au-dessous de l'Épée. Cette étoile, décomposée par le télescope, permet d'admirer en elle le groupement merveilleux de six soleils rassemblés au même point du ciel. Quatre étoiles principales, de 4e, 5e, 6e et 7e grandeur, sont disposées aux quatre angles d'un trapèze un peu irrégulier : les deux étoiles de la base ont chacune un très faible compagnon. Ces six soleils lointains forment un système physique extraordinaire; ils présentent au télescope l'un des groupes stellaires les plus curieux du ciel, et doublement curieux à cause de leur situation dans la nébuleuse. »

La forme de la nébuleuse, son éclat, varient d'un instant à l'autre; ces changements permettent de penser que la nébuleuse est le siège de perturbations violentes dont nous ne pouvons nous faire une idée.

Je n'ai plus qu'un mot à ajouter. Quand vous aurez trouvé Orion, et cela ne présente aucune difficulté, prolongez par la pensée vers le nord les trois étoiles que nous avons appelées les Trois Mages ($\delta, \varepsilon, \zeta$) : vous arriverez à une étoile des plus belles, Aldébaran, qui fait partie de la constellation du Taureau et qui est située au milieu du groupe d'étoiles appelées *Hyades*, dont je vous ai conté l'histoire.

---

§ 9. — LE GRAND CHIEN ET LES GÉMEAUX

Si nous prolongeons vers le sud la ligne qui joint les Trois Mages d'Orion, nous trouvons la magnifique étoile Sirius, la plus belle étoile du ciel, qui fait partie de la constellation du *Grand Chien*.

Les deux principaux dieux de l'Égypte étaient Osiris et Isis. Osiris représentait à la fois le Soleil et le Nil; il était adoré sous les traits du bœuf Apis, auquel deux temples étaient élevés à Memphis. Les fameuses pyramides d'Égypte recouvrent, dit-on, le tombeau d'Osiris.

Isis, la femme d'Osiris, était la Lune. « On la représentait la main gauche levée, en signe de protection; la main droite pendante et armée d'une croix, signe de vie. Sa coiffure était surmontée de deux cornes de vache embrassant le disque solaire. »

Osiris eut un fils nommé Anubis, qui devint le compagnon fidèle d'Osiris et d'Isis et dont le vêtement était formé de *peaux de chiens*. Anubis fut associé au culte rendu par les Égyptiens à leurs deux grands dieux. Dans la ville de Cynopolis (ville des chiens), il recevait des honneurs particuliers; l'animal qui lui était consacré comme symbole vivant, le chien, y était nourri aux frais du trésor. L'historien Hérodote nous apprend que le culte du chien, c'est-à-dire d'Anubis, s'étendait sur toutes les parties de l'Égypte. « Lorsqu'un chien vient à mourir dans une maison, tous ceux qui l'habitent se rasent la tête en signe de deuil, puis ils ensevelissent son corps dans des caisses sacrées. »

Anubis était figuré ordinairement avec un corps d'homme et une tête de chien. « Les Égyptiens le représentaient ainsi, nous dit Diodore, parce qu'il avait eu pour habitude de porter

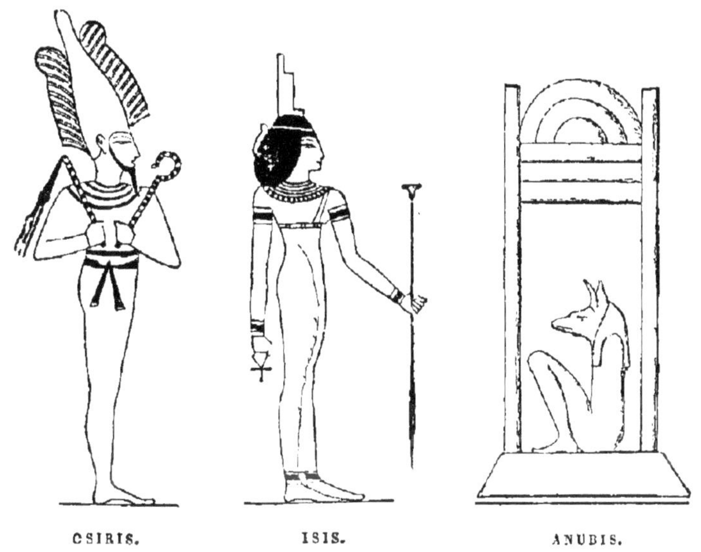

OSIRIS. ISIS. ANUBIS.

un casque recouvert d'une peau de chien lorsqu'il accompagnait Osiris dans ses expéditions guerrières. »

Anubis fut placé au ciel et devint la constellation dont nous nous occupons.

D'autres auteurs racontent que le célèbre Orion, le grand chasseur, « avait un chien d'une si grande légèreté, qu'il surpassait tous les autres animaux à la course; mais, devant lutter en vitesse contre un renard à qui Jupiter avait donné une légèreté égale, il fut enlevé au ciel, dans la crainte que les Destins ne lui fussent contraires. C'est la constellation du Grand Chien. »

Je serais certes embarrassé de donner une étymologie raisonnable du nom de Sirius, la principale étoile de la constellation du Grand Chien. Sirius, disent les uns, vient de Siris, corruption d'Osiris; Sirius, disent les autres, vient du mot sanscrit *surya*, mot contracté de *swarya*, dérivé lui-même de *swar* qui veut dire ciel, lumière.... Quoi qu'il en soit, l'étoile Sirius, la plus belle du ciel, a joué un rôle assez important dans l'histoire. En juillet Sirius se lève et se couche en même temps que le Soleil ; les croyances populaires attribuaient à la présence de cette étoile les chaleurs plus vives de juillet, et comme la constellation dont Sirius fait partie se nomme en latin *Canis*, dont le diminutif est *canicula* (petite chienne), l'époque des températures élevées fut appelée Canicule. Les Égyptiens avaient une vénération toute particulière pour Sirius, dont l'apparition précédait de quelques jours la bienfaisante inondation du Nil. Cette étoile, qui semblait les avertir du débordement du fleuve, ils l'appelèrent l'étoile du Nil ou simplement le Nil, en égyptien et en hébreu *Sihor*, en grec *Sotis*, en latin *Sirius*. De plus, la constellation à laquelle Sirius appartient avertissant par sa présence des dangers de l'inondation, « faisant pour chaque famille ce que fait le chien fidèle qui avertit toute la maison des approches du voleur, » fut appelée le Chien.

L'inondation du Nil, qui arrivait au temps que nous appelons aujourd'hui canicule, était pour les Égyptiens un événement de la plus haute importance. Ils placèrent à cette époque le commencement de leur année, et Sirius devint pour eux un double symbole : quand ils voulaient le considérer comme fixant l'origine de l'année, ils le représentaient « sous la forme d'un portier tenant en main une clef (la clef de l'année) », ou même ils lui donnaient deux têtes adossées, l'une d'un vieillard, qui marquait l'année expirante, et l'autre d'un jeune homme, qui marquait le nouvel an. « Quand les Égyptiens voulaient honorer en Sirius l'étoile fidèle qui les prévenait de l'inondation, ils la représentaient avec une tête de chien. Pour faire entendre qu'il fallait faire des provisions, gagner les terrasses élevées et y attendre la fin de la crue, on lui plaçait une marmite au bras et des ailes aux pieds. »

Les Égyptiens croyaient que le lever de Sirius avait présidé à la naissance du monde; le premier de leurs mois était appelé Thoth, du nom de cette étoile.

La constellation du Petit Chien est voisine de la précédente; elle offre une très belle étoile appelée Procyon, dont la position dans le ciel est facile à déterminer, car elle occupe le sommet d'un triangle équilatéral, ayant à ses deux autres sommets Sirius et Bételgeuse (la belle étoile d'Orion). Ce petit chien, disent les légendes, appartenait à Icare, fils de Dédale. On sait que pour échapper du labyrinthe de Crète, dans lequel Minos l'avait enfermé, Icare se construisit des ailes avec des plumes d'oiseau, fixées avec de la cire. S'étant élevé trop près du Soleil, la chaleur de l'astre fondit la cire et le malheureux Icare fut précipité dans la partie de la mer Égée qu'on appelle aujourd'hui mer Icarienne.

Cette légende ne semble-t-elle pas indiquer qu'Icare fut le précurseur de nos aéronautes modernes?

Le chien d'Icare témoigna une telle douleur à la mort de son maître, que Jupiter lui donna une place parmi les constellations.

La ligne droite qui joindrait β et δ de la Grande Ourse, prolongée de l'autre côté des bœufs, rencontrerait Sirius; mais avant d'atteindre le Grand Chien elle traverserait la constellation des Gémeaux, dans laquelle nous voyons deux belles étoiles, Castor et Pollux. Cette constellation présente ceci de remarquable, qu'elle fait partie du Zodiaque, c'est-à-dire des douze constellations que le Soleil semble visiter dans son mouvement apparent autour de la Terre. Son nom vient d'un mot latin qui signifie *jumeaux*, et s'explique naturellement par les noms de ses deux plus brillantes étoiles. On connaît la légende de Castor et Pollux. Ils étaient, dit-on, fils de Jupiter, et pour cette raison étaient appelés les *Dioscures*, de deux mots grecs : *dios*, de Jupiter, et *kouroi*, jeunes hommes. Castor et Pollux accompagnèrent Jason à la conquête de la Toison d'or et se signalèrent par leurs exploits guerriers; ils combattirent avec succès les pirates qui infestaient l'Archipel, et les habitants des

RESTAURATION DU TEMPLE DES DIOSCURES A ROME.

îles, dans leur reconnaissance, leur élevèrent des autels. Des deux frères, Pollux seul avait reçu de Jupiter le don de l'immortalité, sans que la raison de cette préférence soit indiquée par les historiens; toujours est-il que lorsque Castor périt sous les coups de ses ennemis, Pollux demanda à son père de l'affranchir de l'immortalité ou de la faire partager à son frère. Jupiter consentit à ce que chacun d'eux passât six mois aux enfers et six mois sur la terre. Ils vécurent ainsi jusqu'à ce que le roi des dieux les eut placés dans le ciel.

Tous les ans à Rome, le 8 avril, on célébrait la fête des *Dioscuries*, instituée par le dictateur Posthumius, « en souvenir d'une victoire remportée par les Romains au lac Régille et en l'honneur des Dioscures, qui s'étaient, dit-on, montrés dans cette bataille sous la figure de jeunes guerriers. » Le jour même de la bataille, les Dioscures étaient venus à Rome, sur la place publique, et avaient annoncé la victoire des Romains. « On leur éleva un temple au lieu même de leur apparition. Ce temple, situé sur le Forum, fut un des plus honorés qu'il y eût à Rome; le sénat y tenait souvent ses séances... Les trois colonnes qui restent sont aujourd'hui un des plus beaux ornements du Forum romain. La mémoire des deux frères fut depuis ce jour très populaire en Italie; les hommes juraient par Pollux, les femmes par Castor. »

L'étoile Castor est assez remarquable. Vue au télescope, elle se dédouble en deux étoiles, dont l'une est de 3e grandeur, l'autre de 7e grandeur : c'est ce qu'on appelle une étoile double. On a constaté que la plus petite étoile tourne autour de la grande, exactement comme les planètes tournent autour du Soleil; elle fait une révolution entière en trois cents ans environ.

C'est en observant la constellation des Gémeaux qu'en 1781 l'astronome Herschel découvrit la planète Uranus.

§ 10. — LA LYRE ET L'AIGLE

L'étoile Polaire, la belle étoile Arcturus de la constellation du Bouvier, peuvent être considérées comme les deux sommets d'un triangle équilatéral, dont le troisième sommet serait occupé par Véga, de la constellation de la Lyre.

Cette lyre, placée au ciel parmi les constellations, n'est pas, comme on pourrait le croire, l'instrument avec lequel Orphée apprivoisait les bêtes sauvages et ravissait aux enfers sa chère Eurydice. L'origine de cette constellation est assez embarrassée, comme on va le voir; certains auteurs, observant avec quelle lenteur la constellation se déplace sur le ciel, lui avaient donné le nom de *tortue;* de l'idée de tortue à celle de lyre il n'y avait qu'un léger pas à franchir. L'historien Diodore nous raconte, en effet, que ce fut une tortue qui donna l'idée de construire l'instrument de musique qu'on appelle la lyre. « Mercure, se promenant un jour sur les bords du Nil, rencontra une tortue restée à sec sur le sable après un débordement du fleuve; la partie charnue de l'animal avait été desséchée par le soleil, de façon que la carapace ne contenait plus que ses tendons et des cartilages. Les sons qu'il fit produire à ces tendons en les pinçant avec les doigts lui inspirèrent l'idée de la lyre en forme d'écaille de tortue, avec trois tendons desséchés servant de cordes. »

La constellation de la Lyre comprend cinq étoiles principales : α, β, γ, δ, ε. L'étoile β a une couleur changeante; l'étoile ε se décompose, quand on la regarde avec un télescope puissant, en trois étoiles : c'est un astre multiple; deux de ces étoiles gravitent autour de la troisième.

La belle étoile Véga, qu'on aperçoit presque au zénith dans la saison d'été, occupe le huitième rang parmi les étoiles de 1re grandeur; c'est un des astres dont on a pu avec assez d'exactitude mesurer la distance à la Terre : cette distance est de 58 millions de millions de lieues, nombre tellement considérable que l'imagination ne peut se le représenter. J'aurai donné une idée plus nette de cet immense éloignement en disant que la lumière met vingt ans à franchir la distance qui sépare Véga de la Terre. Et l'on sait qu'un rayon lumineux parcourt 76 000 lieues par seconde!

Vous savez que la Terre tourne autour d'un de ses diamètres. Si vous traversez une orange, en son centre, par une longue aiguille et que vous fassiez tourner cette orange autour de l'aiguille rendue immobile, vous aurez une représentation assez fidèle du mouvement de rotation de la Terre. Si l'aiguille immobile et invisible autour de laquelle tourne notre planète avait une longueur suffisante, elle irait percer le ciel en deux points opposés. Dans notre hémisphère, l'aiguille percerait le ciel en un point très voisin de l'étoile Polaire.

Cette aiguille n'est pas absolument immobile : elle décrit une certaine surface qu'on appelle en géométrie un cône. Prenez une équerre et, fixant avec deux doigts les extrémités d'un des côtés de l'angle droit, faites tourner l'hypoténuse autour du côté rendu immobile : l'hypoténuse décrira un cône, précisément le cône décrit par l'axe de la Terre.

S'il en est ainsi, si l'axe de la Terre se meut, il ne doit pas dans la suite des temps percer le ciel au même point; l'étoile que nous appelons étoile Polaire n'a pas dû jadis mériter ce nom et ne le méritera plus dans l'avenir. Cette conclusion est absolument justifiée. Le pôle boréal, depuis un temps très long, s'approche de l'étoile dite aujourd'hui Polaire; il en est maintenant à une très petite distance, et cette distance diminuera encore jusqu'en l'an 2120. A partir de cette époque, le pôle s'éloignera de l'étoile Polaire et dans 13000 ans il en sera très éloigné. En vertu du mouvement de la ligne des pôles dont nous parlons, le pôle boréal se rapproche constamment de l'étoile *Véga*. Dans 12000 ans le pôle boréal corres-

LA LYRE ET L'AIGLE.

pondra à l'étoile Véga, laquelle par son vif éclat remplacera avec avantage l'étoile Polaire actuelle.

Entre la Lyre et Pégase se trouve le *Cygne*, constellation formée de cinq étoiles principales figurant une grande croix. La ligne qui joint le Cygne aux Gémeaux est coupée en deux parties égales par la Polaire. La même ligne prolongée au delà du Cygne passe par Altaïr, de la constellation de l'Aigle, étoile de 1re grandeur, que l'on reconnaît aisément à cause de deux petites étoiles qui sont à peu près en ligne droite avec elle et à peu de distance de part et d'autre.

Le Cygne, on le devine, c'est l'animal dans lequel fut transformée Léda, la mère de cette Hélène pour laquelle les Grecs et les Troyens se battirent. Cette constellation est à jamais mémorable : elle contient une petite étoile, à peine visible à l'œil nu, qui a été la première dont la distance à la Terre ait été mesurée.

L'aigle est l'oiseau de Jupiter. « Les poètes disent que l'aigle apportait du nectar à Jupiter, lorsqu'il était caché dans un antre de Crète, alors que son père voulait le faire périr. L'aigle contribua à la victoire de Jupiter contre les Géants, en lui apportant des armes; il enleva Ganymède pour servir le roi des dieux à sa table. » L'aigle fut placé au ciel.

D'autres auteurs prétendent que cette constellation rappelle le souvenir de cet aigle engendré par Typhon, qui dévorait le cœur de Prométhée et qui fut tué par Hercule.

A gauche de la constellation de l'Aigle, au-dessous du carré de Pégase, vous apercevez le Verseau, une des douze constellations zodiacales. En latin, le Verseau porte le nom d'*Amphora*, amphore; ce nom rappelle l'histoire du beau Ganymède que Jupiter fit enlever par un aigle pour lui servir le nectar en remplacement d'Hébé. C'est l'amphore de Ganymède que représente cette constellation.

Dans le Verseau on aperçoit trois étoiles de 5e grandeur formant un triangle aplati. « De la base de ce triangle part, comme une pluie, une foule de petites étoiles, représentant l'eau qui sort de l'amphore. » C'est en janvier, vers le vingtième jour, que le Soleil pénètre dans cette constellation. Nous continuerons plus loin (page 196) l'histoire du Verseau.

§ 11. — ASPECT CHANGEANT DU CIEL

Le ciel de décembre. — Les différentes constellations dont nous avons raconté la légende, ainsi que celles qu'il nous a bien fallu négliger, ne sont pas toutes visibles chaque soir en un même lieu. Seules les constellations circompolaires, c'est-à-dire celles qui avoisinent le pôle boréal, apparaissent aux habitants de nos latitudes quand le ciel est exempt de nuages.

Nous pouvons, durant toutes les belles nuits, observer la Grande Ourse, le Dragon, la Petite Ourse, Céphée, Cassiopée et Persée; mais l'aspect du ciel change d'une saison à l'autre saison.

Supposons-nous à Paris vers le solstice d'hiver, le 20 décembre par exemple. Regardons au nord, dans la direction de Montmartre; nous apercevons l'*étoile Polaire*, immobile. Il est minuit : la constellation de la *Petite Ourse* est tout entière au-dessous de la polaire; à sa droite voici la *Grande Ourse* dont les sept étoiles occupent une position inverse de celles de la Petite Ourse, c'est-à-dire que les quatre roues du char sont au-dessus des trois étoiles du timon. Entre la Grande et la Petite Ourse on aperçoit les étoiles du *Dragon*. A droite de la Grande Ourse et à quelque distance au-dessous, voici Arcas, le *Bouvier*, dont la belle étoile Arcturus est facilement reconnaissable. Toujours à droite de la Grande Ourse, mais un peu au-dessus, voici le *Lion*, qui possède une étoile de 1re grandeur : c'est Régulus.

A gauche de l'étoile Polaire, à la même hauteur que la Grande Ourse, voici *Cassiopée*, l'auteur des malheurs d'Andromède. Au-dessus de Cassiopée, voici *Persée* et l'étoile *Algol*.

Au zénith, c'est-à-dire exactement au-dessus de notre tête, on voit la plus belle des étoiles circompolaires, la *Chèvre*, étoile de 1re grandeur de la constellation du Cocher.

Les indications que je viens de donner se rapportent à

CIEL DU 20 DÉCEMBRE, AU NORD (MINUIT).

l'heure exacte de minuit et au 20 décembre. Si l'on observe le ciel à une autre heure, il est bien facile de retrouver ces différentes constellations : il suffit de se rappeler qu'elles semblent toutes tourner autour de l'étoile Polaire et que chaque étoile décrit un cercle entier en vingt-quatre heures, de la droite vers la gauche quand on regarde le nord. Donc, en six heures, une constellation a décrit un quart du ciel. Ainsi, ce même 20 décembre, à six heures du soir, la Grande Ourse était au sud de l'étoile Polaire et non à l'est; Cassiopée était au-dessus de la Petite Ourse et non à l'ouest.

A six heures du matin, le 21 décembre, les constellations ayant décrit un nouveau quart du ciel, la Grande Ourse sera au nord de la Polaire, Cassiopée au sud, et toutes les autres étoiles se retrouveront de la même manière.

Il suffira d'ailleurs, à une heure quelconque, de chercher la Grande Ourse, et on retrouvera toutes les autres constellations au moyen des alignements que j'ai indiqués en racontant leur histoire.

Si vous avez sous les yeux une carte indiquant la position des différentes constellations boréales pour une heure donnée, il suffira de faire tourner cette carte de droite à gauche de manière qu'en six heures elle ait fait un quart de tour.

Il semblerait, d'après ce que je viens de dire, que les constellations se déplacent en un jour avec une régularité telle, qu'elles reviennent au bout de vingt-quatre heures dans la position qu'elles occupaient. Il n'en est pas ainsi. Au bout de vingt-quatre heures, une étoile n'occupe pas *exactement* la place qu'elle avait vingt-quatre heures auparavant ; elle est en avance : elle a légèrement, très légèrement dépassé la position qu'elle devrait occuper. Seulement, cette avance légère, se renouvelant chaque jour, finit au bout d'un certain temps par produire un déplacement très réel. Cette avance est de six heures au bout de trois mois, de telle sorte qu'au bout d'un an l'avance étant de vingt-quatre heures, l'étoile a repris alors sa place exacte dans le ciel.

Si donc nous voulons connaître l'aspect du ciel nord le 20 mars à minuit, il suffira de chercher l'aspect du ciel nord le 21 décembre à six heures du matin. Si nous voulons connaître l'aspect du ciel nord le 20 juin à minuit, il nous suffira de chercher l'aspect de ce même ciel le 21 décembre à midi, etc.

La partie nord du ciel varie peu. C'est au sud que les constellations sont le plus différentes dans le cours d'une même année.

Ce même jour 20 décembre à minuit, tournons le dos à la Polaire et regardons le sud, c'est-à-dire, pour nous autres Parisiens, dans la direction de Montrouge. Le ciel est certes plus beau : les étoiles ont un plus vif éclat. Nous apercevons en face de nous la Voie lactée, légèrement inclinée vers la gauche.

Au centre du tableau qui s'offre à nos regards voici Orion, dont la forme vous est aussi familière que celle de la Grande Ourse, et dont nous avons longuement raconté l'histoire (p. 168).

CIEL DE DÉCEMBRE, CÔTÉ DU SUD (MINUIT).

Connaissant Orion, nous trouverons facilement les autres constellations. Prolongeons vers le nord-ouest la ligne des trois étoiles du Baudrier d'Orion, nous rencontrons *Aldébaran*, magnifique étoile de la constellation du Taureau, qui se trouve au milieu du groupe des Hyades. Un peu plus loin, dans la même direction, voici le groupe des Pléiades, composé de six étoiles serrées les unes contre les autres. Plus à l'ouest encore et au-dessus de cette direction, voici *Algol*, que nous avions vu tout à l'heure à l'est quand nous étions tournés du côté du pôle boréal.

A l'ouest d'Orion, on aperçoit une constellation qui porte le nom d'Éridan, « composée d'une suite d'étoiles de 3ᵉ et de 4ᵉ grandeur, descendant et serpentant du pied gauche d'Orion, Rigel, et se perdant sous l'horizon. Après avoir suivi de longues sinuosités, invisibles pour nous, la constellation se termine par une belle étoile de 1ʳᵉ grandeur appelée *Achernar.* » L'Éridan est le nom que les Grecs donnaient jadis au fleuve italien qu'on nomme aujourd'hui le Pô; c'est dans ce fleuve que fut précipité Phaéton, foudroyé pour avoir voulu conduire le char du Soleil.

Au-dessous d'Orion, on aperçoit la constellation du Lièvre, qui fait partie de l'hémisphère austral : elle contient 19 étoiles, dont la plus grosse n'est que de 3ᵉ grandeur. Le Lièvre est vraisemblablement un des attributs d'Orion, le grand chasseur.

Si nous prolongeons la ligne des trois étoiles du Baudrier d'Orion, non plus vers le nord-ouest cette fois, mais au contraire vers le sud-est, nous trouvons Sirius, de la constellation du Grand Chien. A l'est d'Orion voici l'étoile *Procyon*, de la constellation du Petit Chien, et au-dessus de Procyon vous apercevez Castor et Pollux, les deux Gémeaux.

Au zénith brille toujours Capella, la Chèvre, et tout à l'est voici Régulus, qui était tout à l'heure à l'ouest de la Grande Ourse.

Toutes ces étoiles tournent autour de la Polaire et décrivent un cercle entier *à peu près* en vingt-quatre heures; seulement, quand nous sommes tournés vers le sud, les étoiles paraissent emportées de gauche à droite. Si donc nous tenions à la main une carte représentant les constellations du sud, il faudrait tourner cette carte de gauche à droite pour retrouver leurs apparences aux différentes heures de la nuit.

A cause de l'avance quotidienne de chaque étoile, le ciel que nous venons d'observer à minuit le 20 décembre, sera celui que nous pourrons contempler le 20 mars à six heures du soir, le 20 juin à midi et le 20 septembre à six heures du matin.

Le ciel de mars. — La partie nord du ciel, qui comprend les constellations voisines du pôle, change peu d'une saison à l'autre. On aperçoit à très peu près les mêmes étoiles, leurs positions seules sont changées.

Ainsi, le 20 mars à minuit, à l'équinoxe du printemps,

CIEL DE MARS, CÔTÉ DU SUD (MINUIT).

l'observateur parisien qui tournera les yeux vers le nord apercevra la Grande Ourse au-dessus de l'étoile Polaire, les trois étoiles du timon étant dirigées à droite, c'est-à-dire vers l'est.

Le Dragon est toujours entre la Petite et la Grande Ourse.

Cassiopée est au-dessous de la Polaire; à l'ouest, à peu près à la hauteur de Cassiopée, on aperçoit la constellation de Persée, dans laquelle se trouve la belle étoile Algol.

Le tableau de la voûte étoilée, du côté du sud, est absolument changé. La Voie lactée est à peine visible; elle apparaît au sud-ouest, rasant l'horizon et remontant vers le nord.

Orion a disparu et à sa place, c'est-à-dire presque au centre du tableau, on aperçoit la constellation du Lion, remarquable par sa forme. « Les principales étoiles du Lion forment une espèce de trapèze surmonté du côté du couchant par un demi-cercle en forme de faucille. C'est à l'extrémité inférieure du manche que brille *Régulus*, étoile de première grandeur, qu'on nomme aussi le Cœur du Lion. » Le nom de cette constellation rappelle l'un des Douze Travaux d'Hercule. « Un lion furieux, raconte la légende, ravageait la forêt de Némée en Argolide. Hercule s'avança contre lui : en vain le monstre vomit-il des tourbillons de flamme et de fumée, Hercule l'étreint de ses bras puissants, le terrasse, le frappe de sa massue, arme terrible formée du tronc d'un arbre, et le dépouille de sa peau, qu'il porta depuis comme monument de sa victoire. » Jupiter plaça la victime dans le ciel, et le Lion devint un des douze signes du zodiaque, c'est-à-dire une des douze constellations que le Soleil traverse en une année dans son mouvement apparent autour de la Terre.

Toute la fable d'Hercule a été expliquée astronomiquement. Hercule, c'est le Soleil. Les Douze Travaux du dieu figurent son passage dans les douze constellations zodiacales. On raconte que « Hercule eut 52 épouses et accorda les honneurs néméens à 360 de ses compagnons ». Ne voit-on pas clairement une allusion aux 52 semaines de l'année, ainsi qu'aux 360 degrés du zodiaque? Les honneurs néméens, dont je viens de parler, étaient ceux qu'on rendait en Grèce aux vainqueurs dans les concours d'adresse ou de poésie qui avaient lieu chaque année à Némée, en souvenir de la victoire d'Hercule.

Le Soleil entrait jadis dans la constellation du Lion vers le solstice d'été ; c'est à ce moment que sa force est la plus considérable : c'est l'époque de la jeunesse et de la force d'Hercule !

A l'ouest du Lion, à peu près à la même hauteur, on aperçoit Procyon, de la constellation du Petit Chien, qui apparaissait au contraire à l'est en décembre. Au-dessus de Procyon, voici l'étoile Pollux.

Au sud-est du Lion, on aperçoit la constellation de la *Vierge*, dans laquelle brille l'*Épi*, étoile de première grandeur. Le nom de cette étoile sera d'autant mieux compris qu'on se rappellera que la Vierge représente Cérès, déesse des moissons.

Toujours à l'est du Lion, et à peu près à la même hauteur, voici le bouvier Arcas et la belle étoile Arcturus. Ces trois constellations, le Lion, la Vierge, le Bouvier, sont à cette époque de l'année les plus importantes du côté sud du ciel.

Entre le Lion et le Bouvier, toujours à l'est par conséquent, voici une réunion de petites étoiles, assez rapprochées pour qu'il ne soit pas facile de les distinguer les unes des autres : elles appartiennent à la constellation appelée la *Chevelure de Bérénice*. La Bérénice dont il s'agit ici n'est point l'héroïne que Racine a chantée et qui vivait à l'époque de l'empereur Titus; c'est une reine d'Égypte dont voici l'histoire : « Bérénice avait épousé Ptolémée Évergète, petit-fils du roi d'Égypte fondateur de la dynastie des Ptolémées. Évergète ayant entrepris une expédition en Syrie, Bérénice, effrayée des périls qu'allait affronter son époux, fit vœu de se faire couper les cheveux et de les offrir à la déesse Vénus s'il revenait vainqueur. Ptolémée rentra sain et sauf dans ses États et la reine sacrifia sa chevelure, qui fut placée dans le temple de Vénus. Mais la nuit même cette chevelure disparut. L'astronome Conon de Samos, qui venait de découvrir dans le ciel une nouvelle constellation, assura au prince qu'il avait aperçu dans les cieux la chevelure de son épouse. » Ainsi fut baptisée du nom de Chevelure de Bérénice la constellation nouvelle.

Enfin, à l'est d'Arcturus, se trouve la constellation de la *Couronne Boréale*, formée de six étoiles rangées en demi-cercle, parmi lesquelles se trouve la *Perle*, étoile de 2e grandeur.

LE CIEL DE JUIN. — Depuis le 21 décembre, le Soleil s'est élevé de plus en plus chaque jour au-dessus de l'horizon. Le 20 juin, il paraît stationnaire. Le Soleil s'arrête : *sol stat;* nous sommes au *solstice* d'été.

Le 20 juin à minuit, nous tournons les yeux vers le nord et nous revoyons à peu près le même spectacle que nous aurions pu apercevoir en décembre à midi, si à cette heure l'éclat du Soleil n'eût fait pâlir celui des étoiles. Cassiopée est

CIEL DE JUIN, CÔTÉ DU SUD (MINUIT).

à l'est et par conséquent la Grande Ourse est à l'ouest. La constellation de la Petite Ourse est *au-dessus* de la Polaire et par conséquent le chariot de la Grande Ourse est *au-dessous* des étoiles du timon. Au sud-est brille Algol, de la constellation de Persée.

Tournons nos regards vers le sud de Paris. La Voie lactée, divisée en deux grandes branches, est inclinée du nord-est au sud, et elle descend au-dessous de l'horizon presque dans la direction du méridien.

A l'ouest, c'est-à-dire à notre droite, voici la constellation du Bouvier : Arcturus brille d'un vif éclat. Au-dessous d'Arcturus, on aperçoit l'Épi, de la constellation de la Vierge, qui est peu élevée au-dessus de l'horizon.

A côté du Bouvier se trouve la Couronne boréale avec son étoile de 2e grandeur, la *Perle*.

A l'est nous apercevons *Véga*, de la Lyre, placée au-dessus des quatre étoiles qui l'accompagnent; au-dessous de Véga, voici *Altaïr*, de la constellation de l'Aigle, accompagnée de deux petites étoiles et semblable à un diamant au milieu de deux perles.

Parmi les étoiles de 1re grandeur que nous offre le ciel sud, nous avons signalé déjà Arcturus, l'Épi, à l'ouest; Véga, Altaïr, à l'est. En voici une cinquième presque au centre du tableau et s'élevant à peine au-dessus de l'horizon : c'est *Antarès*, de la constellation du *Scorpion*, et qui est sur le bord de la Voie lactée.

Le Scorpion est une des douze constellations zodiacales que le Soleil traverse chaque année dans sa course apparente autour de la Terre.

> Ici le Scorpion, aux deux bras repliés,
> Recourbant en longs arcs et sa queue et ses pieds,
> *De deux signes* à lui seul couvre l'espace immense.

Ces vers rappellent que le Scorpion désignait jadis une constellation zodiacale qui depuis a été dédoublée; la seconde constellation est aujourd'hui la *Balance*, qu'on désigne encore sous le nom de *Serres du Scorpion*. On raconte que la Balance existait déjà sous ce nom dans le ciel des Égyptiens, mais qu'un beau jour on l'avait supprimée. L'empereur romain Auguste étant né en septembre, au moment où le Soleil pénétrait dans les Serres du Scorpion, on rétablit le signe de la Balance, afin de bien montrer que les dieux avaient proclamé eux-mêmes la sagesse et l'équité de l'empereur. « La mythologie grecque nous apprend que c'est le Scorpion qui, par ordre de Diane, piqua au talon le fier Orion, qui se vantait de défier les animaux les plus féroces. Les poètes l'appelaient *formidolosus*, terrible, parce qu'on croyait qu'il était funeste d'être né sous son influence. On le représente avec des bras immenses qu'il étend en forme d'arc. Les astronomes le figurent par le signe ♏. »

Le ciel de septembre. — Nous sommes à l'équinoxe d'automne : les nuits sont redevenues égales aux jours. Je ne rappelle pas l'aspect que présente le ciel du côté du nord, puisque les constellations sont toujours les mêmes et que leurs positions respectives seules sont modifiées. A minuit le 20 septembre, le ciel nord offre le même aspect qu'il présentait le 20 décembre à 6 heures du soir, le 20 mars à midi et le 20 juin à 6 heures du matin.

Au sud, on aperçoit vers l'ouest deux branches de la Voie lactée et près de l'une d'elles, la plus orientale, brille Altaïr, de la constellation de l'Aigle.

Tout à fait à l'est, voici deux étoiles de 1re grandeur : *Aldébaran*, de la constellation du Taureau, à la droite de laquelle on aperçoit les Pléiades; *Rigel*, de la constellation d'Orion, qui se lève, et qu'on voit tout près de l'horizon.

Presque au centre du tableau, à une faible distance de l'horizon, voici une belle étoile de première grandeur, *Fomalhaut*, de la constellation du *Poisson Austral*.

Il existe deux constellations qui portent le nom de *Poissons*. L'une, appelée les Poissons sans épithète, est une constellation zodiacale que le Soleil traversait jadis au mois de février et qu'il traverse maintenant en mars, à l'équinoxe du printemps. On peut la voir en septembre, à peu près au centre du tableau que nous offre le ciel sud, à l'est du Poisson Austral, mais elle ne contient que très peu de belles étoiles. La légende de ces poissons est curieuse. On raconte « que deux poissons trouvèrent un œuf et le roulèrent sur le rivage; il fut couvé par une colombe et Vénus en sortit ». D'autres auteurs affirment que ces poissons « sont ceux dont Vénus et l'Amour prirent la forme pour échapper à Typhon ».

Le *Poisson austral*, placé au sud-ouest des *Poissons*, n'a pas la même origine. Il passe pour avoir, dans je ne sais quelle circonstance, sauvé la vie à la déesse Isis, « et c'est en reconnaissance de ce service qu'il fut placé, lui et ses enfants, les Poissons du zodiaque, au nombre des constellations. Les

CIEL DE SEPTEMBRE, CÔTÉ DU SUD (MINUIT).

Hébreux le nomment *Dag*, et les Arabes *Haut*. Les Égyptiens avaient placé la tête d'Isis vers le bord des deux constellations des Poissons et du Poisson Austral, parce qu'à l'époque où le Soleil entrait dans cette constellation, se pratiquait l'ouverture des digues. Thaut ou Thoth, ou par corruption *haut*, signifiait épanchement des eaux. »

La belle étoile Fomalhaut est appelée la bouche du Poisson; elle reçoit l'eau que lui donne le *Verseau*, constellation zodiacale que nous apercevons sur le ciel de septembre, un peu à l'ouest du Poisson.

Le Verseau, dont nous avons déjà parlé (page 183), a porté bien des noms différents. On l'a successivement appelé l'astre de Junon, Deucalion, Aristée, Ganymède, l'Urne, ce qui indique assez que les légendes relatives à cette constellation sont multiples. « Les poètes ont prétendu que c'était Deucalion, le père du genre humain, que les hommes déifièrent par reconnaissance. D'autres veulent que ce soit Cécrops, qui, venu d'Égypte en Grèce, bâtit la ville d'Athènes. D'autres ont dit que c'était Ganymède, jeune homme d'une extrême beauté, que Jupiter fit enlever par un aigle (l'Aigle est également au ciel) pour servir le nectar à la table des dieux... D'autres tirent l'origine de cette constellation du débordement du Nil. » Un poète latin, Manilius, célèbre en ces termes l'influence du Verseau : « Le Verseau, ce signe qui, penché sur son urne, en fait sortir des torrents impétueux, influe sur les avantages que nous procure la conduite des eaux : c'est à lui que nous devons de connaître les sources cachées dans le sein de la terre, et c'est lui qui nous apprend à les élever à la surface, et à les élancer vers les cieux, où elles semblent se mêler avec les astres. »

Je signale enfin, à l'ouest des Poissons, la constellation de la Baleine, dans laquelle se trouve l'étoile *Mira*, célèbre par ses variations d'éclat. La Baleine nous rappelle la colère de Neptune, qui, voulant se venger d'Andromède, envoya une baleine pour la dévorer. Heureusement, le courageux Persée livra combat au monstre et le tua.

§ 12. — LE CIEL AUSTRAL

Les habitants de l'hémisphère sud de la Terre voient un autre ciel que le nôtre. Il peuvent observer chaque soir une étoile Polaire qui n'est pas celle dont nous avons parlé. Autour

ÉTOILES DE L'HÉMISPHÈRE AUSTRAL.

de cette étoile Polaire sud se groupent des constellations très remarquables que nous n'apercevrons jamais, à moins, bien entendu, que nous ne nous transportions dans l'autre hémisphère.

Ces constellations australes portent des noms tout modernes et par conséquent n'ont pas d'histoire. Au pôle on trouve l'*Octant*, nom d'un instrument astronomique; puis, tout autour, le Triangle, le Paon, le Toucan, l'Hydre, le Navire, la Croix du Sud, etc.

Signalons simplement, parmi les étoiles de 1re grandeur du ciel austral : les étoiles du Centaure, de la Croix du Sud, du Navire, de l'Éridan. Voici, du reste, en résumant ce que nous avons dit des belles étoiles du ciel, les noms des dix-huit astres de 1re grandeur dans l'ordre de leur éclat décroissant :

1 Sirius ou alpha du Grand Chien.
2 Êta (η) du Navire (Hémisphère austral).
3 Canopus ou alpha du Navire (H. austral).
4 Alpha (α) du Centaure (H. austral).
5 Arcturus ou alpha du Bouvier.
6 Rigel ou bêta d'Orion.
7 La Chèvre ou alpha du Cocher.
8 Véga ou alpha de la Lyre.
9 Procyon ou alpha du Petit Chien.
10 Bételgeuse ou alpha d'Orion.
11 Achernar ou alpha de l'Éridan (H. austral).
12 Aldébaran ou alpha du Taureau.
13 Bêta du Centaure (H. austral).
14 Alpha de la Croix du Sud (H. austral).
15 Antarès ou alpha du Scorpion.
16 Altaïr ou alpha de l'Aigle.
17 L'Épi ou alpha de la Vierge.
18 Fomalhaut ou alpha du Poisson austral.

§ 13. — LE MOUVEMENT DES ÉTOILES

Autour de nous tout est en mouvement. La Terre tourne sur elle-même et, de plus, gravite autour du Soleil; elle entraîne dans sa course un satellite, la Lune, qui tourne autour d'elle en parcourant une orbite presque circulaire. Les planètes, Mercure, Vénus, Mars, Jupiter, etc., se meuvent également en décrivant autour du Soleil des ellipses et sont accompagnées de satellites qui tournent autour de la planète.

Pendant longtemps les étoiles ont seules paru immobiles et comme attachées à la voûte céleste. Pendant longtemps on a cru que les étoiles conservaient entre elles des distances invariables et que la forme des constellations ne changeait pas. C'était une erreur.

Lorsqu'on indique le moyen de distinguer les planètes des étoiles, après avoir fait observer que les étoiles scintillent tandis que les planètes ne scintillent pas, on ajoute d'ordinaire que les planètes parcourent les différentes constellations, ce qui est vrai, et que les étoiles conservent une position fixe les unes par rapport aux autres. Cette dernière affirmation a besoin d'être discutée.

Les groupements d'étoiles qui constituent les constellations nous paraissent conserver une forme invariable; cela vient de ce que les déformations de ces constellations se font avec une extrême lenteur et qu'un même astronome ne peut observer le ciel que pendant un temps relativement très court.

Si l'on compare au contraire les positions des différentes étoiles telles qu'elles sont observées depuis un grand nombre de siècles, on s'aperçoit que chacune d'elles a un mouvement propre, grâce auquel la constellation se déforme peu à peu. Sur notre dessin, nous avons indiqué, par une flèche partant de

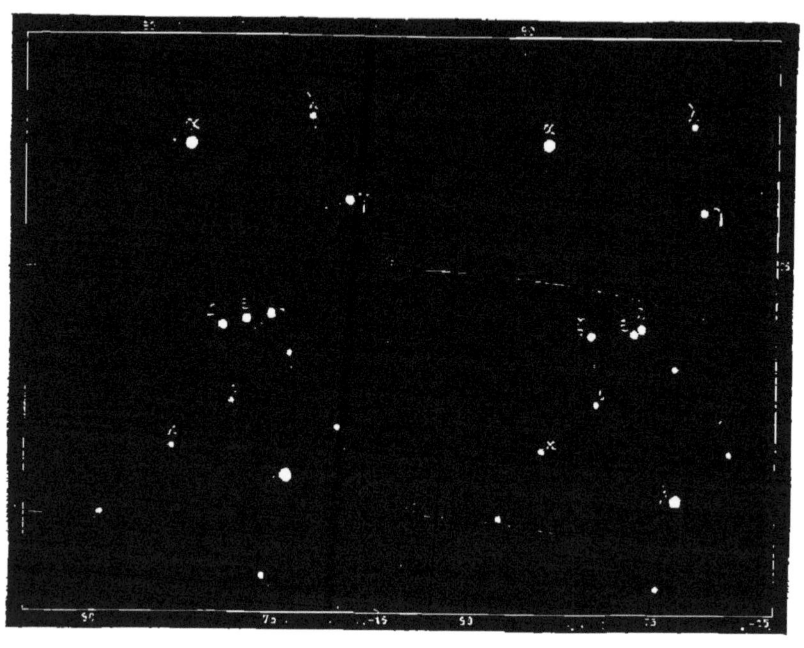

ORION ACTUEL. ORION DANS 50 000 ANS.

chacune des étoiles d'Orion, le sens de leur mouvement; nous représentons sur le dessin de droite la forme d'Orion dans 50 000 ans.

Vous voyez encore, sur les dessins que nous plaçons devant vos yeux, la Grande Ourse telle qu'on l'observe aujourd'hui et l'aspect que présentera cette constellation dans 50 000 ans. Vous remarquerez que l'étoile α se meut dans une direction opposée à celle de toutes les autres : aussi la distance des étoiles α et δ augmente sans cesse et que le quadrilatère α, β, γ, δ s'allonge de plus en plus. C'est l'astronome Halley (1656-1742) qui signala le premier le mouvement propre des étoiles Sirius, Arcturus et Aldébaran et prouva ainsi que le repos n'existe nulle part dans l'Univers.

Puisqu'il faut un temps aussi long pour qu'une constellation

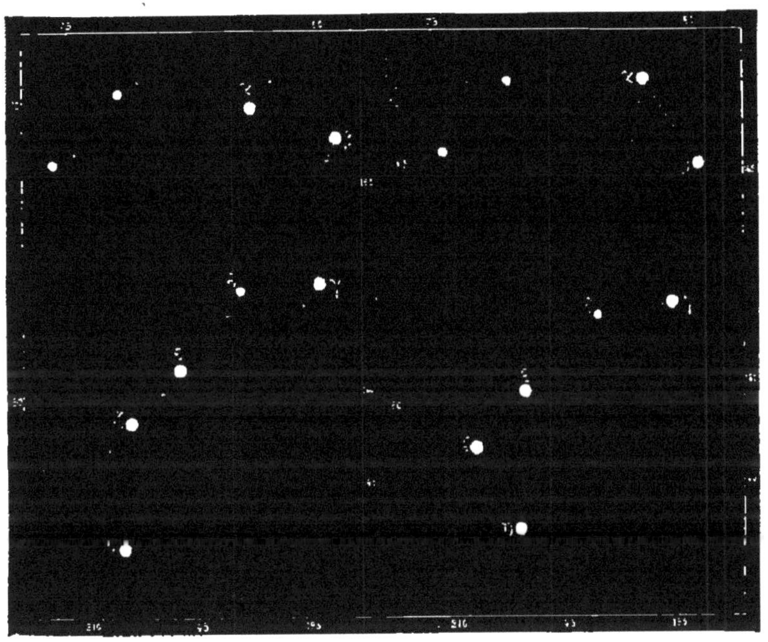

GRANDE OURSE ACTUELLE. GRANDE OURSE DANS 36 000 ANS.

se déforme d'une manière appréciable, il semblerait naturel de conclure que les mouvements des étoiles s'effectuent avec une extrême lenteur. On se tromperait.

Le rayon visuel qui, partant de notre œil, aboutit à l'étoile, subit il est vrai un changement de direction peu appréciable, mais il ne faut pas oublier que ces astres sont à une distance considérable, tellement considérable qu'ils peuvent parcourir un chemin énorme sans paraître s'éloigner sensiblement de leur première direction. La vitesse mesurée des étoiles est d'environ 100 kilomètres PAR SECONDE! 100 kilomètres! c'est à peu près la vitesse de nos trains les plus rapides, PAR HEURE.

Toutefois les différentes étoiles se déplacent avec plus ou moins de lenteur; le nombre que nous venons d'indiquer, 100 kilomètres par seconde, n'est qu'un nombre moyen.

C'est ainsi qu'on peut établir le tableau suivant :

ÉTOILES.	VITESSE PAR SECONDE.	ÉTOILES.	VITESSE PAR SECONDE.
	Kilom.		Kilom.
Polaire.	1,5	Chèvre	47,1
Véga.	11,0	61e Cygne	64,5
α Centaure	18,4	Arcturus.	83,2
ι Grande Ourse	26,5	Groombridge.	145,0
Sirius	38,6	Groombridge.	965,6

La Terre se mouvant dans son orbite avec une vitesse de $29^{k},5$ par seconde, on voit que la 61e étoile du Cygne a une vitesse double; que l'étoile Arcturus a une vitesse triple, et que les deux dernières étoiles du catalogue de Groombridge se meuvent, l'une 5 fois plus vite, l'autre 30 fois plus vite que notre globe.

tour, entraînant leurs satellites. Pour nous, habitants de la Terre, qui suivons le Soleil dans son mouvement, nous ne pouvons nous rendre un compte exact de son déplacement. Cependant, si le Soleil s'approche d'un groupe d'étoiles, et par conséquent s'éloigne d'autres constellations, nous finirons par observer, d'après le changement des distances apparentes des étoiles, vers quel point du ciel notre Soleil semble se diriger. A mesure que nous nous rapprocherons d'une constellation, les étoiles sembleront s'éloigner les unes des autres; les étoiles dont nous nous éloignerons sembleront au contraire se

CONSTELLATION D'HERCULE.

serrer les unes près des autres. « C'est ainsi qu'un voyageur qui, au centre d'une vaste plaine, s'avance en ligne droite sur une route aboutissant à deux points extrêmes de l'horizon, voit au-devant de lui tous les objets, d'abord rapprochés, s'écarter peu à peu, tandis que derrière lui, ceux qu'il quitte se rapprochent progressivement, par un effet de perspective facile à comprendre. »

William Herschel étudia les mouvements propres des étoiles et déduisit de ses comparaisons que le Soleil marche vers l'étoile α de la constellation d'Hercule. Ce résultat fut confirmé par les recherches ultérieures de l'astronome Struve, qui con-

LE CORTÈGE DU SOLEIL

§ 1. — L'ÉTOILE SOLEIL

Le Soleil a longtemps été l'objet de l'adoration des hommes. Tous les peuples de l'Asie le regardaient comme un dieu bienfaisant auquel ils élevaient des temples. Le culte du Soleil passa de la Perse dans l'Asie Mineure, en Égypte, puis en Italie.

Au Pérou, l'Être suprême, Patchacamac, est le Soleil lui-même. Les Incas, qui régnaient au Pérou avant la conquète espagnole, se prétendaient issus du Soleil. Tous les ans on célébrait dans la capitale des Incas, à Cuzco, quatre fêtes en l'honneur du dieu du jour, et notre dessin représente un des temples érigés en l'honneur du Soleil.

Le Soleil est une étoile, la plus brillante sans doute, mais non la plus grosse. Son éclat est dû à la distance relativement faible qui le sépare de la Terre : 40 millions de lieues. Transporté à la distance qui nous sépare de Sirius, le Soleil nous apparaîtrait comme une étoile de 6e grandeur, c'est-à-dire *qu'il ne serait pas visible à l'œil nu.*

Comme toutes les étoiles, le Soleil se déplace dans l'espace, entraînant avec lui son cortège de planètes, et celles-ci, à leur

LE TEMPLE DU SOLEIL CHEZ LES INCAS

clut en ces termes : « Le mouvement du Soleil dans l'espace est dirigé vers un point de la voûte céleste, situé sur une ligne droite qui joint les deux étoiles de 3e grandeur π et μ d'Hercule, à un quart environ de la distance apparente de ces étoiles à partir de π. La vitesse de ce mouvement est telle, que le Soleil, avec tous les corps qui en dépendent, avance annuellement dans la direction indiquée de 1623 fois le rayon de l'orbite terrestre, ou de 240 600 000 kilomètres. »

L'étude de l'étoile Soleil est particulièrement intéressante, puisqu'elle peut nous donner, par analogie, des indications sur la nature et la composition des étoiles plus éloignées de nous. Les astronomes possèdent, depuis un très petit nombre d'années, un puissant moyen d'investigation. Ils analysent la lumière envoyée par un astre et décident, d'une manière absolument certaine, si cette lumière provient d'un corps solide, liquide ou gazeux. Ils font plus : ils reconnaissent dans le corps qui brûle les différents éléments dont il est composé. L'instrument dont les astronomes se servent dans ce but s'appelle un *spectroscope*, et cette nouvelle branche de l'astronomie porte le nom de spectroscopie.

C'est ainsi, pour ne citer qu'un seul des résultats obtenus, qu'on a reconnu dans l'atmosphère du Soleil la présence de vingt-deux corps simples : du fer, du calcium, du magnésium, du sodium, du chrome, du nickel.... On a pu constater que l'atmosphère du Soleil ne renfermait ni argent, ni or, ni mercure, ni plomb, ni étain....

§ 2. — LES PLANÈTES

Nous avons expliqué, page 16, comment notre nébuleuse, dans son mouvement rapide, avait abandonné peu à peu des portions de sa propre matière, et nous avons assisté pour ainsi dire à la naissance des planètes.

Les anciens astronomes ne rattachaient au Soleil que six planètes : Mercure (la plus voisine du Soleil), Vénus, la Terre, Mars, Jupiter, Saturne (la planète la plus éloignée du Soleil).

En 1781, Herschel découvrit une septième planète, Uranus, plus éloignée du Soleil que Saturne.

En 1801, on observa pour la première fois qu'il existait entre Mars et Jupiter des petites planètes qui étaient vraisemblablement les débris d'une grosse planète dont l'orbite aurait jadis été comprise entre celles de Jupiter et de Mars.

En 1846, Le Verrier trouva une nouvelle planète plus éloignée du Soleil qu'Uranus.

Enfin, dans ces dernières années, on a annoncé l'existence d'une planète très voisine du Soleil, plus rapprochée même que Mercure.

Cela ferait dix en tout, en comptant l'astre qui a donné naissance aux petites planètes situées entre Mars et Jupiter.

Nous parlerons dans un chapitre spécial des distances qui séparent ces différentes planètes du Soleil. Nous consacrons ce chapitre à l'étude descriptive de ces astres, et nous les prendrons dans l'ordre de leur éloignement du Soleil, en commençant par la plus rapprochée.

Vulcain. — Dans ces dernières années, les astronomes ont été informés, à plusieurs reprises, de la découverte d'une grande planète, dont l'existence cependant est encore problématique. Cette planète s'appellerait Vulcain et serait la plus rapprochée du Soleil, plus voisine par conséquent de l'astre radieux que la Terre, Vénus et même Mercure.

On comprend bien toute la difficulté que les astronomes éprouvent à apercevoir des astres tels que Neptune ou Uranus, dont les dimensions sont extrêmement faibles, à cause de leur immense éloignement; on comprend moins bien les difficultés qui empêcheraient d'apercevoir Vulcain, s'il existe, puisque cette planète serait la plus voisine de notre Soleil. C'est précisément ce voisinage d'un astre aussi éclatant que le Soleil qui gêne l'observation : le faible éclat d'une planète très rapprochée du Soleil disparaît dans la lumière intense que répand cet éblouissant foyer; aussi les astronomes ont-ils recherché surtout l'astre nouveau durant les éclipses du Soleil, alors que l'éclat de celui-ci est considérablement affaibli. Jusqu'ici Vulcain n'a pu être observé.

Puisque Vulcain n'a jamais été aperçu, comment s'est-on inquiété de son existence? Il est loisible au premier venu d'imaginer qu'en deçà des planètes connues, ou bien au delà, ou bien encore entre ces planètes, doivent se trouver des astres non encore observés; ces efforts d'imagination seront-ils pris au sérieux par les savants? Non sans doute, et il a fallu des raisons sérieuses pour engager les astronomes à rechercher le nouvel astre.

En étudiant les mouvements de la planète Mercure, Le Verrier constata entre la théorie et l'observation des différences dont il chercha à déterminer les causes. Le Verrier reconnut que ces différences seraient absolument expliquées si l'on admettait la présence d'une ou de plusieurs planètes entre Mercure et le Soleil, et il en conclut l'existence d'une planète intramercurielle, à laquelle il donna le nom de Vulcain. On se souvint alors qu'à plusieurs reprises les astronomes avaient observé le passage de petits corps obscurs sur la surface du Soleil, et l'on en vint à penser que ces corps opaques pourraient bien être *la* ou *les* planètes cherchées.

En 1859, un médecin, M. Lescarbault, annonça qu'il avait assisté, le 26 mars de cette même année, au passage, sur le Soleil, d'un disque noir dont le contour était parfaitement arrêté. Le Verrier se rendit immédiatement à Orgères, chez M. Lescarbault, pour examiner ses instruments astronomiques et recevoir des explications précises sur les détails de l'observation; il en rapporta la conviction que cette observation était parfaitement authentique.

Le Verrier, discutant alors l'observation du docteur Lescarbault, arriva à déterminer la position de l'orbite de la planète nouvelle, à laquelle il donna, je l'ai dit déjà, le nom de Vulcain. Il trouva que ce corps devait circuler autour du Soleil en dix-neuf jours et dix-sept heures, et, de plus, qu'il ne devait pas être seul. Pour altérer le mouvement de Mercure, il fallait supposer non pas un seul Vulcain, mais une vingtaine de petites planètes situées dans la même région.

Depuis cette époque, les astronomes sont à la recherche des planètes intramercurielles. Quelques observateurs ont déclaré les avoir retrouvées; mais, il faut bien le dire, leurs affirmations n'ont pas encore été contrôlées. En particulier, les planètes intramercurielles ont échappé à l'attention des savants qui, dans ces deux dernières années, ont observé les éclipses totales de Soleil.

Mercure. — La planète Mercure est à peine visible à l'œil nu, mais toutefois elle n'apparaît que lorsque le ciel est très pur. On l'aperçoit *le soir*, un peu après le coucher du Soleil, ou le *matin*, quelques instants avant le lever de l'astre radieux.

Pendant longtemps on pensa que l'astre du soir et celui du matin étaient deux planètes distinctes : le premier s'appelait Mercure, dieu des voleurs, et l'astre du matin portait le nom d'Apollon, dieu du jour et de la lumière. « Les Indiens, les Égyptiens leur donnèrent même deux noms différents : Set et Horus chez les derniers, Bouddha et Rauhinèya chez les autres. Mais les observateurs finirent par remarquer qu'une seule des deux planètes était visible à la fois, et que l'apparition de l'une coïncidait à peu de chose près avec la disparition de

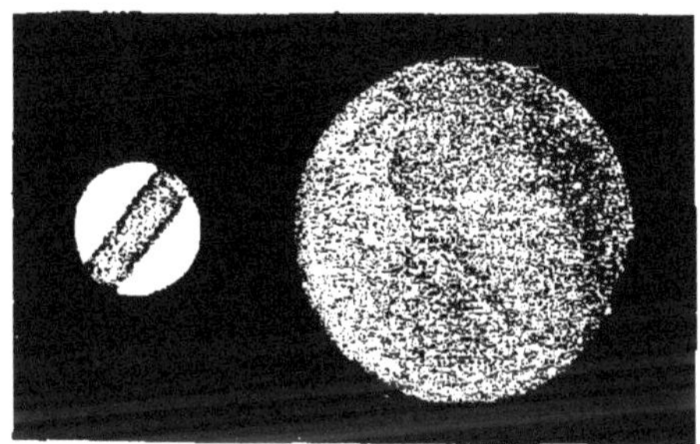

MERCURE ET LA TERRE.

l'autre : de là à conclure leur identité, il n'y avait qu'un pas. »

Mercure tourne sur lui-même et fait un tour entier en vingt-quatre heures et cinquante secondes; la planète n'est pas un globe parfaitement sphérique, elle présente un aplatissement sensible dans le sens de son axe de rotation. Ce globe est plus petit que le globe terrestre, son rayon n'est que les 0,373 du rayon de la Terre.

On peut s'étonner à bon droit que les anciens astronomes aient observé, sans instruments, la planète Mercure, que nous ne pouvons voir qu'à l'aide d'une lunette. On raconte qu'au moment de mourir, l'illustre Copernic disait à ceux qui l'entouraient qu'un de ses chagrins était de n'avoir jamais vu

Mercure. Ce qui explique que les anciens aient observé un astre resté invisible pour Copernic, c'est que les plaines de la Chaldée étaient éclairées par un ciel des plus purs et que l'atmosphère transparente de ce pays, rarement troublée par les nuages, permettait l'observation des astres même très faibles.

Vénus. — La planète Vénus apparaît toujours, soit le matin,

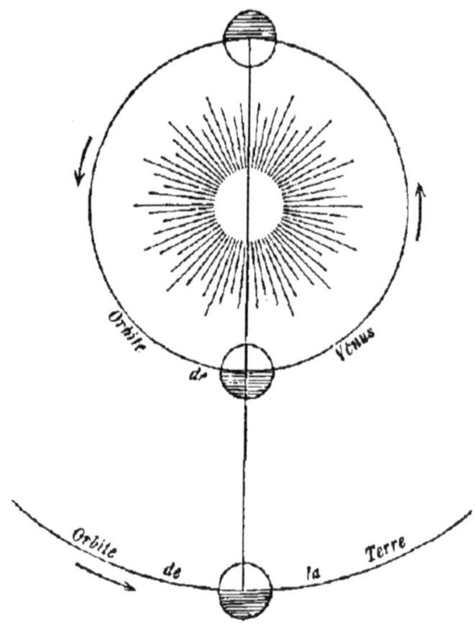

ORBITES DE LA TERRE ET DE VÉNUS.

un peu avant le lever du Soleil, soit le soir, après le coucher du Soleil. Pour cette raison, les anciens lui donnaient deux noms : *Lucifer* (porte-lumière) ou *Vesper* (soir).

Vénus est, après Mercure, la planète la plus voisine du Soleil, dont elle n'est éloignée que de 27 millions de lieues; ses dimensions sont presque les mêmes que celles de Mercure.

Les distances de Vénus à la Terre et, par conséquent, ses dimensions apparentes, sont très différentes suivant que

Vénus se trouve entre la Terre et le Soleil, c'est-à-dire en *conjonction inférieure*, ou de l'autre côté du Soleil par rapport à la Terre, c'est-à-dire en *conjonction supérieure*.

La plus faible distance qui sépare Vénus de la Terre est de 10 millions de lieues; quand Vénus est le plus éloignée de notre planète, cette distance s'élève à 64 millions de lieues.

Vénus parcourt en 225 jours une orbite qui mesure 168 millions de lieues; sa vitesse est par conséquent de 35 kilomètres par seconde.

L'observation de certaines taches que l'on aperçoit sur le

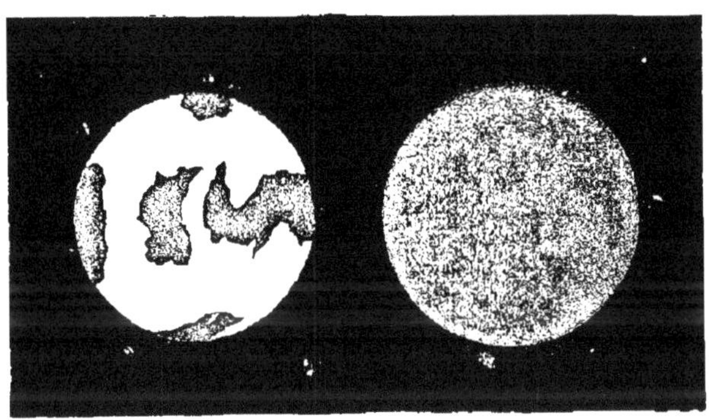

VÉNUS ET LA TERRE.

disque de Vénus montre que cette planète tourne sur elle-même, d'occident en orient; elle fait un tour entier en 23 heures 21 minutes 19 secondes. Il existe sur Vénus des montagnes d'une hauteur beaucoup plus grande que celle des principales montagnes de la Terre.

Les dimensions de Vénus sont presque égales à celles de la Terre : ainsi son rayon est les 0,999 du rayon terrestre; son volume est les 0,975 du volume de notre globe.

C'est ici qu'il conviendrait de placer les quelques mots que nous voulons consacrer à la Terre, mais nous préférons réserver un chapitre spécial à notre planète, à la suite de celui-ci.

Mars. — Les planètes connues des anciens n'ont pas été indifféremment consacrées à tel ou tel dieu. L'une d'elles présentait cette particularité qu'elle était fortement colorée en rouge. Dans l'idiome sanscrit on l'appelait *Lohitanga* (de *lohita*, rouge, et *anga*, corps). En fallait-il davantage pour considérer cette planète comme le principe du feu, de la destruction, de la guerre? Les Romains la consacrèrent à Mars. Faisons en quelques mots l'histoire de cet astre, auquel on attribuait un pouvoir malfaisant.

Mars décrit, comme la Terre, un cercle aplati, que nous avons appelé ellipse, autour du Soleil et dans le même sens, de gauche à droite. Seulement ce cercle a un plus grand rayon que celui du cercle décrit par la Terre : Mars est plus éloigné que nous du Soleil. Cette distance varie à chaque instant : son minimum est de 14 millions de lieues; sa plus grande valeur est de 99 millions de lieues.

L'orbite de Mars, c'est-à-dire le chemin qu'il parcourt autour du Soleil, a une longueur de 1400 millions de kilomètres; la planète parcourt cette énorme distance en 687 jours : elle se meut donc avec une vitesse de plus de 2 millions de kilomètres par jour. Cette vitesse est plus faible que celle de la Terre : notre planète, en effet, parcourt une orbite de 930 millions de kilomètres en 365 jours et un quart, ce qui donne une vitesse de 2 500 000 kilomètres par jour, soit 30 kilomètres par seconde!

Le diamètre de Mars est un peu plus de la moitié de celui de la Terre.

L'année de Mars n'est pas tout à fait le double de la nôtre : elle a 687 jours. Les jours, sur Mars, ont presque exactement la même durée que les nôtres ($24^h\ 37^m$).

L'aspect de Mars est assez curieux à observer : c'est un globe aplati comme la Terre; dans les régions qui avoisinent les deux pôles de cette planète on aperçoit deux taches blanches qui sont des amas de neige et de glace pareils à ceux qui existent dans les régions polaires de la Terre. La surface de Mars est couverte de taches extrêmement mobiles, ce qui fait que l'aspect de la planète change d'une heure à l'autre.

Ces taches offrent une double couleur, rouge et bleue, parsemée quelquefois de jaune ou de blanc. Les taches bleues correspondent aux mers, les taches rouges aux continents. Cette teinte rouge des continents a été attribuée à la nature du sol, qui serait composé de terrains ocreux, de grès rouges; d'autres savants prétendent qu'elle est due à la couleur de la

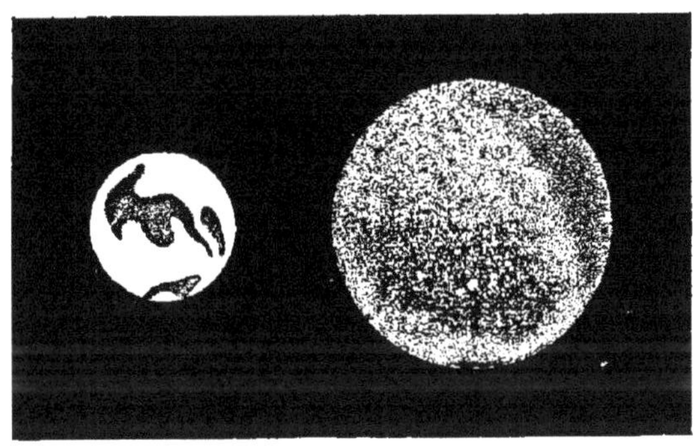

MARS ET LA TERRE.

végétation, qui, au lieu d'être verte comme sur la Terre, serait rouge sur Mars.

Jusqu'à ces dernières années, de toutes les planètes supérieures, c'est-à-dire de celles qui sont plus éloignées que la Terre du Soleil, Mars était la seule à laquelle on n'eût point découvert de lunes, et cette anomalie déconcertait les astronomes. Le professeur Asaph Hall, astronome de l'observatoire de Washington, résolut de s'occuper d'une manière spéciale de cette recherche et il attendit une occasion favorable, c'est-à-dire le moment où Mars serait très rapproché de la Terre. En septembre 1877, les deux planètes devant être voisines l'une de l'autre, M. Hall se mit à la besogne.

« Les premières nuits furent infructueuses, fatigantes et désespérantes, et l'astronome renonçait à continuer sa recherche, lorsque Mme Hall, secrétaire de son mari, insista vivement pour qu'il y consacrât encore une soirée. M. Hall se mit au télescope et, trois heures plus tard, crut apercevoir un point lumineux qui fit battre son cœur. Mais à peine avait-il bien constaté son existence, qu'un épais brouillard, s'élevant de la rivière Potomac, vint interrompre l'observation. Le ciel resta obstinément couvert pendant les nuits suivantes. Enfin, cinq jours plus tard, le ciel s'étant éclairci, l'astronome se précipita à sa lunette, retrouva le petit point, ne le perdit plus, et en deux heures d'observation constata qu'il marchait dans le ciel avec la planète....

« Un calcul préliminaire montra que si le point observé était un satellite, il devait être caché par la planète pendant une partie de la nuit suivante, mais devait reparaître avant l'aurore près de sa position première... A quatre heures du matin, le lendemain, l'astronome vit le point lumineux émerger tranquillement des rayons de la planète comme le calcul l'annonçait : c'était bien un satellite de Mars. Ce n'est pas tout. En observant ce satellite et en suivant son mouvement, M. Hall ne tarda pas à en remarquer un second, encore plus petit et plus proche de la planète! »

Ainsi Mars a deux satellites. M. Hall leur a donné les noms de *Deimos* (la Terreur) et *Phobos* (l'Effroi), en souvenir des deux vers de l'Iliade qui représentent Mars descendant sur la Terre pour venger la mort de son fils Ascalaphe :

Il ordonne à la Terreur et à l'Effroi d'atteler ses coursiers,
Et lui-même revêt ses armes étincelantes.

Bien avant la découverte de M. Hall, les astronomes avaient soupçonné l'existence des satellites de Mars. Il leur paraissait naturel de penser que, la Terre ayant un satellite, Mars devait en avoir deux, Jupiter quatre, Saturne huit. On voit que ces résultats ont été confirmés. Si cette loi était étendue aux autres planètes, il faudrait penser qu'Uranus doit avoir seize satellites et Neptune trente-deux!

Il est bien curieux de constater que le romancier Swift, dans son charmant récit des voyages de Gulliver, écrit en 1720, a annoncé des satellites de Mars. « Mars a deux satellites, dit-il, dont le plus proche est à une distance du centre égale à trois fois le diamètre de la planète, et le plus éloigné à cinq fois ce même diamètre. La révolution du premier, ajoute Swift, s'accomplit en dix heures et celle du second en vingt et une heures. » Cette plaisanterie de Swift est devenue une réalité; mais les nombres qu'il donne sont inexacts.

Dans un de ses romans philosophiques, Voltaire fait voyager ses héros d'une planète dans l'autre. « En côtoyant Mars, dit-il, nos voyageurs virent deux lunes qui servent à cette planète et qui ont échappé aux regards de nos astronomes. Je sais bien que le Père Castel écrira, et même assez plaisamment, contre l'existence de ces deux lunes, mais je m'en rapporte à ceux qui raisonnent par analogie. Ces bons philosophes-là savent combien il serait difficile que Mars, qui est si loin du Soleil, se passât à moins de deux lunes. »

Phobos, le satellite le plus voisin de la planète, fait une révolution en sept heures trente-neuf minutes quatorze secondes; Deimos, le plus éloigné, met trente heures dix-sept minutes cinquante-quatre secondes à tourner autour de Mars.

Nous avons dit tout à l'heure que la planète Mars est un globe plus petit que la Terre. Tandis que notre planète a un rayon très sensiblement égal à 1500 lieues de 4 kilomètres, le rayon de Mars n'a qu'une longueur de 850 lieues environ. Ses jours sont à peu de chose près égaux aux nôtres, un peu plus longs toutefois, car Mars tourne sur lui-même en vingt-quatre heures trente-sept minutes. Les nuits de Mars sont plus curieuses que les nôtres, puisque les habitants, si la planète est habitée, ont deux lunes pour se guider. Les Martiens, on me pardonnera ce néologisme, ont deux espèces de mois : l'un, déterminé par le mouvement de Deimos, a une durée de trente heures; l'autre, déterminé par le mouvement de Phobos, ne dure que sept heures. Les mois de Mars sont donc plus courts que ses jours!

Tandis que notre Lune est éloignée de la Terre de soixante rayons terrestres, c'est-à-dire de 90000 lieues, Phobos n'est éloigné de Mars que de 2372 lieues, et Deimos de 5925 lieues. De ce que les satellites de Mars sont beaucoup plus rapprochés de la planète que la Lune ne l'est de notre Terre, il ne faudrait pas conclure que les nuits de Mars sont plus claires que les nôtres. C'est précisément le contraire qui se produit, et cela pour deux raisons. On sait que la lumière de la Lune est empruntée au Soleil; la Lune ne joue le rôle que d'un simple réflecteur. Or la lumière réfléchie dépend principalement : 1° de la quantité de lumière reçue par le réflecteur; 2° de la surface du réflecteur. Mars et ses satellites, étant plus éloignés du Soleil que la Terre et la Lune, reçoivent moins de lumière et, d'autre part, la surface des satellites de Mars étant deux cents fois plus petite que celle de la Lune, la lumière qu'ils renvoient doit être, pour ces deux raisons, beaucoup plus faible que celle qui est réfléchie par notre Lune.

De même nous pouvons dire que les marées des mers de Mars doivent être singulièrement plus faibles que les nôtres. Les marées sont en effet produites par la double attraction exercée sur les eaux de la mer par le Soleil et la Lune. Il en est de même à la surface de Mars. Mais l'attraction est d'autant plus grande que le corps attirant a une masse plus grande. La petitesse de la masse des satellites de Mars, comparée à la masse de notre Lune, doit donc produire une attraction bien plus faible sur les mers de la planète.

Il me reste un mot à dire sur un phénomène dont les habitants de Mars, toujours dans l'hypothèse où Mars serait une planète habitée, sont les témoins et que les Terriens ne connaissent pas. Les Martiens peuvent voir deux espèces d'éclipses de Soleil, produites par l'un ou l'autre des deux satellites; toutefois, étant données les dimensions respectives du Soleil et des satellites, il n'y a jamais d'éclipse totale du Soleil. Les Martiens ont l'avantage d'apercevoir un plus grand nombre d'éclipses de leurs lunes et même, ce qui nous fait absolument défaut, des éclipses mutuelles de Deimos et de Phobos. Un astronome anglais, M. Marth, a calculé que dans le cours d'une année martienne il n'y a pas moins de 1388 éclipses de Soleil par le premier satellite et de 133 par le second.... Comme on le voit, les astronomes de Mars doivent être singulièrement occupés; si, d'un autre côté, nous nous rappelons que les années de Mars sont presque doubles des nôtres, elles comptent 627 jours, on conviendra que leur traitement annuel doit être bien supérieur à celui de leurs collègues terriens, en admettant que la planète Mars soit arrivée à un degré de civilisation suffisant pour avoir senti le besoin d'établir un budget de l'instruction publique!

Les petites planètes. — Le 1er janvier 1801, l'astronome Piazzi découvrit à Palerme une petite planète située entre Mars et Jupiter, et à laquelle on donna le nom de *Cérès*. De 1801 à 1807, l'investigation du ciel, dans la région comprise entre Mars et Jupiter, amena la découverte de trois nouvelles petites planètes, auxquelles on donna les noms de *Pallas*, *Junon* et *Vesta*. Ces astres étaient tellement petits, que l'on en vint à conjecturer qu'ils étaient les débris d'une plus grosse planète qui aurait seule existé à l'origine dans ces régions. Trente-huit ans s'écoulèrent depuis la découverte de la planète *Vesta* sans qu'aucune autre apparition fût signalée. En 1845, Hencke, maître de poste à Driezen, découvrit Astrée, la cinquième des petites planètes. Cette découverte suffit pour donner l'éveil aux observateurs, et à partir de cette époque le nombre des petites planètes s'est augmenté sans interruption.

En 83 ans on en a trouvé 245, ce qui fait une moyenne de

trois par an. Certains astronomes se livrent d'une manière toute spéciale à cette recherche. M. Peters, de l'observatoire de Clinton (Amérique), en a pour son compte découvert 41.

Voici comment on arrive à découvrir une petite planète nouvelle.

Les astronomes ont entre les mains des *cartes célestes* sur lesquelles sont reportées toutes les étoiles visibles avec les instruments perfectionnés dont ils disposent. Ces cartes sont divisées en petits carrés correspondant à des surfaces égales du ciel visible; dans chacun de ces carrés on a placé, avec

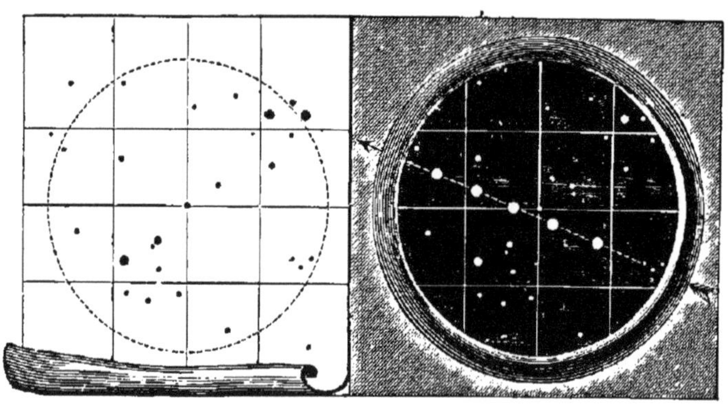

RECHERCHE DES PETITES PLANÈTES.

leurs positions exactes, les étoiles qui existent sur la surface correspondante du ciel. Disons de suite que tout le ciel n'a pas été soumis à cet examen minutieux et que les cartes dont se servent les astronomes sont limitées à quelques degrés au-dessus et au-dessous de l'écliptique. C'est en effet dans cette région que les petites planètes et les comètes sont le plus facilement aperçues, puisque ces petits astres deviennent surtout visibles lorsque la distance qui les sépare du Soleil est la plus petite possible.

L'astronome, ayant en main ces *cartes écliptiques*, inspecte les portions du ciel correspondant à chaque carré de la carte.

Il reconnaît les étoiles qui ont été ainsi cataloguées et ne s'arrête que lorsqu'un astre non porté sur la carte lui apparaît. Quelle est la nature de cet astre nouveau? Est-ce une étoile oubliée? une petite planète nouvelle ou une comète? Si l'astre n'a pas de mouvement propre, si sa distance aux étoiles

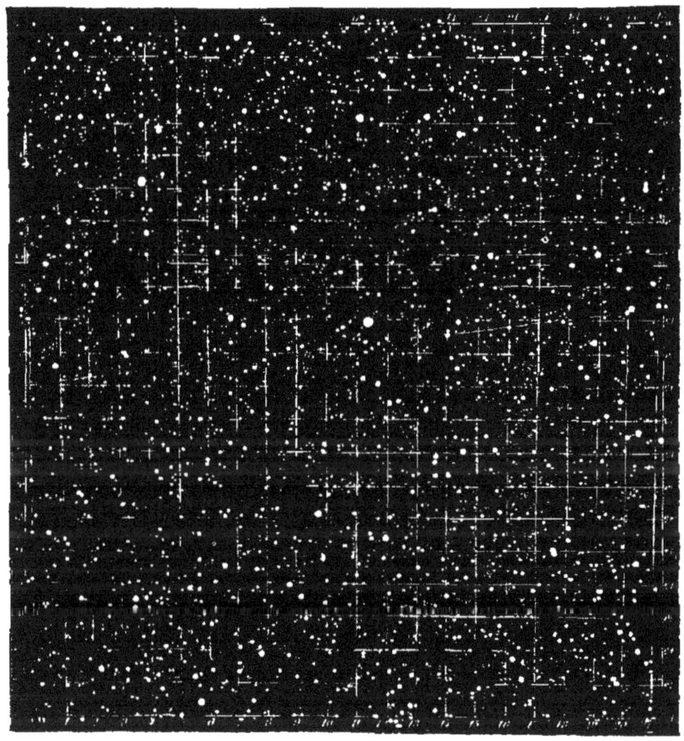

CARTE ÉCLIPTIQUE.

voisines ne change pas, c'est une étoile. Dans le cas contraire, on a affaire à une petite planète ou à une comète. Les éléments calculés des petites planètes déjà découvertes, ou des comètes dont l'apparition a été constatée, indiquent de suite si l'on est en présence d'un astre nouveau. Dans ce cas, on n'a plus qu'à rechercher si cet astre est une planète ou une comète. L'aspect de l'astre, la direction de son mouvement, la nature de la courbe qu'il décrit, permettent de décider entre ces deux hypothèses. Dans l'un ou dans l'autre cas, trois bonnes observation, faites à des intervalles suffisamment éloignés, permettent de calculer les éléments de la courbe qu'il décrit et d'assigner sa position exacte dans le ciel. Ces recherches nécessitent, on le comprend, un ciel d'une grande pureté ; c'est pourquoi, en France, les observatoires de Marseille, de Toulouse et de Nice sont spécialement affectés à ces recherches.

Jupiter. — La distance moyenne de Jupiter au Soleil est de 770 millions de kilomètres, tandis que la distance moyenne de la Terre au Soleil n'est que de 148 millions de kilomètres. Si nous supposions qu'un train direct fût établi entre la Terre et le Soleil, voyageant nuit et jour à la vitesse constante de 50 kilomètres par heure, ce train n'arriverait à destination qu'au bout de 340 années!

Dans les mêmes conditions, un train partant de Jupiter n'arriverait au Soleil qu'au bout de *dix-huit cents années!*

Jupiter est beaucoup plus gros que la Terre. Ainsi, tandis que la circonférence de la Terre a une longueur de 40 000 kilomètres, la circonférence de Jupiter est onze fois plus grande, soit égale à 446 000 kilomètres.

Cette belle planète, Jupiter, qui apparaît à l'œil nu comme une étoile des plus brillantes, présente, quand on l'examine au télescope, une surface couverte de bandes grisâtres, plus ou moins sombres, séparées par des espaces plus lumineux. Ces bandes se distinguent les unes des autres par des couleurs particulières : pourpre, brun, orangé, violet, olive. Ces bandes paraissent dues à des courants atmosphériques analogues à ceux que nous observons sur la Terre. On aperçoit enfin sur Jupiter des taches noires dont l'observation a permis de mesurer la durée de la révolution que la planète opère sur elle-même.

Tandis que la Terre tourne autour du Soleil en un temps que nous avons appelé *année*, Jupiter met douze fois plus de temps à accomplir sa révolution. L'*année* de Jupiter est donc douze fois plus longue que notre année! Les malheureuses gens que les

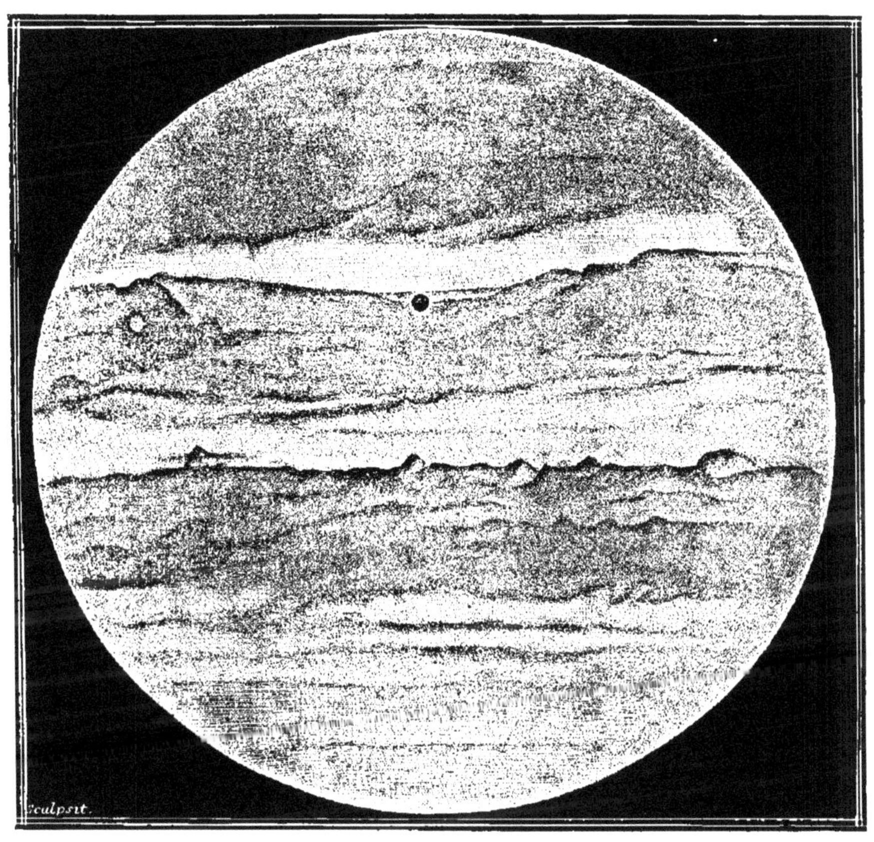

JUPITER.

fonctionnaires dans la planète de Jupiter, s'ils sont payés à l'année! Dans cette singulière planète, nos jeunes filles se marieraient à un an et demi, ce qui serait à peu près l'âge du volontariat de nos garçons; et l'on entendrait des phrases comme celle-ci, à l'occasion d'une mort : « Il atteignit les extrêmes limites de la vieillesse; il touchait, en effet, à sa huitième année lorsque la Parque cruelle, etc. » Nous, habitants de la Terre, nous voyons aisément Jupiter à cause de ses énormes dimensions ; mais les habitants de Jupiter ne peuvent voir notre Terre qu'à l'aide de lunettes puissantes. Et, s'ils ont enfin aperçu ce petit astre perdu dans l'espace, pourraient-ils s'imaginer jamais que ce coin de planète soit habité ? Et l'un de mes collègues de la planète ne doit-il pas faire sourire ses lecteurs en leur parlant des habitudes probables des habitants de notre Terre? « Leurs jours, c'est l'astronome de Jupiter qui parle, sont deux fois plus longs que les nôtres; tandis que le Soleil nous éclaire pendant cinq heures et que notre nuit dure également cinq heures, les habitants de la Terre, si la Terre est habitée, ont des journées de vingt-quatre heures ! Tandis que notre température est constamment la même, les malheureux *terriens* sont tantôt brûlés par les ardeurs du Soleil et tantôt glacés de froid. Du reste, si la vie est possible dans ces détestables conditions, il faut dire que les habitants d'une planète aussi petite, éclairés par une seule lune, tandis que nous en possédons quatre, soumis à des variations aussi considérables de température, doivent être des créatures d'un ordre très inférieur ! » C'est à peu près ce que nous pensons des habitants de Jupiter, s'ils existent...

Quand on observe Jupiter avec une lunette, on voit que cette belle planète est toujours accompagnée de points brillants qui se déplacent assez rapidement par rapport à elle, en passant tantôt du côté l'orient, tantôt du côté de l'occident, tout en restant sensiblement sur une ligne droite dirigée à peu près suivant l'écliptique. Ces points brillants ne sont autre chose que des petits corps qui circulent autour de Jupiter, comme les planètes circulent autour du Soleil : ce sont des satellites de Jupiter. Ces astres ont été découverts en 1611 par Galilée, aussitôt après que ce grand astronome eut tourné vers le ciel les lunettes qu'on venait d'inventer.

GALILÉE MONTRE LES SATELLITES DE JUPITER AUX SÉNATEURS DE VENISE.

La découverte des satellites de Jupiter eut un retentissement énorme dans tout le monde savant. Galilée se transporta à Venise, afin de montrer au doge et aux sénateurs les quatre astres nouvellement découverts.

Détail curieux : Galilée avait donné aux quatre satellites le nom d'*Astres des Médicis;* tous les princes furent jaloux de cet honneur. Un ministre de la cour de France écrivit à Galilée pour le prier, s'il trouvait un astre nouveau, de lui donner le nom de *grand astre de la France* et « de le désigner par le prénom de Henri, de préférence à celui de Bourbon. » Le roi de France était alors Henri IV, et le ministre rappelait, à l'appui de sa demande, que ce roi avait épousé une princesse de la famille des Médicis!

Saturne. — La distance moyenne de Saturne au Soleil est de 1400 millions de kilomètres, c'est-à-dire qu'elle est dix fois environ plus grande que la distance de la Terre au Soleil. Un train direct allant du Soleil aux planètes, voyageant nuit et jour, a raison de 50 kilomètres par heure, mettrait, pour aller du Soleil à Saturne, 28 millions d'heures ou 3240 années! Le diamètre de Saturne est environ dix fois plus grand que le diamètre de la Terre.

L'année de Saturne, c'est-à-dire le temps que met la planète à faire une révolution entière autour du Soleil, est 29 fois et demie plus longue que notre année. Saturne a d'ailleurs un chemin singulièrement étendu à parcourir : son orbite a une longueur de 2 215 000 000 de lieues! la planète se meut avec une vitesse de 9 kilomètres et demi par seconde.

Comme toutes les planètes, Saturne, en même temps qu'il se meut autour du Soleil, tourne sur lui-même ; la durée de sa rotation est de 10 heures et demie. Les jours de Saturne sont donc moitié plus courts que les nôtres.

Ce qui caractérise Saturne, c'est la présence d'un anneau entourant la planète et que vous apercevez sur notre dessin.

En observant cet anneau avec des instruments puissants on a reconnu qu'il n'était pas simple, mais qu'il était formé de plusieurs anneaux concentriques. Lorsqu'on observe Saturne, on n'aperçoit pas toujours l'anneau sous le même aspect ; des effets de perspective nous montrent tantôt la partie supérieure, tantôt la partie inférieure. A certains moments même cet anneau n'apparait que comme une ligne droite coupant la planète en deux parties.

Les nuits de Saturne doivent être bien plus curieuses que

SATURNE.

les nôtres. Notre dessin représente l'aspect des anneaux tel qu'il apparaît aux habitants de Saturne au moment des solstices.

Nous avons expliqué, page 22, comment cet anneau avait été formé.

Outre l'anneau, il existe encore autour de Saturne des satellites, au nombre de huit, qui se meuvent comme ceux de Jupiter, d'occident en orient, et dont les mouvements s'effectuent conformément aux lois de Képler. Ces satellites ont été découverts par divers astronomes, savoir : le sixième par Huygens; les troisième, quatrième, cinquième et huitième par Dominique Cassini ; le premier et le deuxième par Herschel ; et enfin le septième par Bond, le 16 septembre 1848. Ces astres ont reçu les noms suivants : Mimas, Encelade, Téthys, Dioné, Rhéa, Titan, Hypérion et Japhet. Mimas n'est éloigné de

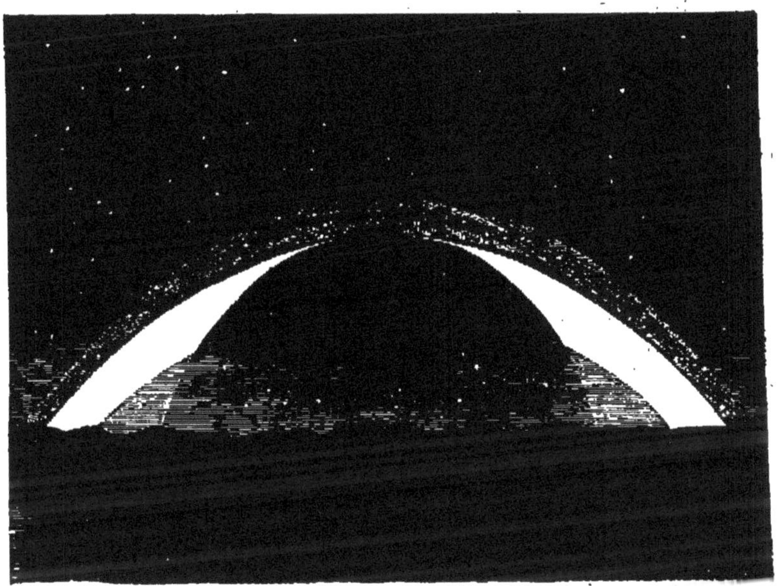

LES ANNEAUX VUS DE SATURNE.

Saturne que de 36 000 lieues ; Japhet est dix fois plus éloigné de Saturne que nous ne le sommes de la Lune.

Uranus. — La planète Uranus est à peine visible à l'œil nu, elle apparaît comme une étoile de 5ᵉ grandeur.

Le 13 mars 1781, l'astronome Herschel, examinant au télescope un groupe de petites étoiles situées dans la constellation des Gémeaux, observa par hasard qu'une de ces étoiles avait des dimensions inusitées. Il la suivit le lendemain et les jours suivants et reconnut que cet astre se déplaçait parmi les étoiles : c'était une planète non encore observée. Herschel venait de trouver Uranus.

Uranus est beaucoup plus gros que la Terre : son rayon est plus de quatre fois celui de notre planète.

Herschel a reconnu que le disque d'Uranus est un peu aplati ; son plus petit diamètre est dirigé à peu près dans le sens de l'écliptique. Ce fait semblerait indiquer que la planète tourne sur elle-même et que son équateur est à peu près perpendiculaire au plan de son orbite.

Uranus est accompagné de quatre satellites, qui s'appellent Ariel, Umbriel, Titania et Oberon : les deux premiers ont été découverts par l'astronome Lassel, en 1851 ; les deux derniers par Herschel, en 1787.

Je viens de citer le nom d'un astronome contemporain, Lassel, l'auteur de la découverte de deux satellites d'Uranus et, comme je le dirai plus loin, d'un satellite de Neptune ; la vie de ce savant présente quelque intérêt.

William Lassel, mort en 1881, était né à Bolton, dans le comté de Lancastre, en 1799. A l'âge de quinze ans, Lassel entrait comme commis chez un marchand de Liverpool. En 1825, il prit un établissement de brasseur et s'occupa d'affaires industrielles.

Tout en fabriquant de la bière, Lassel travaillait les sciences et, en particulier, il se livrait à l'étude de l'astronomie. Le fait n'est pas rare en Angleterre. Tandis que la plupart de nos industriels français s'adonnent en entier à leur industrie et ne trouvent que bien rarement le temps de se tenir au courant des découvertes scientifiques, il n'est pas rare de voir des négociants anglais mener de front les affa' es commerciales et les études sérieuses.

Non seulement Lassel étudiait les théories astronomiques, mais, étant très habile ouvrier, il construisait lui-même les instruments qu'il dirigeait ensuite vers le ciel.

Ayant construit en 1838 un magnifique télescope dont le miroir était en métal, Lassel fit bâtir un observatoire tout près de Liverpool, afin d'utiliser ce bel instrument. Il donna à cet établissement le nom de *Starfield*, champ des étoiles.

Tout en utilisant son télescope à l'observation des comètes, Lassel songeait à construire un instrument plus parfait encore. En 1847, il venait à peine de terminer cette lunette nouvelle, qu'il découvrait un satellite à la planète Neptune, trouvée l'année précédente par Le Verrier.

Comprenant que, pour examiner les astres, il ne suffit pas d'un instrument puissant, mais qu'il faut surtout un ciel pur, Lassel se transporta avec son télescope à l'île de Malte, où il dota la science d'intéressantes découvertes. Il aperçut deux nouveaux satellites d'Uranus, Ariel et Umbriel, 600 nouvelles nébuleuses, etc.

Neptune. — J'ai déjà raconté, dans un précédent ouvrage, *Nos vraies conquêtes*, l'histoire de la planète Neptune, découverte en 1846 par Le Verrier. J'extrais de ce travail les quelques renseignements qui suivent.

Au moment où Le Verrier commença ses recherches, toutes les planètes, obéissant aux lois de Newton, se trouvaient précisément à l'endroit du ciel indiqué par le calcul ; seule la planète Uranus n'occupait pas exactement la position qui lui était assignée. Quelle était la cause de cette anomalie ? Les lois de Newton étaient-elles erronées?

Ce fut en vain que des astronomes éminents, Delambre, Bouvard, cherchèrent à expliquer les caprices de la *planète rebelle;* les hypothèses les plus bizarres étaient proposées, lorsque Le Verrier, sur les conseils d'Arago, entreprit l'étude d'Uranus. Le 1er juin 1846, dans un admirable travail lu à l'Académie des sciences, il exposa le plan de ses gigantesques

L'idée de Le Verrier, quand on la connaît, paraît de la plus grande simplicité. Si la planète Uranus, dit-il, ne suit pas le chemin que lui imposeraient les actions du Soleil et des planètes connues, c'est qu'il existe une planète inconnue agissant sur Uranus et troublant son mouvement. Jusqu'ici, rien de bien merveilleux encore; l'idée d'une planète inconnue existait dans l'esprit de plusieurs astronomes et une telle assertion, sans preuves, n'avait guère de valeur.

Le Verrier fit plus : dans son cabinet, la plume et non la lunette à la main, il chercha *par le calcul* quelle devait être la place dans le ciel, la grandeur, le poids de l'astre inconnu dont l'action déterminait les petites variations d'Uranus.

Tandis que le hasard seul avait guidé Herschel, Piazzi, Olbers, et tous ceux qui avaient découvert un astre nouveau, une pensée constante agitait l'esprit de Le Verrier : il recherchait, nous l'avons dit déjà, la *place*, les *dimensions*, le *poids* de l'astre inconnu qui troublait les mouvements d'Uranus. Le Verrier dut appeler à son aide le secours des mathématiques les plus élevées; il entassa calculs sur calculs, oubliant le sommeil, oubliant la nourriture, oubliant tout ce qui n'était pas l'énorme problème dont il recherchait la solution.

Enfin, le 31 août 1846, Le Verrier venait annoncer solennellement à l'Académie des sciences qu'il avait terminé son travail; il venait dire à nos savants, aux savants européens confondus : « Il existe dans le ciel une planète que personne n'a jamais vue ; sa distance au Soleil dépasse 1200 millions de lieues. Elle est si éloignée de nous, que nos plus puissantes lunettes ne permettront de la voir qu'avec peine ; voici la place qu'elle occupe dans le ciel, voici quelle est sa grosseur, voici quel est son poids; cherchez-la, vous la trouverez. »

Le jour même où l'annonce de Le Verrier arrivait à Berlin, un astronome allemand, Galle, mettait l'œil à la lunette, la dirigeait vers le point indiqué par Le Verrier et reconnaissait la planète. C'était le 23 septembre 1846.

Quelques jours après, Arago, en annonçant cette nouvelle à

l'Académie des sciences, disait : « Les astronomes ont quelquefois trouvé accidentellement une planète dans le champ de leurs télescopes, tandis que M. Le Verrier aperçut le nouvel astre sans avoir besoin de jeter un seul regard vers le ciel : il le vit *au bout de sa plume!* »

Nous devons ajouter qu'un astronome anglais, Adams, s'occupait en même temps que Le Verrier des perturbations d'Uranus et qu'il arriva exactement au même résultat que l'astronome français. Les recherches d'Adams et de Le Verrier étaient faites à l'insu l'un de l'autre : Le Verrier publia le premier ses résultats et eut à bon droit tout le mérite de la découverte; mais il convient de ne pas refuser à Adams l'admiration due à son gigantesque travail.

Quelques mots maintenant sur la planète elle-même. Le diamètre de Neptune est quatre fois aussi grand que le diamètre de la Terre; il mesure 14 000 lieues de quatre kilomètres. La surface du globe de Neptune est plus de dix-neuf fois celle de la Terre, et son volume quatre-vingt-quatre fois le volume de celle-ci. Neptune effectue sa révolution autour du Soleil en 165 années, la courbe qu'il décrit a une longueur de sept milliards de lieues! Sept milliards de lieues! c'est-à-dire sept cent mille fois la circonférence de la Terre. Pour arriver au bout de cette longue route, Neptune, mettant 165 années, se meut avec une vitesse de 470 000 kilomètres par jour ou de 5400 mètres par seconde. Cette vitesse est assez faible, quand on la compare à celles des autres planètes.

Neptune est trente fois plus éloigné du Soleil que la Terre; sa distance est en effet de 1 milliard 100 millions de lieues! Vous comprenez qu'à cette énorme distance les rayons de chaleur et de lumière envoyés par le Soleil doivent être singulièrement affaiblis. Les malheureux habitants de Neptune, si la planète était habitée, seraient presque complètement dans l'obscurité et soumis à des froids rigoureux.

Neptune possède un satellite, une Lune, ainsi que l'a montré l'astronome Lassel. Ce satellite, éloigné de Neptune de 100 000 lieues environ, décrit en six jours son orbite. Les mois de Neptune sont donc cinq fois plus courts que les nôtres.

L'éloignement de la planète, la grande durée de sa révolution, n'ont pas encore permis d'amasser sur Neptune des observations nombreuses. Mais, quand bien même la planète ne présenterait par elle-même rien de particulièrement intéressant, son nom indiquera toujours aux savants de tous les temps l'admirable travail mathématique qui a conduit à la découverte de cet astre.

Résumons ce que nous avons dit sur notre système planétaire. Les planètes se meuvent toutes autour du Soleil, en restant à peu près dans un même plan passant par cet astre central et qu'on appelle écliptique; tous ces mouvements s'effectuent dans un même sens, d'occident en orient. Les planètes sont accompagnées de satellites qui se meuvent dans des plans assez peu inclinés sur l'écliptique et d'occident en orient.

Les planètes et leurs satellites sont en outre animés d'un mouvement de rotation sur eux-mêmes, également dirigé d'occident en orient.

Le Soleil, enfin, centre de tout ce système, tourne sur lui-même, d'occident en orient, autour d'un axe qui est presque perpendiculaire au plan de l'écliptique.

Ce concours de circonstances nous oblige à regarder le Soleil, les planètes et leurs satellites comme ayant une origine commune et à considérer comme plausibles les idées de Laplace sur la formation des mondes.

NOTRE PLANÈTE

§ 1. — FORME DE LA TERRE

La terre que nous habitons, et sur laquelle nous sommes jetés faibles et nus, est une planète, tout comme Mercure, Vénus, Mars, Jupiter....

Notre planète à la forme d'une boule ; cette boule est absolument isolée dans l'espace : aucun support ne la retient. La Terre tourne sur elle-même et effectue sa rotation en un temps auquel nous avons donné le nom de jour ; de plus, tout en tournant sur elle-même, la Terre circule autour du Soleil en décrivant une orbite presque circulaire, qu'elle parcourt en un temps auquel nous avons donné le nom d'année.

Ces vérités n'ont pas été connues de tout temps, et ce n'a pas été sans difficulté qu'elles ont été admises par les savants.

La forme de la Terre. — On crut pendant longtemps que la Terre était plate, plate comme une table, et au sixième siècle de notre ère cette croyance avait encore ses défenseurs.

A cette époque un moine nommé Cosmas déclarait que la Terre, plate, était environnée de murs très élevés se terminant en voûte. « Au-dessus de cette voûte se meuvent le Soleil, la

Lune et les autres astres. Au milieu de la Terre s'élève une très haute montagne qui dérobe la vue du Soleil dans une partie de sa révolution. C'est son opacité qui forme la nuit. »

Chose bizarre! nous allons retrouver chez les différents peuples cette idée d'un mur ou d'une montagne centrale qui fait communiquer le Ciel avec la Terre. Les premiers peuples de l'Inde affirmaient qu'au centre de la Terre se trouve la montagne sacrée, le mont Mérou, dont le sommet touche le ciel; comment en douter quand on nous en donne jusqu'aux dimensions? « C'est un immense cône renversé ayant un diamètre de 13 000 mètres au sommet (je traduis en mètres la longueur exprimée en *yojanas*) et de 7000 mètres à la base. » Ses flancs sont formés de pierres précieuses.

On nous dit que les peuples de l'Orient donnaient à la Terre le nom de *Tebel*. Un étymologiste (Pluche) en a conclu que notre mot table venait de *Tebel* et que ce nom exprime bien l'ancien préjugé qui faisait de la Terre une immense surface plane. Ne sait-on pas d'ailleurs que les anciens assignaient des limites à la Terre, limites qui n'existent pas sur un globe. Et, par exemple, on connaît la légende d'Hercule, le célèbre fils de Jupiter et d'Alcmène, auquel des autels étaient élevés et qu'on adorait sous les noms d'Héraclès, d'Alcide,.... Hercule parcourut en vainqueur une grande partie du monde. Il ne s'arrêta *qu'à la limite occidentale de la Terre :* à Gaddis, ville appelée Gadès par les Grecs et les Romains et que nous connaissons sous le nom de Cadix. Hercule sépara, dit-on, les montagnes qui réunissaient l'Europe et l'Afrique et permit aux eaux de la Méditerranée de se confondre avec celles de l'Océan. Il éleva deux colonnes sur lesquelles se trouvait cette inscription : *On ne peut aller au delà!* Ces deux colonnes sont les Colonnes d'Hercule et la percée faite par le dieu est le détroit de Gibraltar.

On croyait si bien que le Ciel reposait sur la Terre plate, qu'un savant (croyez donc maintenant à certains savants!)

affirmait avoir été jusqu'au bout du monde, et, arrivé là, avait dû se baisser à cause de l'union du Ciel et de la Terre !

Tout le monde n'adoptait pas l'idée d'une Terre ayant la forme d'une table plate. On prétend que les Chaldéens suppo-

DIFFÉRENTS PEUPLES AUX ANTIPODES.

saient que la Terre est creuse et a la forme d'un bateau. Ce qui paraît plus vraisemblable, c'est qu'ils « se servaient probablement de l'image d'un bateau soutenu sur l'eau pour donner une idée de la manière dont ils imaginaient que la Terre était portée dans l'espace. Cela est d'autant plus vraisemblable que les anciens donnaient au Soleil et à la Lune un vaisseau pour faire leur cours. Ils savaient bien cependant que ni la Lune ni le Soleil n'avaient la figure d'un bateau. »

D'autres donnaient à la Terre les formes les plus étranges. — Elle est cylindrique, dit Anaximandre. — Elle a la forme d'un cube parfait, dit Platon. — Elle a la forme d'un œuf, dit Bède le Vénérable. — Non, d'une roue, dit Raban Maur, le célèbre évêque de Mayence....

Si la Terre était ronde, disaient quelques-uns, il faudrait donc supposer que certains habitants ont les pieds en l'air et la tête en bas!

Nous savons aujourd'hui que la Terre a la forme d'une sphère, légèrement aplatie en deux points du diamètre autour duquel elle tourne. Nous savons que certains peuples sont à nos antipodes et notre dessin indique les noms des habitants qui sont placés aux extrémités des différents diamètres de la Terre.

Le support de la Terre. — « J'interrogerai les bardes, dit Taliesin dans son *Chant du monde*, j'interrogerai les bardes, et pourquoi les bardes ne me répondraient-ils pas? Je leur demanderai ce qui soutient le monde, pour que, privé de support, le monde ne tombe pas; et s'il tombe, quel est le chemin qu'il suit? — Mais qui pourrait servir de support? Grand voyageur est le monde. Tandis qu'il glisse sans repos, il demeure tranquille dans sa voie, et combien la forme de cette voie est admirable, pour que le monde n'en sorte dans aucune direction! »

M. Henri Martin, qui rapporte ce chant du barde Taliesin, s'écrie éloquemment : « Qui ne sent frémir dans ces paroles le même courant d'où était sorti Pythagore, et qui, se ranimant à la Renaissance, devait produire Copernic, Galilée, Képler et les explorateurs modernes du monde sidéral! »

Les prêtres hindous affirmaient que la Terre était supportée « par quatre éléphants, s'appuyant eux-mêmes sur une immense tortue, laquelle reposait à son tour sur.... un Océan universel. »

La Terre, selon les prêtres védiques, est soutenue par douze

ISOLEMENT DE LA TERRE DANS L'ESPACE.

colonnes, supportées elles-mêmes par... la vertu des holocaustes.

Nous savons aujourd'hui que la Terre est absolument isolée dans l'espace, qu'on peut en faire le tour sans jamais rencontrer ces fameuses colonnes ou ces gigantesques éléphants dont parlaient les anciens.

La Terre tourne. — Jamais les inventeurs des éléphants-supports n'auraient pu imaginer qu'une Terre si bien attachée dût tourner; ils la supposaient donc immobile et faisaient tourner autour d'elle le Soleil et les Planètes.

« Si la Terre tournait, dit Buchanan, poète et historien écossais, les oiseaux dans les airs verraient la terre et les forêts disparaître sous leurs pieds et leurs nids s'enfuir; la tourterelle n'oserait jamais s'éloigner du tourtereau, de crainte de perdre sa demeure pour toujours. »

Bacon, le grand chancelier d'Angleterre, repoussait avec raison les cieux de cristal auxquels, suivant les anciens, les étoiles étaient fixées, mais il ajoutait en se trompant : « Rien n'est plus faux que toutes ces imaginations, *si ce n'est le mouvement de la Terre*, plus faux encore. »

Tycho-Brahé disait que la Terre est trop lourde pour tourner.

Nous savons aujourd'hui, après les travaux de Copernic et de Galilée, que la Terre tourne bien réellement, entraînant dans son mouvement la couche d'air qui enveloppe notre globe, de telle sorte que les oiseaux, malgré l'avis de Buchanan, ne voient pas s'enfuir leurs nids.

Nous croyons devoir agrémenter ces indications quelque peu techniques en reproduisant une scène d'une petite comédie bouffonne du poète néerlandais Langendyk intitulée : *les Mathématiciens*. Nous empruntons au *Magasin pittoresque* la traduction de cette scène assez originale.

Les docteurs Raasbollius et Ulinaal se disputent sur le système planétaire; ils ont pris comme arbitre un officier Eelhart, représenté assis à table. A gauche du dessin on voit le domestique Filipyn.

Ulinaal. Ma thèse, monsieur, la voici ! Le Soleil est immobile; la Terre tourne sur elle-même une fois en vingt-quatre heures, et de ce mouvement naissent la nuit et le jour.

Raasbollius. — Quelle impudence! Tais-toi! c'en est trop! Que veux-tu dire avec ta Terre qui tourne? Comment pourras-tu prouver une proposition si extravagante?

U. — La Terre parcourt successivement les douze signes du zodiaque, et, d'après le calcul de nous autres astronomes, cette course s'accomplit dans l'espace précis d'une année. Elle commence au mois de mars dans le *Bélier*, ainsi que l'a démontré le grand Copernicus.

R. — S'il en est ainsi, Copernicus était le plus sot de tous les sots. Et pour rendre ta folie manifeste à ce brave monsieur, je démontrerai, moi, que la Terre ne peut pas se mouvoir, par ce seul fait qu'elle est un corps inerte.

U. — Eh bien, brute! la Lune, que nous voyons tourner autour de la Terre, n'est-elle pas aussi un corps inerte?

R. — Oui, mais non point de même nature que la Terre, l'ami. Écoute, je vais t'expliquer cela : La Lune est un corps, oui, mais léger comme une plume, et c'est pour cela que chaque mois elle fait aisément sa rotation, et il en est de même du Soleil; tandis que la Terre est forcée, par sa pesanteur même, à rester dans le centre. Si tu jettes une pierre en l'air, ne vois-tu pas qu'elle retombe aussitôt sur la Terre, son centre? Eh bien, cette pierre ne devrait-elle pas s'envoler vers le Soleil, si c'était lui qui fût le centre?

U. — Balivernes! tu ne me berneras pas ainsi. L'air renvoie cette pierre vers la Terre, son origine, parce qu'elle fait partie du corps terrestre; mais elle tourne en même temps avec tous les anneaux de l'air qu'emporte la Terre dans sa rotation.

R. — De ma vie je n'ai vu animal plus stupide que toi! Ne

voilà-t-il pas maintenant que l'air tourne avec la Lune et la Terre en même temps! Ce que tu viens de dire du mouvement de la Terre est absolument ce qui est vrai pour le Soleil. Ton argument est absurde. Ne crois-tu pas ce que tes yeux voient?

U. — Nous croyons voir le Soleil se mouvoir, mais ce n'est là qu'une illusion. Fais attention à ceci : quand nous voyageons dans le coche d'eau, il nous semble que nous restons immobiles, tandis que le rivage, les arbres, paraissent se mouvoir.

R. — A-t-on jamais entendu pareille ineptie?

U. — Ce n'est pas là une réponse.

R. — Eh bien, pour renverser d'un seul coup ta thèse, je vais tracer ici une figure mathématique (*avec un grand morceau de craie il trace un cercle sur le plancher*). Voilà un cercle. Or c'est une vérité fondamentale que tous les mathématiciens mettent le point au milieu. Ne conviens-tu pas de cela?

U. — Oui.

R. — A qui donc voudrais-tu faire croire, triple sot, que la Terre, qui est au centre, puisse tourner à la circonférence? (*Il prend sur la table un plat, et le pose sur le cercle*). Le point est la Terre. Et voici le Soleil sur le cercle. Il en est de même dans le ciel.

Filipyn. — Oh! oh! prenons garde qu'ils n'en viennent à manger le Soleil.

Ulinaal *trace de son côté un autre cercle et place le jambon au milieu.*—Donne-moi la craie. Voici le Soleil au centre du cercle.

Filipyn *inquiet.* — La peste soit d'eux et de leurs soleils!

SCÈNE DE LA COMÉDIE DES MATHÉMATICIENS.

ULINAAL *pose la bouteille au bord de son cercle.* — Tais-toi! — Voici la Terre.

RAASBOLLIUS *place une bouteille au milieu de son cercle.* — Voici la mienne!

FILIPYN. — Quelle stupidité!

ULINAAL. — Et où mets-tu maintenant la Lune?

RAASBOLLIUS. — Pour marquer sa place, il faut que je tire ce nouveau petit cercle autour de la Terre, qui est le centre.

FILIPYN. — Je le vois venir : il va nous prendre encore un de nos plats!

RAASBOLLIUS *place un plat sur le cercle dont il a entouré la bouteille.* — Voici la Lune!

ULINAAL *tire un cercle autour de la bouteille et pose à côté un petit plat.* — C'est ici sa véritable place!

FILIPYN. — Messieurs, calmez-vous, je vous prie; si toutes les autres planètes vont aussi prendre leur course, il ne nous restera plus rien à boire ni à manger. Permettez, messieurs les docteurs, permettez que je dise deux mots à cette planète. (*Il prend une des bouteilles et la boit.*)

RAASBOLLIUS. — Mon système a été découvert par un savant qui ne le cédait à personne au monde. C'était un des Sages de l'Égypte.

ULINAAL. — Oui, Ptolémée! Mais, mon ami, mon maître à moi, c'est le vaillant Copernicus, un homme prodigieux!

FILIPYN. — Je bois à la santé de tous les deux, quoique je ne les connaisse ni l'un ni l'autre, et au diable tous les systèmes! (*Filipyn remet les plats et les bouteilles sur la table.*)

§ 2. — GRANDEUR DE LA TERRE

On peut soupçonner, dit l'astronome Bailly, que les Chaldéens avaient tenté de mesurer la circonférence de la Terre. Ils disaient qu'un homme, marchant d'un bon pas et sans s'arrêter, ferait, comme le Soleil, le tour de la Terre dans l'espace d'une année. L'astronome moderne Cassini estime qu'un homme à pied, marchant par un beau chemin, et du même pas, *douze heures* par jour, ferait le tour de la Terre (10 000 lieues) en deux ans. S'il marchait toujours, il le ferait donc dans une année. C'est précisément ce que disaient les Chaldéens. Le plus habile astronome moderne est donc d'accord avec les plus anciens. Pour que ce résultat pût être obtenu, le marcheur devrait parcourir un peu plus d'une lieue par heure.

Les anciens avaient songé à mesurer les dimensions de la Terre. Les géomètres du temps d'Aristote supposaient la Terre sphérique et évaluaient sa circonférence à 400 000 stades. En donnant au stade la valeur de 180 mètres, on trouve 72 millions de mètres, au lieu de 40 millions. Ératosthène trouva 250 000 stades; Posidonius 240 000 seulement. Plus tard, Ptolémée adopta 500 stades philétoriens pour le degré du méridien, ce qui donnait 38 800 000 mètres pour le contour du globe.

Le calife Almamoun, qui vivait vers l'an 830 de Jésus-Christ, ordonna une nouvelle mesure de la Terre qui est restée célèbre. « Les astronomes arabes s'étant rassemblés à Sinjar vers le milieu des plaines de la Mésopotamie, observèrent la hauteur du pôle dans cette ville; après quoi, se séparant en deux troupes, ils avancèrent les uns vers le nord et les autres vers le midi, en suivant toujours la même ligne. Lorsque les uns et les autres se furent éloignés d'un degré entier du point de départ, ils se rejoignirent et comparèrent ensemble leurs mesures. Elles se trouvèrent différentes : les uns comptaient 56 milles au degré, les autres 56 $\frac{2}{3}$. Quelques auteurs ont longuement discuté si ce nombre 56 était bien exact et s'il ne conviendrait pas plutôt de lire 66. La question ne présente qu'un intérêt secondaire, la difficulté étant d'un tout autre ordre, puisqu'on ignore la valeur du mille employé par les astronomes arabes. »

Ce ne fut qu'au seizième siècle que la mesure de la Terre fut reprise. En 1550, Fernel, géomètre et médecin du roi Henri II, mesura un degré sur la route de Paris à Amiens, en comptant le nombre de tours d'une des roues de sa voiture, dont il connaissait exactement la circonférence. Ce procédé, bien que grossier, donna cependant un nombre assez exact. Fernel obtint de la sorte 56 476 toises pour la longueur d'un degré et nous verrons que Picard, à l'aide d'instruments astronomiques, évalua cette longueur à 57 060 toises. Du reste, le procédé de Fernel est repris en ce moment même dans de meilleures conditions. Un habile constructeur de Munich, M. Steinheil, vient de terminer une roue qui porte son nom et qui, mobile sur des rails posés sur le sol, permettra de mesurer exactement la longueur du chemin qu'elle aura parcouru.

Je rappelle que la circonférence de la Terre est supposée divisée en 360 parties égales et que chacune de ces parties s'appelle un degré. La toise, dont il est ici question, était une mesure de longueur adoptée au dix-septième siècle comme mesure étalon ; elle représentait un peu moins de deux mètres (1^{m},949).

En 1616, Snellius, célèbre géomètre hollandais, employa le premier les mesures trigonométriques pour mesurer l'arc du méridien compris entre Berg-op-Zoom et Alcmaer : Snellius trouva 55 021 toises. Quelque temps après, en 1636, Nordwood, géomètre anglais, mesura par le procédé de Snellius un degré du méridien en Angleterre et trouva 57 424 toises.

En 1666, sur la proposition de Colbert, le roi Louis XIV décida la création d'une compagnie compétente sur toutes les questions de littérature et de science, qui prit le nom d'Académie des Sciences. Un des premiers soins de l'Académie naissante fut de proposer au roi d'entreprendre la détermination de la mesure d'un degré terrestre. Louis XIV chargea Picard et Auzout de mesurer la grandeur de la Terre.

L'abbé Picard était né à La Flèche, le 21 juillet 1620. Nous ne connaissons rien de certain sur ses jeunes années. On raconte qu'il était jardinier du duc de Créqui et qu'il dut ses connaissances scientifiques à l'intérêt qu'il inspira à l'astronome Le Valois. Nous le trouvons pour la première fois observant avec Gassendi l'éclipse de Soleil du 25 août 1645. Picard est le premier qui ait observé les étoiles en plein jour; il est aussi le premier qui ait appliqué utilement les lunettes aux instruments divisés. Pendant un voyage qu'il fit à Uranibourg pour déterminer l'emplacement de l'ancien Observatoire de Tycho-Brahé, Picard connut un jeune Danois, Rœmer, qu'il décida à venir en France. Rœmer devint un des membres les plus distingués de l'Académie des Sciences de Paris; c'est lui qui le premier détermina la vitesse de la lumière. « Se créer ainsi des rivaux dans une carrière où l'on avait toute raison d'aspirer au premier rang, dit Arago dans une notice biographique consacrée à Picard, c'est le sublime du désintéressement. » C'est également à la recommandation de Picard que le roi Louis XIV appela en France Dominique Cassini.

Pour obtenir la longueur d'un degré du méridien, Picard se proposa de mesurer la distance qui sépare les deux villes de Sourdon en Picardie et de Malvoisine dans le Gâtinais. « Ces deux termes, qui sont distants l'un de l'autre d'environ

32 lieues, sont situés à peu près dans un même méridien, et l'on a su, par plusieurs courses faites exprès, qu'ils pouvaient être liés par des triangles avec le grand chemin de Villejuif à Juvisy, lequel chemin est pavé en droite ligne sans aucune inégalité considérable, et d'une longueur telle, qu'elle est propre à servir de base fondamentale à toute la mesure qu'on y avait entreprise. »

Cette base de Villejuif à Juvisy a joué un rôle important dans l'histoire des sciences. En 1666, Newton, ayant besoin de la longueur du rayon terrestre pour vérifier sa théorie, se servit de la mesure du degré terrestre qu'on connaissait alors, et qui était fausse. La loi du carré des distances s'étant trouvée inexacte, Newton l'avait abandonnée; dix ans après, utilisant les nombres trouvés par Picard, il reprit son ancien calcul, qui cette fois se trouva parfaitement rigoureux. (Voy. p. 96.)

L'Académie des Sciences ordonna que de petits monuments, placés aux extrémités de la base mesurée par Picard, perpétueraient le souvenir de cette importante opération. Telle est l'origine des deux pyramides de pierre que l'on voit encore aujourd'hui, à gauche de la grande route de Paris à Fontainebleau, l'une à l'entrée du village de Villejuif, l'autre sur le territoire de Juvisy, au point où la route commence à s'abaisser dans la vallée de l'Orge.

La mesure obtenue par Picard (57 066 toises pour le degré), rapprochée d'une mesure inexacte donnée par le Père Riccioli et qu'il avait déduite de l'arc de Bologne à Ferrare (62 900 toises pour le degré), conduisait à cette conséquence erronée que les degrés sont plus grands à l'équateur qu'au pôle. On en déduisait que la Terre est allongée au pôle, et que le rayon polaire devait être double du rayon équatorial.

La théorie de Newton sur l'aplatissement de la Terre l'avait conduit à un résultat diamétralement opposé. Pour l'illustre savant anglais, la Terre devait être aplatie vers les pôles et renflée vers l'équateur. Pour trancher la question, Colbert donna l'ordre de mesurer le méridien de Paris à travers toute la France. Cassini II entreprit l'opération. De 1683 à 1718, Cassini II et Lahire mesurèrent l'arc compris entre Dunkerque et Collioure, au sud de Perpignan, et trouvèrent, contrairement à la théorie de Newton, que les degrés étaient plus longs vers le sud que vers le nord.

Cependant les géomètres anglais n'en persistaient pas moins dans la doctrine de Newton, qui, disons-le tout de suite, était la vraie. Ils objectaient que les opérations exécutées comportaient de graves erreurs. On demeura ainsi partagé, les Anglais pour l'aplatissement, les Français pour l'allongement de la Terre vers les pôles. Pour faire cesser cette incertitude, le gouvernement français ordonna deux expéditions chargées de mesurer la longueur d'un degré au pôle et à l'équateur. Bouguer, Lacondamine et Godin, assistés de deux officiers de la marine espagnole, se rendirent au Pérou; Maupertuis, Clairaut, Lemonnier et l'abbé Outhier se rendirent en Laponie. « On vit partir, écrit Maupertuis dans la relation de son voyage, avec la même ardeur, ceux qui s'allaient exposer au soleil de la zone brûlante et ceux qui devaient sentir les horreurs de l'hiver dans la zone glacée. » Voltaire chanta le courage de ces Argonautes nouveaux, « chargés de la gloire de la patrie ».

L'expédition de Laponie ne dura pas plus d'une année. Maupertuis, parti en 1736, revenait l'année suivante, après avoir mesuré un degré entre Tornea et la montagne de Kittis. Il annonçait un degré beaucoup plus long que celui de Picard. La question de la forme de la Terre était donc résolue : contrairement à l'avis des Cassini, la Terre était aplatie aux pôles. Ce résultat enorgueillit assez Maupertuis pour qu'il se fît représenter, au frontispice de son mémoire, coiffé d'un bonnet d'ourson et une main sur le globe terrestre, qu'il aplatissait. La gaieté parisienne fit justice de ce peu de modestie en donnant à Maupertuis le surnom de *grand aplatisseur*. Le triomphe de Maupertuis fut de courte durée : on reconnut une erreur

MAUPERTUIS EN LAPONIE.

notable dans son travail, et le degré de Laponie fut abandonné.

L'expédition envoyée au Pérou fut loin d'être aussi rapidement terminée. Les astronomes, partis en 1735, ne devaient revoir la France, et quelques-uns d'entre eux seulement, que

LACONDAMINE.

sept années après. Bouguer revint en 1742. Lacondamine, qui fit de son retour un voyage d'exploration à travers l'Amérique du Sud, ne revint en France qu'une année plus tard.

« L'expédition de l'équateur, nous dit M. J. Bertrand dans son livre sur les académiciens, devint funeste à plusieurs de ceux qui y prirent part. Bien peu d'entre eux devaient revoir la France. Couplet, en arrivant à Quito, fut emporté par une fièvre maligne; Seniergues, chirurgien de l'expédition, à la suite de querelles étrangères à la science, fut assassiné au milieu d'une fête par la populace de Cuença. L'astronome Godin accepta à Lima une chaire de mathématiques. Un des aides dessinateurs, nommé Morainval, resta au Pérou pour y exercer la profession d'architecte, et, tombant d'un échafaudage, mourut des suites de sa chute. L'horloger Hugot et Godin, partis pour étudier les langues d'Amérique, se marièrent à Rio-Bomba et restèrent au Pérou, ainsi que Joseph de Jussieu, qui y exerça la profession de médecin. Godin quitta le Pérou trente-huit ans après seulement, pour terminer pauvrement sa carrière dans une petite ville de Normandie. De Jussieu, infirme et privé de mémoire, fut renvoyé à peu près à la même époque. Ses deux frères l'entourèrent des soins les plus affectueux, mais ils n'osèrent jamais le conduire à l'Académie, qui l'avait élu pendant son absence : c'est le seul académicien qui n'ait jamais siégé. »

Avant son départ, Godin avait été vérifier sur l'étalon conservé au Châtelet une toise en fer qui servit à la mesure des bases, et qui depuis, sous le nom de toise du Pérou, est devenue l'étalon auquel ont été rapportées les mesures géodésiques faites en France et dans les autres parties de l'Europe. Cette toise, qui servit à établir notre mètre, est conservée à l'Observatoire de Paris.

Des observations de Bouguer et de Lacondamine, comparées à celles de France et de Laponie, il résultait que les degrés étaient bien décidément croissants de l'équateur au pôle et que la Terre était aplatie à ses deux pôles.

Ajoutons qu'après l'expédition de Laponie et avant que les astronomes envoyés au Pérou fussent revenus en France, Cassini de Thury, fils de Cassini II, avait obtenu que l'on vérifiât toute la méridienne de France. Ce grand travail, entrepris avec le concours de Lacaille, parut, sous le titre de *Méridienne vérifiée*, en 1744 ; il ne resta plus de doute sur l'allongement des degrés en allant de l'équateur au pôle. Ce qu'il restait à déterminer, c'est la valeur de l'aplatissement de la Terre.

Nous ne pouvons enfin que citer, dans ce rapide exposé, les mesures entreprises par Lacaille au cap de Bonne-Espérance, par Boscovich dans les États du Pape, par Beccaria dans le Piémont, par Liesganig en Autriche et en Hongrie, par Mason et Dixon en Pensylvanie.

En 1790, les mesures dont on se servait pour déterminer les longueurs ou les poids différaient d'un pays à l'autre et, dans un même pays, présentaient d'une province à l'autre une scandaleuse diversité. En France, par exemple, on distinguait, parmi les mesures linéaires : la canne de Montpellier et la canne de Toulouse, le pied de Bordeaux et la toise de Paris. Parmi les mesures agraires, les uns se servaient de la perche, d'autres de l'arpent, d'autres encore de la corde....

Le 26 mars 1791, l'Assemblée nationale décréta ce qui suit : « L'Assemblée nationale, considérant que pour parvenir à établir l'uniformité des poids et mesures, conformément à un décret du 8 mai 1790, il est nécessaire de fixer une unité de mesure naturelle et invariable, et que le seul moyen d'étendre cette uniformité aux nations étrangères et de les engager à convenir d'un même système de mesure est de choisir une unité qui dans sa détermination ne renferme rien d'arbitraire ni de particulier à la situation d'aucun peuple sur le globe; considérant de plus que l'unité proposée dans l'avis de l'Académie des Sciences du 19 mars de cette année réunit toutes ces conditions, a décrété et décrète qu'elle adopte la grandeur du quart du méridien terrestre pour base du nouveau système de mesures; qu'en conséquence, les opérations nécessaires pour déterminer cette base, telles qu'elles sont indiquées dans l'avis de l'Académie des Sciences, et notamment la mesure d'un arc du méridien depuis Dunkerque jusqu'à Barcelone, seront incessamment exécutées; qu'en conséquence, le roi chargera l'Académie des Sciences de nommer des commissaires qui s'occuperont sans délai de ces opérations, et se concertera avec l'Espagne pour celles qui doivent être faites sur son territoire. » L'Académie se mit immédiatement à l'œuvre et désigna deux de ses membres, Delambre et Méchain, pour exécuter la mesure de la méridienne de Dunkerque à Barcelone.

Méchain se chargeait de la distance comprise entre Barcelone et Rodez; Delambre devait mesurer la distance de Rodez à la tour de Dunkerque. Cette expédition dura six années, de 1792 à 1798, et fut traversée par tant d'obstacles qu'elle devint une véritable odyssée.

Méchain quitte Paris le 25 juin 1792; dès la troisième poste, il est arrêté par des citoyens inquiets qui ne voyaient partout que complots et projets de contre-révolution; il parvient à se tirer de leurs mains, mais, rencontrant dans chaque village les mêmes difficultés, il se décide à passer les Pyrénées et à commencer son travail par la partie située sur le territoire espagnol. Le 29 octobre, il termine la station du fort de Mont-Jouy, au sud de Barcelone, dans laquelle il se propose de passer l'hiver.

Delambre n'est pas plus heureux; c'est en vain qu'il veut s'établir près de Compiègne, à Jonquières; les villageois s'attroupent autour de l'astronome et la municipalité, en corps, lui exprime les inquiétudes des habitants, en le priant de suspendre ses opérations. A Montjai, malgré la lecture faite au prône des lettres qui expliquent la mission de Delambre, les habitants se liguent avec ceux des communes voisines pour s'opposer, par la force, au travail de celui qu'ils considèrent comme un espion. A Saint-Denis, Delambre dut se tenir caché durant trois jours. Au milieu de ces difficultés sans cesse renaissantes, Delambre avançait lentement dans son travail, lorsque tout à coup un arrêté du Comité de salut public lui ordonna de cesser ses opérations. L'arrêté mérite d'être reproduit en partie : « Le Comité de salut public, considérant com-

TOUR DE DUNKERQUE.

bien il importe à l'amélioration de l'esprit public que ceux qui sont chargés du gouvernement ne délèguent de fonction ni ne donnent de mission qu'à des hommes dignes de confiance par leurs vertus républicaines et leur haine pour leurs rois..., arrête que Borda, Lavoisier, Laplace, Coulomb, Brisson et Delambre cesseront, à compter de ce jour, d'être membres de la commission des poids et mesures.... Arrête, en outre, que les membres restants à ladite commission feront connaître au plus tôt au Comité de salut public quels sont les hommes dont elle a un besoin indispensable pour la continuation de ses travaux, et qu'elle fera part en même temps de ses vues sur les moyens de donner le plus tôt possible l'usage des nouvelles mesures à tous les citoyens, en profitant de l'impulsion révolutionnaire. »

Méchain n'avait pas été compris dans cette liste de proscription; cela tient sans doute à ce que l'on pensait qu'il devait se fixer en Espagne; les difficultés ne lui étaient pourtant pas ménagées. Après avoir exécuté la partie du travail qui devait s'effectuer en Espagne, Méchain se disposait à rentrer en France, lorsque les autorités espagnoles s'y opposèrent. On objectait que les connaissances acquises par Méchain et ses adjoints pendant leur séjour aux diverses stations des Pyrénées pourraient devenir préjudiciables à l'Espagne. Méchain séjourna à Barcelone; la vie qu'il menait était extrêmement triste et ses inquiétudes étaient vives sur le sort de sa femme et de ses enfants, restés à l'Observatoire de Paris, et avec lesquels il ne pouvait communiquer que difficilement. Enfin, dans les premiers jours de l'an III[1], Méchain obtint un passeport pour l'Italie, où sa famille put le rejoindre.

Les opérations pour la mesure de la méridienne ne furent reprises qu'après la loi du 18 germinal an III (7 avril 1795), dont l'article V prescrivait à Delambre et à Méchain de hâter l'achèvement de leurs travaux. Cette seconde partie du travail

1. L'an I de la République commence le 22 septembre 1792. Les mois, de trente jours, s'appellent : Vendémiaire, Brumaire, Frimaire, Nivôse, Pluviôse, Ventôse, Germinal, Floréal, Prairial, Messidor, Thermidor et Fructidor.

ne s'accomplit pas encore sans difficultés. Delambre ne retrouvait plus les signaux qui lui servaient à reconnaître ses stations. Les clochers dans lesquels il s'était placé ou dont il utilisait la flèche comme point de mire, avaient été en partie détruits. Un représentant du peuple ne s'était-il pas vanté d'avoir fait tomber « tous ces clochers qui s'élevaient orgueilleusement au-dessus de l'humble demeure des *sans-culottes?* » Une grande partie du travail déjà fait dut être recommencée.

Méchain de son côté écrivait, le 12 vendémiaire an IV (4 octobre 1795), qu'il éprouvait de grandes difficultés pour avoir du bois, des ouvriers, etc. Du reste sa santé avait été cruellement éprouvée par les fatigues de l'opération. Il écrivait à Delambre une lettre qu'on nous pardonnera de reproduire en entier, parce qu'elle est fort belle et dépeint bien le caractère sympathique du savant astronome : « Une indisposition assez grave est venue, dit-il, prolonger des retards bien involontaires. J'ai été arrêté deux mois entiers dans la Montagne-Noire sans pouvoir y trouver deux heures de suite où je pusse observer. Je suis au comble de la douleur en voyant l'impossibilité d'aller plus avant. Je ne redoute ni les fatigues, ni le froid, mais ce serait sans succès que je tenterais de les braver.... Dans cette cruelle conjoncture, je prends le parti de rester encore dans cet affreux exil, loin de ce que j'ai de plus cher au monde; je sacrifie tout, je renonce à tout, plutôt que de rentrer sans avoir terminé ma portion de travail que vous aviez même voulu diminuer. J'attendrai donc le retour du beau temps. J'emploierai l'intervalle à terminer la rédaction, et dès les premiers beaux jours, je reprendrai la mesure des angles. Je ferai les plus grands efforts pour qu'elle soit terminée avant la fin de floréal, assez à temps pour prendre part à la mesure des bases... *mais, pour rien au monde, je ne rentrerai avant d'avoir entièrement rempli ma tâche.* »

Enfin, les deux savants, ayant complètement terminé leurs

opérations, revinrent ensemble à Paris dans les premiers jours de frimaire an VII (novembre 1799).

Les mesures de Delambre et de Méchain permirent de déterminer la longueur d'un méridien de la Terre et par suite de construire le prototype des mesures de longueur, le *mètre*, qui devait être la dix-millionième partie du quart du méridien.

On construisit trois mètres en platine qui devaient servir d'étalons : l'un d'eux est actuellement aux Archives, le second à l'Observatoire de Paris et le troisième au Conservatoire des arts et métiers.

L'établissement définitif du mètre en France n'empêchait pas les astronomes de poursuivre leurs recherches sur la forme de la Terre. Le Bureau des Longitudes, créé depuis 1795, entreprit de faire prolonger la triangulation de la méridienne le long des côtes orientales de l'Espagne. Méchain se chargea de rejoindre l'île de Cabrera. Il avait déjà terminé la plus grande partie de ses opérations, quand il mourut de la fièvre jaune, à Castellon de la Plana, dans le royaume de Valence. Biot et Arago furent chargés d'achever le travail de Méchain; de 1806 à 1808 ils prolongèrent l'arc méridien jusqu'à Formentera, la plus méridionale des îles Baléares. En Angleterre, le colonel Mudge mesurait l'arc du méridien qui s'étend de Dunnose à Clifton. En 1802 et 1803, Burrow et Lambton mesurèrent un degré et demi de l'arc du méridien compris entre Paudrée et Trivandepooram dans les Indes. Gauss et Schumacher commencèrent en 1819 la mesure de l'arc de deux degrés qui s'étend de Gœttingue à Altona; Struve, de 1821 à 1831, mesura l'arc de trois degrés et demi compris entre la ville de Jacobstadt au sud et l'île d'Hochland au nord, dans le golfe de Finlande, etc.... Il nous faudrait enfin, si nous pouvions développer ces opérations, rappeler les belles déterminations astronomiques et géodésiques entreprises en France, depuis 1854, par l'un des plus éminents astronomes de l'Observatoire de Paris, M. Yvon Villarceau, ainsi que les beaux travaux exécutés en France et en Algérie par M. le colonel Perrier.

Ces différentes mesures nous apprirent que les méridiens sont loin d'être égaux et que le mètre par conséquent ne repré-

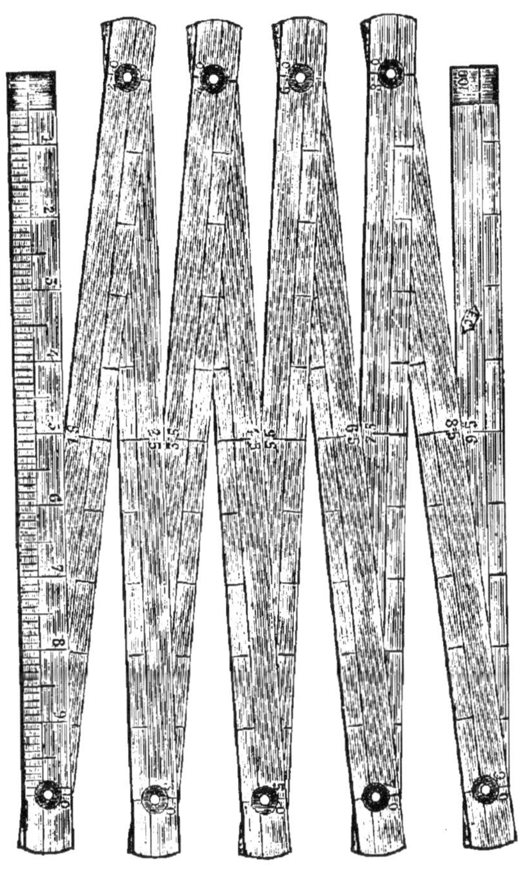

LE MÈTRE.

sentait qu'une fraction déterminée de l'un des méridiens terrestres. De plus, on reconnut de légères erreurs dans les mesures qui avaient servi à la détermination du mètre, de telle sorte que l'étalon conservé aux Archives n'est pas la représentation exacte de la dix-millionième partie du quart du méridien terrestre qui passe par Paris. Le temps et la réflexion ont fait justice, du reste, de l'idée fondamentale du système de nos poids et mesures : prendre dans la nature, d'une manière absolue, l'unité de longueur est une chimère inutile et irréalisable. Il n'est pas plus possible d'obtenir des nombres définitifs pour les dimensions de la Terre que pour toute autre donnée physique. Toujours cette unité, cet étalon, que l'on déduirait de ces mesures, porterait l'empreinte de l'époque où elle aurait été mesurée; toujours on s'exposerait à voir la science découvrir plus tard de petits défauts, des corrections nouvelles.

Mais faut-il tenir compte de ces erreurs dont nous venons de parler? Faut-il corriger le mètre actuel de la très petite quantité dont il diffère du mètre défini par son rapport à la longueur du méridien? Non, évidemment non. D'abord parce que cela ne servirait à rien, puisque des mesures ultérieures faites avec des instruments plus précis modifieront certainement les nombres actuels; ensuite parce que le sol lui-même est soumis à des actions diverses qui peuvent changer sa forme. Toutes les opérations qui se font ou se feront en géodésie permettront de connaître de mieux en mieux la figure de la Terre; elles ne devront pas avoir d'influence sur l'étalon de nos mesures.

§ 3. — LA LUNE

La Terre n'est pas, comme le croyaient les anciens, le centre de l'Univers. C'est une simple planète, confondue au milieu des autres planètes. Elle n'est ni la plus voisine, ni la plus éloignée du Soleil; elle n'est pas, tant s'en faut, la plus grosse. Enfin, non seulement elle n'a pas le privilège d'entraîner à sa suite un astre satellite, car elle n'en possède qu'un, la Lune, tandis que Mars en a deux, Jupiter quatre, Saturne huit....

Quand on regarde la Lune, on remarque que sa surface est loin d'être unie; on aperçoit des taches noires semblant figurer des yeux, un nez, une bouche. Nous avons rappelé, dans notre *Légende des mois*, qu'on supposait autrefois que cette figure représentait l'image de Judas, « interné dans la Lune en punition de son crime de trahison et de félonie ». Lorsque Galilée eut fixé pour la première fois sur la Lune la lunette astronomique nouvellement imaginée, il aperçut des montagnes, des cavités circulaires (cratères) qu'il compara aux yeux de la queue d'un paon. Pendant la durée de sa révolution autour de la Terre, la Lune présente, comme chacun sait, des phases diverses. Tantôt la Lune a la forme d'un cercle parfait; tantôt elle disparaît complètement; enfin, elle apparaît sous la forme d'un croissant plus ou moins délié. Eh bien! malgré toutes ces apparences diverses, on remarque que chacune des taches lunaires occupe toujours la même place sur le disque.

On en conclut que la Lune tourne toujours la même portion de sa surface vers la Terre et, par conséquent, qu'elle tourne sur elle-même de façon à accomplir une rotation complète, juste dans le même temps qu'elle met à parcourir son cercle autour de la Terre, c'est-à-dire 27 jours 7 heures 43 minutes.

Les apparences diverses que présente la Lune ont excité l'imagination des anciens peuples. Un astronome chaldéen, nommé Bérose, enseignait que la Lune a la forme d'une balle à jouer, dont la moitié est lumineuse et l'autre moitié d'un bleu céleste qui se confondait avec la couleur du ciel. « En tournant sur elle-même, la Lune présente successivement à la Terre sa partie lumineuse, une moitié claire et une moitié bleue et par conséquent invisible, enfin toute la partie bleue : c'est la Nouvelle Lune. »

Les Hindous prétendaient que la Lune est remplie de cette délicieuse liqueur qu'on appelait l'ambroisie et que les dieux venaient chercher. Chaque fois que les dieux venaient prendre leur repas dans la Lune, la lumière de l'astre s'affaiblissait!

Nous savons aujourd'hui que les phases de la Lune dépendent de la façon dont elle est éclairée par le Soleil. Notre satellite, en effet, n'est pas lumineux par lui-même; il nous renvoie la clarté du Soleil, exactement comme un réflecteur nous renvoie la lumière d'une lampe ou d'un bec de gaz.

Si donc les rayons lumineux qui partent du Soleil frappent la Lune sur la partie du disque que nous apercevons, notre satellite sera visible; si, au contraire, la portion éclairée de la Lune est celle que nous n'apercevons pas, notre satellite sera plongé dans l'obscurité.

A l'époque de la *Nouvelle Lune*, notre satellite est invisible. Au bout d'un jour ou deux, si l'on regarde le ciel peu de temps après le coucher du Soleil, on voit la Lune du côté de l'occident, sous la forme d'un croissant très délié; ce croissant, animé d'un mouvement diurne, comme tous les astres, finit bientôt par disparaître au-dessous de l'horizon. Les jours suivants, on

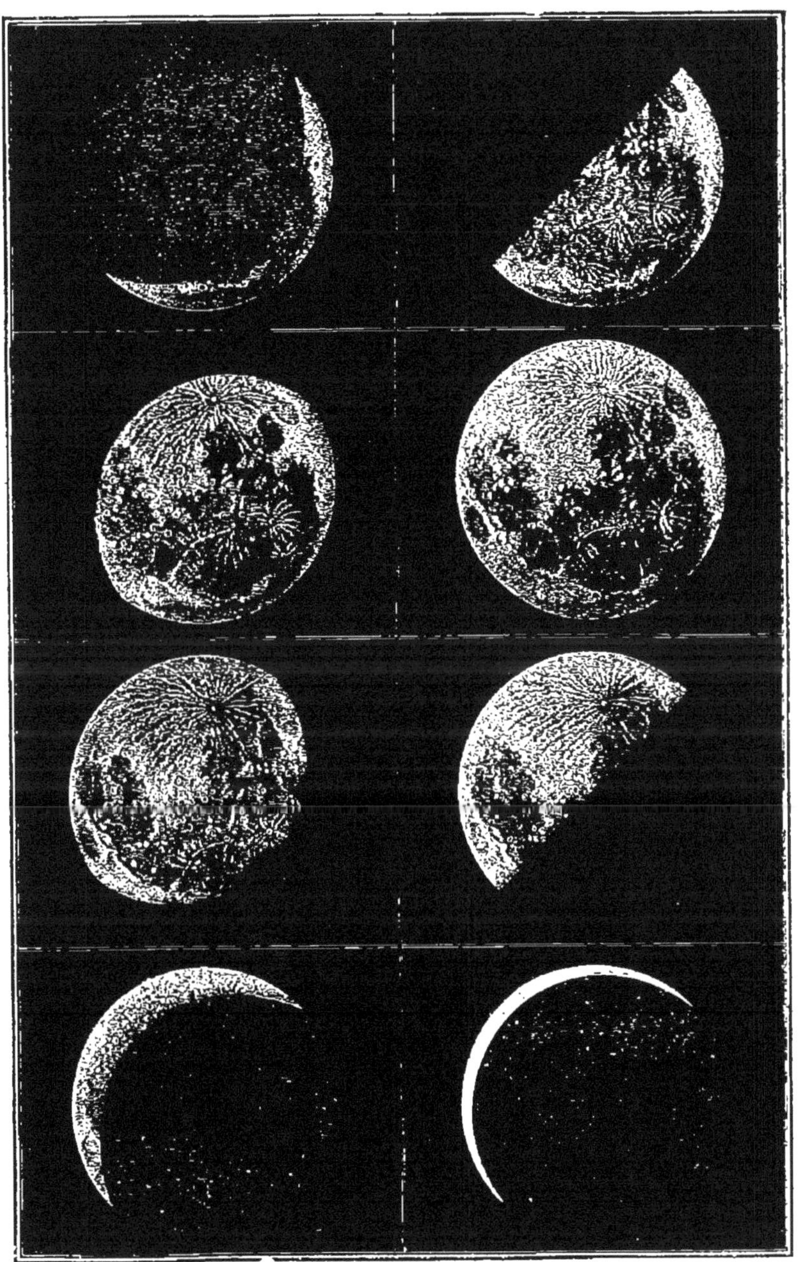

PHASES DE LA LUNE.

aperçoit également la Lune dans des circonstances analogues, c'est-à-dire un peu après le coucher du Soleil, mais on la voit de moins en moins rapprochée du point de l'horizon où le Soleil s'est couché, et son croissant s'épaissit de plus en plus en son milieu ; le coucher de la Lune retarde de jour en jour sur celui du Soleil.

Six ou sept jours après que l'on a commencé à voir la Lune sous la forme d'un croissant très délié, elle se montre sous la figure d'un demi-cercle ; alors elle s'est déjà assez éloignée du Soleil pour ne traverser le méridien qu'environ 6 heures après lui, c'est-à-dire vers 6 heures du soir.

A partir de là, la Lune s'élargit encore, et passe insensiblement du demi-cercle à un cercle complet, en prenant toutes les formes intermédiaires.

Sept jours environ après que la Lune avait été vue sous la forme d'un demi-cercle, elle devient tout à fait circulaire ; alors elle passe au méridien 12 heures plus tard que le Soleil, c'est-à-dire à minuit ; elle se lève quand il se couche et se couche quand il se lève.

En continuant à observer la Lune, on voit qu'elle se lève et se couche toujours de plus en plus tard, et qu'elle repasse successivement par les mêmes formes que précédemment, mais dans un ordre inverse; on remarque, en outre, que la partie la plus convexe du contour visible de la Lune est *désormais tournée vers l'Orient*, tandis que précédemment elle l'était du côté de l'occident.

Ainsi, nous pouvons désormais nous rendre un compte exact de l'âge de la Lune en observant de quel côté est tournée sa rotondité. Si la partie convexe est dirigée vers l'occident, c'est que la Lune vient d'être nouvelle et sera pleine bientôt ; si, au contraire la convexité est tournée vers l'orient, c'est que la Lune vient d'être pleine et qu'elle sera bientôt nouvelle, c'est-à-dire invisible.

Lorsque la Lune ne présente encore qu'un croissant très

faible, on peut, avec quelque attention, distinguer la totalité de son contour. En dehors du croissant on voit l'astre faiblement illuminé : cette faible lumière est désignée sous le nom de *lumière cendrée;* elle est due à la lumière renvoyée par la Terre sur son satellite.

Nous dirons, dans un chapitre spécial, que la Lune est à une distance moyenne de la Terre égale à soixante fois le rayon de notre planète. Notre satellite est beaucoup moins gros que la Terre : son rayon est environ le quart de celui de la Terre.

J'ai dit que, lorsque pour la première fois Galilée eut dirigé une lunette vers la Lune, il aperçut des montagnes et des cavités circulaires. L'aspect de notre satellite est curieux, en effet, à observer; cet aspect est immuable. Il y a des montagnes, et les astronomes sont parvenus à les distinguer l'une de l'autre et à mesurer leur hauteur. On sait par exemple que :

Le mont Dorfel a 7603 mètres;
Le mont Newton a 7264 mètres;
Le mont Casatus a 6956 mètres; etc.

Ces montagnes présentent un caractère particulier et extrêmement remarquable : « Elles affectent presque toutes la forme d'un bourrelet circulaire, au milieu duquel existe une cavité dont le fond est quelquefois au-dessous du niveau des parties environnantes de la surface de la Lune. Souvent il existe au milieu de la cavité centrale une montagne isolée en forme de pic. » On a comparé avec raison ces montagnes circulaires aux cratères des volcans éteints qui se trouvent sur la surface de la Terre. Seulement les diamètres de ces cercles sont sur la Lune incomparablement plus grands que ceux des cratères terrestres. Ainsi le mont Tycho a 82 500 mètres de diamètre!

On s'est demandé si la Lune était, ou plutôt si elle pouvait être habitée. On peut répondre avec assurance que si la vie existe à la surface de la Lune, elle doit être singulièrement différente de la nôtre. Il paraît admis, en effet, que la Lune n'a pas d'atmosphère et nous concevons mal comment, en l'absence d'air, des êtres organisés pourraient vivre et se développer.

« La surface de la Lune doit présenter partout une nature

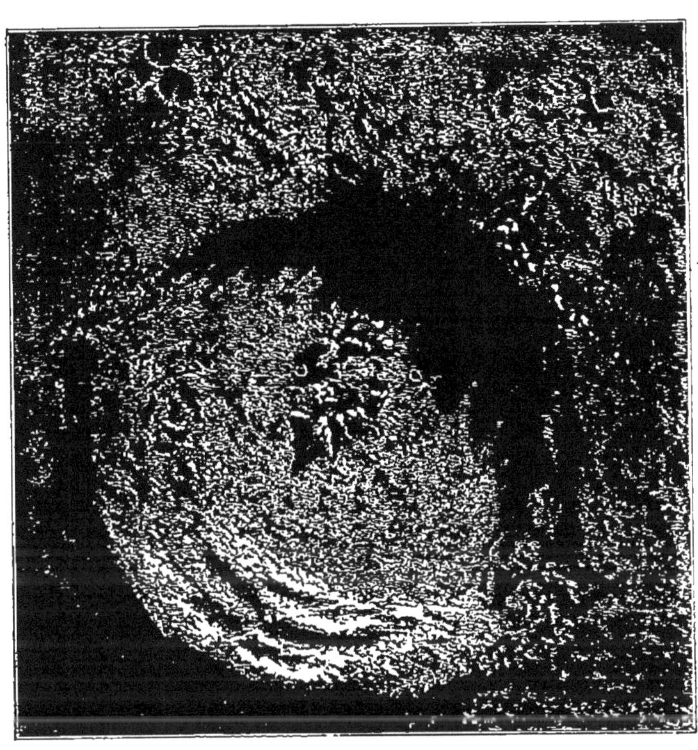

UNE MONTAGNE DE LA LUNE.

morte et sans végétation aucune. La température y est probablement très basse. En raison de l'absence d'eau et d'atmosphère, la configuration extérieure du globe lunaire a dû se conserver telle qu'elle était au moment où ce globe s'est solidifié. »

---

§ 4. — LES ÉCLIPSES

La Terre tourne autour du Soleil et décrit un cercle entier en une année. La Lune tourne autour de la Terre et décrit un cercle entier en un mois. Lorsque ces trois astres, Soleil, Terre, Lune, occupent les positions indiquées par l'ordre même dans lequel nous les nommons, les rayons du Soleil, arrêtés par la Terre, n'arrivent pas jusqu'à la Lune, qui est rendue en partie ou totalement invisible. Il y a éclipse de Lune.

Lorsque ces trois astres se présentent dans l'ordre suivant, Soleil, Lune, Terre, la Lune nous empêche de recevoir tous les rayons émanés du Soleil, qui devient alors totalement ou partiellement invisible. Il y a éclipse de Soleil.

Puisque la Lune accomplit en un mois sa révolution autour de notre planète, elle se trouve donc une fois par mois entre le Soleil et la Terre et, quinze jours après, de l'autre côté de la Terre par rapport au Soleil. Il semble donc qu'il devrait y avoir tous les mois une éclipse de Lune et une éclipse de Soleil.

Nous savons qu'il n'en est pas ainsi. Cela tient à ce que la Lune, dans ces deux positions, n'a pas toujours son centre sur la ligne qui joint les centres du Soleil et de la Terre ; ce centre est tantôt au-dessus, tantôt au-dessous du plan dans lequel se meut la Terre. Les éclipses n'ont lieu que lorsque le centre de la Lune se trouve dans le plan de l'orbite terrestre, qu'on appelle *écliptique* pour cette raison.

Tous les 18 ans 11 jours, la Lune reprend exactement la même position par rapport à la Terre et au Soleil. Les éclipses qu'on a observées pendant cette période se reproduisent donc en même nombre et à des époques correspondantes dans la période suivante. Ainsi, le 16 mars 1885 il y a eu une éclipse de Soleil; une pareille éclipse aura donc lieu le 16 + 11, ou 27 mars de l'année 1885 + 18 ou 1903. Ajoutons que l'observation a montré qu'en moyenne, dans l'espace de 18 ans 11 jours, il y a 70 éclipses, dont 29 de Lune et 41 de Soleil. Jamais il n'y a plus de 7 éclipses dans une année, et jamais il n'y en a moins de 2; quand il n'y en a que 2, elles sont toutes deux de Soleil.

Dans tous les temps, le phénomène des éclipses a eu le triste privilège de provoquer chez ceux qui les observaient la plus honteuse frayeur.

« Dans toutes les Indes orientales, raconte Fontenelle, on croit, quand le Soleil et la Lune s'éclipsent, qu'un certain dragon qui a les griffes fort noires, les étend sur ces astres dont il veut se saisir, et vous voyez pendant ce temps-là les rivières couvertes de têtes d'Indiens qui se sont mis dans l'eau jusqu'au cou, parce que c'est une situation très dévote selon eux et très propre à obtenir du Soleil et de la Lune qu'ils se défendent bien contre le dragon. » En Chine, en Perse, pour secourir la Lune attaquée par le dragon, on remplit l'air de cris et du bruit discordant de toutes sortes d'instruments. Certaines peuplades indiennes tirent des coups de fusil sur le dragon qui attaque la Lune. En Amérique, on était persuadé que le Soleil et la Lune étaient fâchés quand ils s'éclipsaient. Les Grecs crurent longtemps que durant les éclipses la Lune était ensorcelée et que des magiciennes la faisaient descendre du ciel pour jeter sur les herbes une certaine écume malfaisante !

Les éclipses ont joué un certain rôle dans l'histoire. Hérodote raconte que les Lydiens et les Mèdes furent en guerre pendant cinq années consécutives. Or, comme la guerre se soutenait avec des chances égales des deux côtés, la sixième année, un jour que les armées étaient aux prises, il arriva qu'au milieu du combat le jour se changea subitement en nuit. Les Lydiens et les Mèdes, effrayés de ce prodige, mirent fin au combat et firent la paix. Cette éclipse, prévue par Thalès de Milet, porte dans l'histoire le nom d'Éclipse de Thalès.

Vous connaissez l'aventure de Christophe Colomb. Après les fatigues et les dangers d'un long voyage, Colomb aborde enfin le Nouveau Monde; mais les naturels, loin de l'aider et de lui fournir des provisions, le reçoivent avec des menaces. Colomb, sachant qu'une éclipse de Lune va avoir lieu, les réunit, leur annonce que l'astre des nuits, en punition de leurs mauvais desseins, va se voiler. Et en effet la Lune ne tarde pas à disparaître. Les naturels effrayés se rendent auprès de Colomb, le supplient d'arrêter la vengeance céleste, et lui offrent tout ce qu'il désire. Colomb consent à apaiser les dieux et la Lune reparaît enfin.

Tacite, dans ses Annales, parle d'une éclipse dont Drusus se servit pour apaiser une sédition très violente qui s'était élevée dans son armée. Plutarque raconte que « Nicias, général athénien, avait résolu de quitter la Sicile avec son armée; une éclipse de Lune dont il fut frappé, lui fit perdre le moment favorable et fut cause de la mort du général et de la perte de son armée. » Alexandre le Grand, avant la bataille d'Arbelles, fut obligé de rassurer son armée effrayée d'une éclipse de Lune; il ordonna des sacrifices au Soleil, à la Lune et à la Terre, comme aux divinités qui causaient ces éclipses.

Plutarque raconte l'histoire suivante, qui fait honneur aux connaissances astronomiques de Périclès : « Ce grand général conduisait la flotte des Athéniens; il arriva une éclipse de Soleil qui causa une épouvante générale; le pilote même tremblait. Périclès le rassura par une comparaison familière; il prend le bout de son manteau, et, lui en couvrant les yeux, il

INDIENS TIRANT SUR LE DRAGON.

lui dit : « Crois-tu que ce que je fais là soit un signe de malheur? — Non, sans doute, dit le pilote. — Cependant c'est aussi une éclipse pour toi, et elle ne diffère de celle que tu as vue, qu'en ce que la Lune étant plus grande que mon manteau, elle cache le Soleil à un plus grand nombre de personnes. »

Dans son Histoire de l'astronomie chinoise, le père Gaubil donne les curieux détails qui suivent : « L'empereur de Chine est considéré comme le fils du Ciel, et, à ce titre, son gouvernement devait offrir l'image de l'ordre immuable qui régit les mouvements célestes. Quand les deux grands luminaires, le Soleil et la Lune, au lieu de suivre séparément leurs routes propres, venaient à se croiser dans leur cours, la régularité de l'ordre du Ciel semblait dérangée; et la perturbation qui s'y manifestait devait avoir son image, ainsi que sa cause, dans les désordres du gouvernement de l'empereur. Une éclipse de Soleil était donc considérée comme un avertissement donné par le Ciel à l'empereur d'examiner ses fautes et de se corriger.... On se préparait à l'éclipse par le jeûne et en revêtant des habits de la plus grande simplicité. Au jour marqué, les mandarins se rendaient au palais avec l'arc et la flèche. Quand l'éclipse commençait, l'empereur lui-même battait du tambour pour donner l'alarme et, en même temps, les mandarins décochaient leurs flèches vers le ciel pour secourir l'astre éclipsé. » J'ai dit, page 31, le supplice qui attendait en Chine les astronomes qui avaient inexactement prédit l'arrivée d'une éclipse.

Vous pensez peut-être que ces superstitions remontent à un grand nombre de siècles et que les progrès de la science ont détruit toutes ces folies. Il n'en est rien, au moins en Chine. On trouve dans le recueil des lois de la Chine, recueil rédigé au dix-septième siècle, la note suivante :

« Toutes les fois qu'il arrive une éclipse de Soleil, on attache des pièces de soie à la porte du ministère des *rites* et, dans la grande salle, on place une table pour brûler des parfums au haut de la tour dite *de la rosée.* La garde impériale place 24 tambours des deux côtés, à l'intérieur de la porte I-men.... Tous les magistrats sont placés au haut de la tour, tournés du côté du Soleil. A un signal donné, tout le monde se met à genoux et la musique commence à se faire entendre.

« Chaque magistrat fait trois prosternations et neuf révérences, après quoi la musique s'arrête. Le Kiao-ssc-Kouan s'avance avec un tambour et la baguette du tambour; ensuite il frappe le tambour pour délivrer le Soleil. Le président du ministère des rites frappe trois coups de tambour, et alors on frappe tous les tambours ensemble. Quand le président du bureau de l'astronomie a annoncé que l'astre a recouvré sa forme arrondie, les tambours s'arrêtent. Chaque magistrat s'agenouille trois fois, et frappe neuf fois la terre de son front. La musique recommence; quand ces cérémonies sont finies, la musique s'arrête. Puis tous les magistrats se retirent chacun de leur côté. »

Ne vous hâtez pas de sourire de la crédulité des autres peuples; il faut hélas! avouer que dans notre propre pays, il y a tout au plus deux cents ans, à l'occasion d'une éclipse de Soleil, quantité de gens terrifiés se cachèrent dans leurs caves. Le chroniqueur Loret nous a conservé le souvenir de ces sottises dans ces vers extraits de sa *Muse historique :*

De la grande éclipse solaire
Qui dans quatre jours se doit faire
Et qui rend maint esprit bourru
Je n'ai point encore discouru.
. . . .

Et, quatre jours après il écrit :

Quelques heures avant midi
L'alarme fut tout à fait chaude
Parmi la nation badaude

Où les pronostics d'Ambréas
Causèrent bien des embarras.
On dit lors mainte patenôtre,
Et, d'une façon ou d'une autre,
Chacun se précautionna.
Tel au point du jour déjeuna;
Tel se creva de thériaque
En regardant le Zodiaque;
Tel alla chez le charlatan
Acheter de l'orviétan.
Beaucoup de gens, et des plus braves,
Se cachèrent au fond des caves.

« Il devrait y avoir, dit Fontenelle, un arrêt du genre humain qui défendît qu'on parlât jamais d'éclipse, de peur que l'on ne conserve la mémoire des sottises qui ont été faites ou dites sur ce chapitre-là.

Les éclipses de Lune, je l'ai dit déjà, sont produites par l'ombre projetée par la Terre sur la Lune. Ces éclipses peuvent être partielles ou totales. Quand elles se produisent, il faut, pour qu'on puisse les observer, d'abord que la Lune soit visible dans le lieu de l'observation, ou, comme l'on dit, que la Lune soit levée.

Les éclipses de Lune n'ont lieu qu'au moment de la pleine Lune, et il semble qu'il soit absolument nécessaire qu'au moment de l'éclipse le Soleil ait disparu au-dessous de l'horizon. On comprend, en effet, que l'observateur ne sera placé dans l'ombre projetée par la Terre qu'autant que le Soleil sera au-dessous du plan horizontal passant par le lieu d'observation; c'est ce plan que nous appelons l'horizon. On devrait conclure de ce que nous venons de dire qu'il n'est jamais possible d'apercevoir en même temps la Lune et le Soleil au moment d'une éclipse de Lune. Cependant, dans certains cas, on peut pendant quelques instants observer à la fois ces deux astres : il suffit de se rappeler qu'on peut voir le Soleil même après qu'il a disparu sous l'horizon. L'enveloppe gazeuse qui entoure notre Terre agit sur les rayons lumineux qui la traversent exactement, comme l'eau qui brise, on le sait, l'image des objets plongés dans ce liquide. Ce phénomène est connu sous le nom

LES ÉCLIPSES.

de *réfraction*. A cause de la réfraction, les astres ne sont pas exactement là où nous les voyons; ils paraissent tous *relevés*, c'est-à-dire plus près du zénith qu'ils ne le sont en réalité. C'est pour cette raison que nous apercevons le Soleil, le matin, avant qu'il soit réellement levé et que nous le voyons encore, le soir, même après qu'il a disparu sous l'horizon.

Si donc, au moment de l'éclipse, le Soleil vient seulement de disparaître, on l'apercevra encore pendant quelques instants, grâce au relèvement produit par la réfraction. Ce phénomène

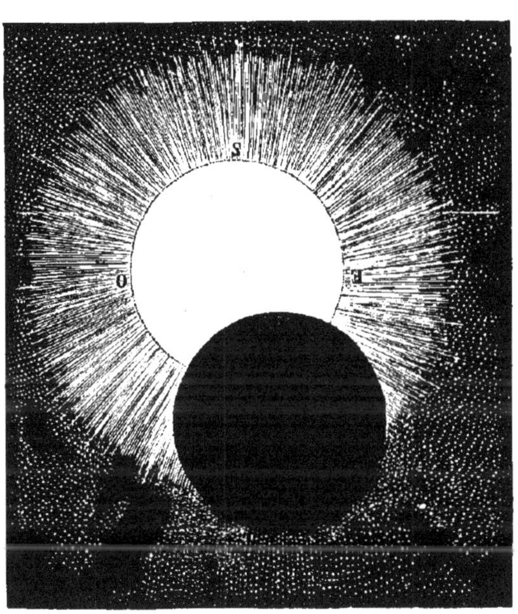

ÉCLIPSE DE SOLEIL.

curieux est assez rare; pour l'apercevoir, l'observateur devra être placé dans un lieu suffisamment découvert et élevé d'où il pourra voir disparaître le Soleil à l'horizon. On cite les éclipses de 1666, de 1668, de 1750, comme ayant présenté cette circonstance singulière; nos lecteurs ont pu contempler ce phénomène le 16 décembre 1880 : il y avait plus d'un siècle qu'on ne l'avait observé.

Bien que complètement éclipsée, la Lune conserve encore

une faible lumière, due aux rayons lumineux réfractés par l'atmosphère. Cette lumière a une teinte rougeâtre très prononcée, due à l'action que l'air exerce sur la lumière blanche du Soleil. L'air arrête une portion de la lumière qui la traverse et la réfléchit dans toutes les directions, ce qui donne lieu à la lumière diffuse; mais cette action ne s'exerce pas également sur les sept couleurs élémentaires qui composent la lumière blanche. Les rayons de l'extrémité violette (violet, indigo, bleu) sont arrêtés en plus grand nombre que ceux de l'extrémité rouge (jaune, orangé, rouge).

La couleur bleue du ciel est due à la diffusion de cette lumière violette retenue par l'air, tandis que la couleur rouge des nuages, au moment du coucher du Soleil, est produite par les rayons rouges que l'air laisse passer. Quand le Soleil est à l'horizon, sa lumière traverse une couche plus épaisse d'air, et la séparation des rayons violets et rouges est plus complète.

C'est pour la même raison que la lumière qui éclaire la Lune, au moment d'une éclipse totale, lumière envoyée par l'atmosphère, a une teinte rougeâtre.

Puisqu'une éclipse de Lune est produite par l'ombre de la Terre, on comprend que la forme de cette ombre puisse nous renseigner sur la forme de notre planète. Si l'on observe, en effet, l'ombre de la Terre, on voit qu'elle a la forme d'un cercle : on en conclut que notre planète a la forme d'un globe sphérique.

Dans une éclipse de Lune, tous les observateurs voient *au même instant* la Lune pénétrer dans l'ombre de notre planète, et cela se comprend, puisque le phénomène est dû à la suppression de la lumière envoyée par le Soleil.

Dans une éclipse de Soleil, au contraire, l'éclipse est due à la présence d'un corps opaque, la Lune, placé entre le Soleil et nous. Suivant la position de l'observateur par rapport à la Lune, on verra donc un peu plus tôt ou un peu plus tard le commencement de l'éclipse. Supposons qu'un toit de cheminée nous cache le Soleil; en nous déplaçant un peu nous reverrons l'astre éclipsé, qui sera caché de nouveau lorsque, quelques instants après, le Soleil, dans son mouvement apparent, sera revenu en ligne droite avec notre œil et l'obstacle.

Pour cette même raison, en même temps qu'il y a éclipse

PROTUBÉRANCES SOLAIRES.

totale ou annulaire pour certains points de la surface de la Terre, il y a éclipse partielle pour un grand nombre d'autres points.

Les éclipses totales de Soleil sont extrêmement rares et, pour cette raison, ont toujours vivement frappé non seulement les hommes, mais les animaux. A l'instant même où l'on cesse complètement de recevoir les rayons du Soleil, on éprouve involontairement un vague sentiment de crainte. Nous empruntons à François Arago les détails qui suivent.

Au moment d'une éclipse totale on a vu souvent des oiseaux tomber morts de frayeur, des chevaux qui labouraient la terre s'arrêter et refuser d'avancer, des chiens se cacher entre les jambes de leur maître, des poules se réfugier sous le ventre d'un cheval.... « Un habitant de Perpignan priva, à dessein, son chien de nourriture, à partir de la veille de l'éclipse totale de juillet 1842. Le lendemain matin, au moment où l'éclipse

VERRE NOIRCI.

totale allait avoir lieu, il jeta un morceau de pain au pauvre animal, qui commençait à le dévorer, lorsque les derniers rayons du Soleil disparurent. Aussitôt le chien laissa tomber le pain; il ne le reprit qu'au bout de deux minutes, après la fin de l'obscurité totale, et le mangea alors avec une grande avidité. »

Les insectes eux-mêmes sont impressionnés par l'éclipse. « Je m'étais assis, écrit un observateur à Arago, devant un petit sentier, tracé par des fourmis que le hasard me fit rencontrer. Elles travaillaient avec leur vivacité accoutumée; toutefois, à mesure que le jour diminuait, leur marche se ralentissait;

elles paraissaient éprouver de l'hésitation. A l'instant où le Soleil disparaissait entièrement, je remarquai, malgré la faible lumière qui nous éclairait alors, que les fourmis s'arrêtèrent, mais sans abandonner les fardeaux qu'elles traînaient. Leur immobilité cessa dès que la lumière eut repris une certaine force, et bientôt elles se remirent en route. »

En 1842, à l'occasion d'une éclipse totale de Soleil, on aperçut pour la première fois un phénomène bien curieux. Au moment où le disque de la Lune couvrit celui du Soleil, on vit des protubérances d'un rose violacé dont la véritable nature ne fut connue que vingt-cinq ans plus tard. Ces protubérances ne sont autre chose que des masses considérables de gaz incandescent, composé principalement d'hydrogène, qui s'élèvent au-dessus de la surface du Soleil, et qui éprouvent des défor-

OMBRE DES FEUILLES PENDANT UNE ÉCLIPSE.

mations et des déplacements énormes dans l'espace de peu de temps

Il est impossible de regarder le Soleil pour suivre les diverses phases d'une éclipse partielle; on ne peut le faire qu'en plaçant devant les yeux un verre coloré, ou bien un verre blanc que l'on a préalablement recouvert de noir de fumée en le passant au-dessus de la flamme d'une chandelle.

Si l'on présente au Soleil, pendant une éclipse partielle, une plaque mince de métal ou une carte dans laquelle on a pratiqué un petit trou avec une épingle, puis qu'on place en arrière un écran destiné à recevoir les rayons solaires qui traversent le trou, on voit sur cet écran une image du disque du Soleil avec l'échancrure produite par l'interposition de la Lune.

Le feuillage des arbres laisse souvent passer quelques rayons du Soleil qui viennent éclairer certaines parties du sol, au milieu de l'ombre que ce feuillage occasionne. Les interstices des feuilles jouent alors le rôle que nous venons de voir jouer au petit trou pratiqué dans une carte; il en résulte que les parties du sol éclairées sont elliptiques. Pendant les éclipses de Soleil, l'échancrure plus ou moins prononcée du disque de l'astre se reproduit dans ces espaces clairs au milieu de l'ombre, et ils prennent la forme d'ellipses échancrées toutes du même côté et de la même quantité. Nous engageons nos jeunes lecteurs à faire, à l'occasion, cette intéressante observation.

LA DISTANCE DES ASTRES A LA TERRE

§ 1. — COUP D'ŒIL D'ENSEMBLE

Avant de vous expliquer comment il a été possible à l'homme de mesurer les distances qui le séparent du Soleil, de la Lune, des Étoiles..., il convient de résumer nos connaissances sur ce sujet.

Afin d'exciter la curiosité de nos jeunes lecteurs, nous commençons donc, contrairement à toutes les règles, par leur donner les résultats obtenus, persuadé que la grandeur du problème résolu leur inspirera le désir de connaître les moyens que les savants ont employés pour arriver à la solution.

La distance de la Terre à la Lune est de 380 000 kilomètres ou 95 000 lieues.

La distance de la Terre au Soleil est de 152 000 000 kilomètres ou 38 millions de lieues.

Arrêtons-nous. Ces nombres considérables confondent notre imagination, mais ne présentent rien de bien net à notre esprit. Pour nous rendre compte de ces énormes distances, il faut les comparer à des distances qui nous soient familières. Notre esprit a besoin de termes de comparaison. Quand nous voulons indiquer l'éloignement d'une ville, nous disons volontiers :

« Elle est à dix heures de Paris en chemin de fer ; » nous avons ainsi une idée plus nette de sa distance que si nous nous étions bornés à l'évaluer en kilomètres. Quand nous avons voulu exprimer la longueur de la circonférence de la Terre, nous avons préféré dire : « Elle est égale à cinquante fois la distance qui sépare Paris de Marseille, » ce qui se comprend bien, tandis que les 40 millions de mètres qui expriment exactement la longueur de cette ligne n'auraient rien représenté de précis à notre esprit.

Reprenons donc les résultats que nous avons donnés et essayons, au moyen de comparaisons diverses, de les faire comprendre à nos lecteurs.

La Lune est relativement très voisine de la Terre. 95 000 lieues, cela fait soixante fois le rayon ou 30 fois le diamètre de notre planète. Si donc nous placions trente globes égaux à la Terre à la suite les uns des autres, le dernier serait à la distance de la Lune. 95 000 lieues! c'est à peu près exactement 9 fois et demie la circonférence de la Terre, c'est-à-dire encore 450 fois la distance de Paris à Marseille.

Je suppose qu'une explosion ait lieu à la surface de la Lune et que le bruit soit assez intense pour être entendu de la Terre ; sait-on au bout de combien de temps ce bruit nous parviendra?

On a fait d'intéressantes expériences sur la vitesse du son. Les premières mesures exactes ont été effectuées en 1738 ; notre gravure représente l'expérience faite en 1822 par Arago, Gay-Lussac, de Humboldt.... Des pièces de canon avaient été installées à Montlhéry et à Villejuif ; il avait été convenu qu'à partir d'une certaine heure des coups seraient tirés à des intervalles de temps égaux ; les observateurs mesuraient le temps écoulé entre l'apparition de la lumière et l'arrivée du bruit. Les deux stations étaient à 18 613 mètres de distance et le son mettait de 54 à 55 secondes à franchir cette distance. On en conclut que la vitesse du son était de 340 mètres par seconde.

Si donc nous reprenons notre hypothèse d'une explosion à la

surface de la Lune, on voit que le bruit ne parviendra à la Terre que 12 jours 22 heures après[1].

Un boulet de canon ayant une vitesse de 500 mètres à la seconde n'arriverait à la Lune qu'au bout de 760 000 secondes, c'est-à-dire 8 jours 19 heures. Il faut supposer, bien entendu,

MESURE DE LA VITESSE DU SON.

que durant cet immense trajet le boulet ne perdra rien de sa vitesse.

1. Les éléments de ce calcul, d'ailleurs très simple, sont les suivants : 95 000 lieues, cela fait 380 000 kilomètres ou 380 000 000 mètres. Le son parcourt 340 mètres en une seconde, ou 1 mètre en $\frac{1^s}{340}$, et, par conséquent, 380 000 000 mètres en $\frac{380\,000\,000}{340}$ secondes. Le calcul donne 1 117 647 secondes. On sait que dans un jour il y a 24 heures, ou 24×60, c'est-à-dire 1440 minutes, ou 1440×60, c'est-à-dire 86 400 secondes. En divisant 1 117 647 par 86 400, on trouve 12 jours et un reste qui équivaut à 22 heures.

Faisons encore une hypothèse qui, si elle se réalisait, réduirait en miettes notre planète. Supposons qu'un beau jour, ou pour mieux dire qu'en un jour funeste, la Lune, n'étant plus retenue dans le cercle qu'elle décrit autour de notre globe, vienne se précipiter sur la Terre. Si nous sommes prévenus de l'accident, pourrons-nous, je ne dirai pas l'éviter, mais employer quelque temps à nous préparer à la mort?

Bien qu'on ne sache pas si la Lune en tombant se comporterait exactement comme les corps qui tombent à la surface de la Terre, on peut admettre qu'il lui faudrait plusieurs heures : 18 disent les uns, 144 disent les autres, avant de nous atteindre.

Enfin, rappelons que la vitesse de la lumière est beaucoup plus considérable que celle du son ; vous en avez un exemple frappant lorsque, par un temps orageux, le tonnerre se fait entendre. « Avant de percevoir le bruit déterminé par cette forte étincelle électrique qui constitue le phénomène du tonnerre, nous sommes prévenus de la détonation par l'apparition de l'éclair. L'étincelle électrique a déterminé simultanément un phénomène lumineux et un bruit violent ; l'éclair nous apparaît tout d'abord, précisément à cause de la plus grande vitesse de la lumière. » Tandis que le son ne parcourt que 340 mètres en une seconde, la lumière franchirait pendant le même temps une distance de 75 000 lieues! Si donc on pouvait allumer sur la Terre un phare assez puissant pour qu'il fût aperçu de la Lune, ce n'est qu'une *seconde un quart* après avoir été allumé qu'il serait aperçu des habitants de la Lune, si la Lune était habitée!

Le Soleil est beaucoup plus éloigné de nous que notre satellite, la Lune. Sa distance est de 38 millions de lieues, c'est-à-dire douze mille fois le diamètre de la Terre. Cette distance peut être représentée par un chapelet de 12 000 grains placés à côté les uns des autres, chacun de ces grains ayant un volume égal à celui de notre Terre.

Un boulet de canon partant de la Terre avec une vitesse de 500 mètres par seconde mettrait 10 années avant d'atteindre le Soleil.

Une locomotive parcourant 100 kilomètres à l'heure, c'est-à-dire animée de la plus grande vitesse que possèdent actuellement nos trains de chemin de fer, mettrait 5 mois et 8 jours pour arriver à la Lune; cette même locomotive n'atteindrait le Soleil qu'au bout de 200 ans!

Enfin, la lumière met 8 minutes et demie à nous arriver du Soleil, c'est-à-dire que lorsque nous apercevons le lever de l'astre radieux, il y a déjà 8 minutes et demie qu'il est au-dessus de l'horizon.

Nous pourrions continuer longtemps encore ces intéressantes comparaisons. Mais il faut se borner. Contentons-nous donc de résumer, sous forme de tableaux, les résultats certains obtenus par les astronomes sur la distance qui nous sépare des astres.

Plaçons-nous au centre du Soleil et laissons-nous emporter par un train rapide vers toutes les planètes. Voici, dans l'ordre, toutes les stations que nous rencontrerons: Mercure, Vénus, la Terre, Mars, Jupiter, Saturne, Uranus, Neptune.

Si le train se meut avec une vitesse de 100 kilomètres à l'heure, nous atteindrons :

Mercure	au bout de	67	années
Vénus	—	123	—
La Terre	—	170	—
Mars	—	259	—
Jupiter	—	900	—
Saturne	—	1626	—
Uranus	—	3261	—
Neptune	—	5107	—

Ces nombres ne donnent-ils pas le vertige?

Nous dirons dans un chapitre spécial comment on a déterminé les distances des étoiles à la Terre. Donnons un seul résultat : la lumière, avons-nous dit, parcourt 75 000 lieues par seconde; eh bien! la lumière qui nous vient de l'étoile la plus rapprochée met trois ans à parvenir jusqu'à nous. Voulez-vous faire le calcul? Multipliez les 3 années par 360 jours pour avoir les jours, le produit par 24 pour avoir les heures, puis multipliez successivement ce produit par 60 pour avoir les minutes; puis encore par 60 pour avoir les secondes. Quand vous aurez obtenu ce dernier produit, vous le multiplierez par 75 000, et vous aurez le nombre de lieues qui nous sépare de l'étoile la plus voisine.

J'indique seulement le calcul :

$$3 \times 360 \times 24 \times 60 \times 60 \times 75\,000 \text{ lieues}$$

et le résultat brut :

7 000 000 000 000 lieues !!!

Sept billiards de lieues! L'imagination est confondue. Sans doute nous nous sentons petits et singulièrement isolés dans l'espace, quand nous songeons à l'étendue de ce vaste Univers; mais aussi combien nous devons admirer l'intelligence de la créature humaine qui a pu s'élever jusqu'à la contemplation des merveilles célestes et arracher à la nature ses secrets!

Mais voici une bien curieuse conséquence de l'éloignement des étoiles! Si une étoile apparaissait tout à coup dans le ciel, nous ne l'apercevrions qu'au bout de trois années au moins; si une étoile disparaissait brusquement, nous la verrions encore pendant trois ans, car les rayons lumineux qu'elle envoie en ce moment même ne nous parviendront qu'au bout de ce temps. Mais je parle toujours de trois années en songeant à la plus voisine des étoiles; que dire des plus éloignées? Les rayons lumineux qu'elles nous envoient sont partis il y a dix, vingt ans, des siècles, des milliers d'années! Arago a dit avec raison : « L'aspect du ciel, à un instant donné, nous raconte pour ainsi dire l'histoire ancienne des astres. » M. Guillemin nous dit : « Nous ne voyons pas le ciel *comme il est*, mais comme il était, non pas même comme il était à une époque donnée, mais à la fois à plusieurs époques, à une infinité d'époques données ; de sorte que chaque étoile pourrait être annotée d'une date particulière de l'histoire du ciel. Ici nous assistons au spectacle d'une nébuleuse contemporaine d'Homère ; là ce soleil nous envoie des feux qui datent de Périclès ; la lumière de la Chèvre est en route depuis le commencement du dix-neuvième siècle. Et ainsi à l'infini. Spectacle étrange, qui laisse la pensée s'abîmer devant la bizarrerie d'un fait où viennent se confondre à la fois, sans contradiction pour la raison, les temps et les distances ! »

---

§ 2. — DE LA TERRE A LA LUNE

Quand nous voulons mesurer la distance qui sépare deux localités à la surface de la Terre, nous n'éprouvons en général aucun embarras. Si cette distance est relativement petite et si le chemin qui conduit de l'une à l'autre est très praticable, il suffira de compter le nombre des mètres qui doivent être placés à la suite les uns des autres pour atteindre la localité éloignée. Cependant, quand bien même cette distance ne serait que de quelques centaines de mètres, il n'est guère pratique de se baisser plusieurs centaines de fois pour déplacer une règle sur le sol, d'autant mieux qu'il serait trop facile de commettre des erreurs et de ne plus se souvenir d'un nombre auquel on se serait arrêté.

On pourra prendre une mesure plus grande, un décamètre par exemple, c'est-à-dire une mesure de dix mètres; c'est précisément la longueur qui est utilisée par les géomètres sous le nom de *chaîne d'arpenteur*. Quand l'opérateur est arrivé au bout de la chaîne, il fixe en terre une tige de fer qu'on appelle *jalon*. Le dixième jalon indique une distance de cent mètres. La chaîne est d'ailleurs formée de cinquante morceaux de gros fils de fer reliés par des anneaux en fer; un anneau de cuivre indique la distance de chaque mètre. Nos lecteurs ont tous aperçu, sur les grandes routes, des bornes dites kilométriques parce qu'elles marquent en kilomètres la distance parcourue, et ils se rappellent qu'entre chacune de ces bornes se trouvent dix petites bornes qui jalonnent la route de cent en cent mètres.

Ce procédé n'est d'ailleurs pas le seul qu'on puisse employer, et, par exemple, nous avons dit déjà que Fernel, médecin du roi Henri II, désirant connaître la longueur du méridien terrestre, mesura vingt-cinq lieues sur la route de Paris à Amiens en comptant le nombre des tours d'une des roues de sa voiture; il est bien entendu qu'il avait au préalable déterminé la circonférence de cette roue. Ce procédé, qui paraît grossier, car la voiture peut ne pas toujours suivre la ligne droite, a été

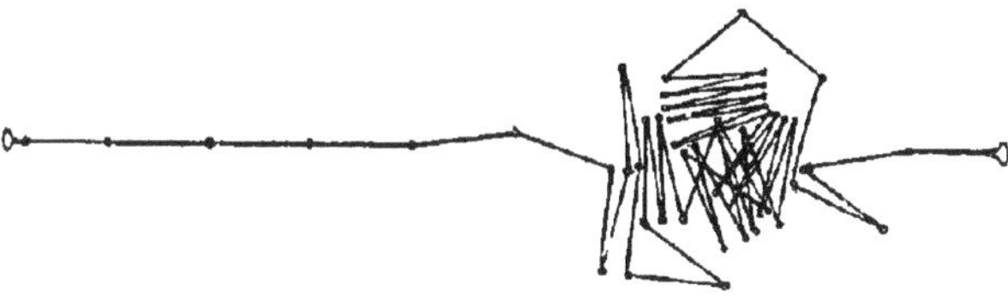

LA CHAINE D'ARPENTEUR.

rajeuni, pour ainsi dire, dans ces derniers temps. Nos compagnies de voitures publiques, désirant faire payer aux voyageurs un tarif proportionné à la course qu'ils voulaient faire, avaient imaginé de relier une des roues de la voiture avec un compteur, de telle sorte que, sans contestation possible, le voyageur avait à payer, en arrivant à destination, le prix correspondant au nombre de kilomètres indiqué sur un cadran. Ce système n'a pas donné de bons résultats, peut-être à cause du mauvais vouloir des cochers, qui ont tout intérêt à dissimuler une partie de leur recette.

Toutefois les deux systèmes que nous avons décrits sont inapplicables dans un grand nombre de cas. Comment mesurer la distance de deux objets séparés par une rivière, par une montagne? Comment mesurer la hauteur d'une tour? Comment enfin trouver la distance d'un point de la Terre à un astre, lequel est tout à la fois très élevé et inaccessible? La réponse à ces trois questions est la même; aussi, avant d'aborder ce curieux problème de la distance d'un astre à la Terre, allons-nous étudier le cas le plus simple: celui de deux objets terrestres séparés par un obstacle infranchissable.

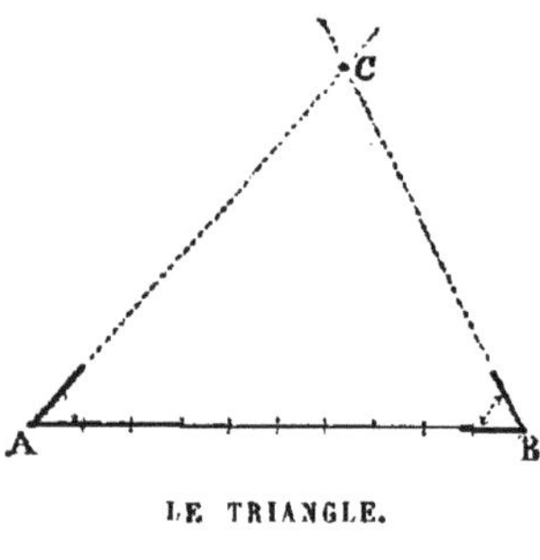

LE TRIANGLE.

Vous connaissez la figure de géométrie qu'on appelle un triangle. Dans une pareille figure on distingue six éléments : les trois côtés et les trois angles. Pour construire un triangle, il suffit de connaître trois des six éléments, à la condition que parmi ces trois éléments il y ait au moins un côté. Ainsi, je suppose qu'on me donne les trois côtés d'un triangle; voici comment je le construirai : Sur une ligne indéfinie je prends une longueur AB égale à l'un des côtés; puis, avec un compas, je mesure le second côté. Alors, appliquant en A la pointe du compas, je décris avec l'autre extrémité, munie d'un crayon, un arc de cercle. Cette première opération terminée, je mesure avec le même compas le troisième côté; je place en B la pointe du compas et je décris un second arc de cercle avec l'extrémité libre de l'instrument. Les deux arcs de cercle se rencontrent en un point C. Si je joins ce point C aux deux points A et B, j'obtiens le triangle CAB, qui est bien le triangle cherché. Cette figure

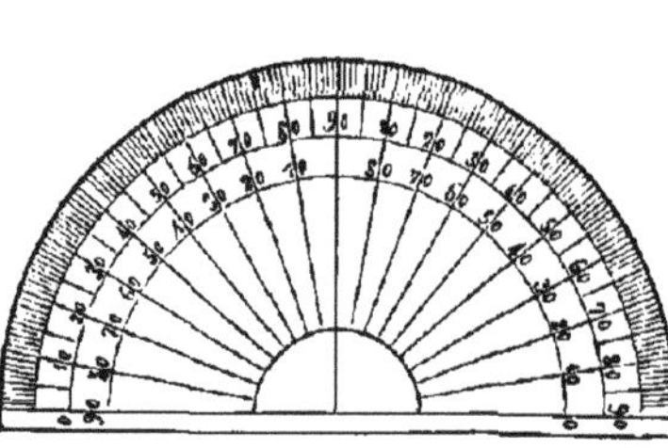

LE COMPAS ET LE RAPPORTEUR.

étant ainsi construite, il m'est facile d'évaluer, à l'aide du petit instrument appelé *rapporteur*, la valeur des angles A, B, C; je saurai d'ailleurs si mes lectures d'angles sont bien exactes,

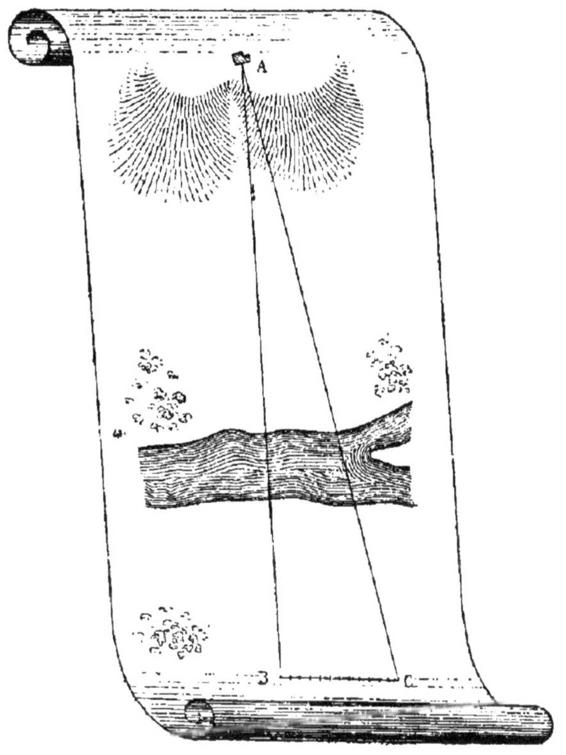

TRIANGLE SERVANT A CONNAITRE LA DISTANCE D'UN POINT INACCESSIBLE.

car la somme de ces trois angles devra toujours être égale à deux angles droits.

Si l'on m'avait donné, au lieu des trois côtés, un côté et deux angles, par exemple le côté AB et les deux angles A et B, voici comment j'aurais opéré. Sur une ligne indéfinie j'aurais pris une longueur AB, égale au côté donné, et qui porte le nom de *base;* puis j'aurais placé le centre du demi-cercle rapporteur au point A en dirigeant suivant AB le diamètre de ce demi-cercle, et j'aurais mis un point au crayon sur le prolongement du rayon qui fait, avec le diamètre fixe, un angle égal à l'angle A. Joignant ce point au point A, j'ai la direction du

DISTANCE D'UN POINT INACCESSIBLE.

côté AC. Opérant de même au point B, j'aurai la direction BC, l'intersection des lignes AC et BC me donne le point C.

Ces premières notions indispensables étant connues, abordons le problème pratique.

Nous voulons connaître la distance d'un point B à un autre point A séparé du premier par une rivière. Je choisis sur le sol une direction bien horizontale et je trace une ligne BC dont je mesure la longueur, soit avec un mètre, soit avec une chaîne d'arpenteur. Me plaçant successivement en B et en C, je vise le point A à l'aide d'un instrument appelé *graphomètre*, qui se compose d'un demi-cercle de métal analogue au *rapporteur*, sur lequel peut se mouvoir soit une petite lunette, soit un système de deux plaques de cuivre munies de fentes verticales à travers lesquelles on aperçoit le point visé. Ce système porte le nom d'*alidade*. On détermine ainsi les deux angles CBA, BCA. Dans le triangle BAC on connaît donc la base et les deux angles de la base, on peut donc construire sur le papier un triangle égal et mesurer par conséquent la distance BA.

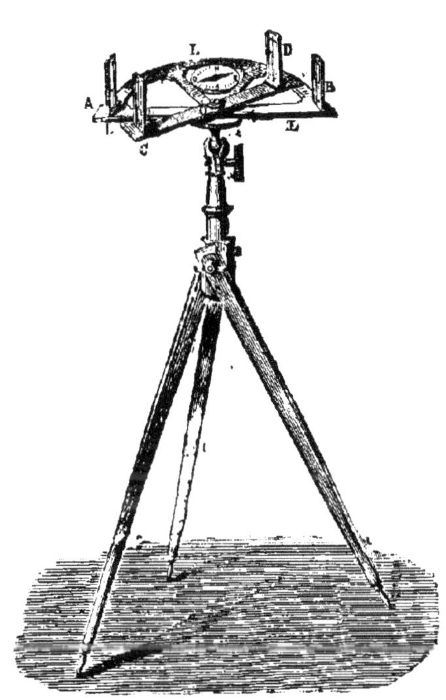

GRAPHOMÈTRE.

Notre gravure représente l'opération que nous venons de décrire. Le graphomètre est fixé sur un trépied; il possède deux alidades, l'une fixe, AB, dirigée suivant le diamètre de l'instrument, l'autre mobile, CD. L'observateur s'arrange de manière que le jalon C soit exactement dans le prolongement rectiligne des deux fentes de l'alidade fixe; puis il déplace l'alidade mobile jusqu'à ce que le point inaccessible soit dans le prolongement rectiligne des deux fentes de l'alidade mobile et, quand ce résultat est obtenu, il vient lire sur le cercle la division à laquelle cette alidade s'est arrêtée. Je n'ai pas encore dit, mais le lecteur a déjà compris, que le cercle du graphomètre est divisé en parties égales nommées degrés (chaque degré est la trois cent soixantième partie de la circonférence entière); chacun de ces degrés peut être divisé en soixante parties égales qu'on nomme minutes, et, si cela était facilement réalisable, on pourrait diviser chaque minute en soixante secondes. Les astronomes ont des moyens très précis d'évaluer non seulement les degrés, minutes et secondes, mais même les fractions de seconde. Nous ne nous arrêterons pas à ces détails : ce que nous voulons seulement faire connaître, c'est le principe de la méthode.

En installant maintenant le graphomètre à la place du jalon et *vice versa*, nous déterminerons de la même façon la valeur de l'angle BCA ; nous aurons donc en résumé, après avoir mesuré la distance BC, tous les éléments nécessaires pour construire le triangle BAC. L'opération que nous venons d'exécuter s'appelle *triangulation*, chacun comprend pourquoi.

Nous avons bien compris comment, connaissant la base BC et les deux angles en B et C, on pourrait *sur le papier*, à l'aide de la règle et du compas, reproduire un pareil triangle. Mais si le côté BC a vingt mètres, si la distance cherchée est de plusieurs kilomètres, de plusieurs lieues, de plusieurs milliers de lieues comme cela a lieu pour les astres, faut-il donc une feuille de papier gigantesque pour tracer un pareil triangle? Non, et les deux triangles représentés sur notre dessin vont nous donner la solution de cette sérieuse difficulté. Ces deux triangles ont leurs côtés parallèles; remarquons que leurs angles sont exactement les mêmes, les côtés seuls sont inégaux. Mais il y a entre les côtés correspondants AB et A'B', AC et A'C', BC et B'C' une relation très simple. Si A'B' est la moitié de AB, les deux autres côtés A'C', B'C' seront respectivement égaux à la moitié de AC et de BC; si A'B' n'est que le tiers, le dixième, le centième,... de AB, les deux côtés A'C' et B'C' seront aussi égaux au tiers, au dixième, au centième,... des côtés AC et BC. La conclusion est donc facile à tirer : sur le terrain j'ai pris une base de 30 mètres BC, et j'ai mesuré les deux angles B et C ; je construirai sur le papier un triangle dont la base n'aura que 3 décimètres, cent fois moins, et dont les angles seront encore B et C. Quand ce triangle aura été construit, je mesurerai la longueur BA : elle sera, je suppose, de

5 décimètres; j'en conclurai que la véritable distance cherchée est de 5 × 100 décimètres, c'est-à-dire 50 mètres. Plus cette distance sera grande, plus je serai obligé de diminuer mon *échelle* de construction. On sait d'ailleurs que, dans un grand nombre de circonstances, on est obligé de réduire un tableau, un dessin,.... à une échelle plus petite.

Mais voici une seconde difficulté, bien plus grande encore que la première. Si le point inaccessible que nous visons est très éloigné, il faudra prendre une base très longue, d'autant plus longue que ce point sera à une plus grande distance; on s'en aperçoit bien vite quand on veut exécuter la plus petite triangulation. En effet, plus le point visé est loin, plus l'angle

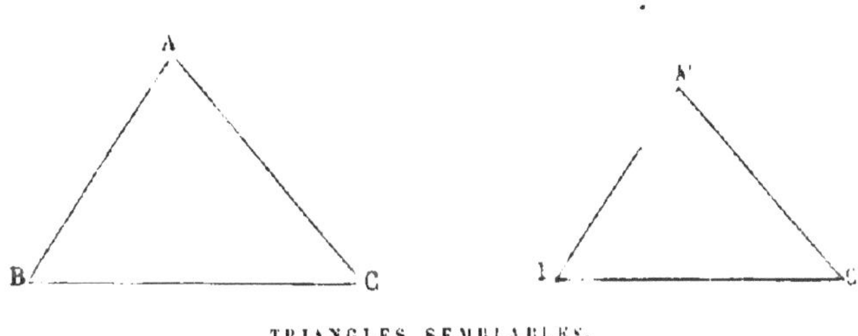

TRIANGLES SEMBLABLES.

BAC est petit; les deux lignes BA et CA se rapprochent de plus en plus du parallélisme : il faudrait réduire le dessin à une échelle des plus petites pour que le triangle tînt sur notre feuille de papier. Si même l'éloignement est considérable, ainsi que cela a lieu par exemple pour la Lune, le Soleil, les Étoiles,... il sera impossible de fermer le triangle, à moins que la base ne soit elle-même d'une longueur considérable. Or, à la surface de la Terre, il y a une limite que cette longueur ne peut pas dépasser : la plus grande distance qui puisse séparer deux observateurs est celle du diamètre de la Terre, c'est-à-dire environ trois mille lieues. Eh bien! dans ces conditions, est-il possible de mesurer la distance qui nous sépare de tous les astres? C'est ce que nous allons examiner.

L'astre le plus voisin de la Terre, c'est la Lune, son satellite. La première tentative faite pour évaluer la distance qui nous sépare de la Lune paraît due au philosophe Aristarque de Samos, qui vivait deux cent quatre-vingts ans avant notre ère; il trouva que cette distance devait être vingt fois moins grande que celle qui nous sépare du Soleil. D'ailleurs, comme on ne connaissait pas celle-ci, le seul résultat obtenu était un rapport de distance.

Ce furent deux physiciens français, Lacaille et Lalande, qui, en 1756, résolurent le problème qui nous occupe, en appliquant la méthode de triangulation que nous avons exposée plus haut.

L'abbé de Lacaille, né en 1713, fut un éminent astronome; à vingt-huit ans, l'Académie des Sciences le recevait dans son sein et on construisit pour lui un petit observatoire dans le collège Mazarin. En 1750, le gouvernement le chargeait d'une mission scientifique au cap de Bonne-Espérance, durant laquelle il mesura la distance de la Lune. « Entre autres qualités qui distinguaient Lacaille, dit Arago, on peut citer son désintéressement. Pour l'expédition au cap de Bonne-Espérance, dont la durée fut de quatre ans, on lui avait alloué 10 000 francs pour achat d'instruments, pour son entretien et celui d'un artiste qu'il emmena avec lui; il ne dépensa que 9145 francs, quoique, dans l'intervalle, il eût été chargé d'un travail imprévu au départ, de celui de la formation de la carte de l'île de France : au retour il remboursa le restant au Trésor. Il eut quelque peine à obtenir, *tant la chose était inusitée*, qu'on accueillît sa restitution. »

Quand Lacaille mourut, on reconnut avec quelque étonnement qu'il ne laissait aucune fortune. On apprit alors que ce grand astronome avait chaque année employé la presque totalité de ses revenus à acquitter des dettes que son père avait laissées en mourant.

L'astronome qui fut chargé d'observer la Lune, en Prusse,

en même temps que Lacaille au cap de Bonne-Espérance, n'avait que vingt ans: il s'appelait Lalande. Le très jeune savant se rendit à Berlin, ville située sur le même méridien que la station du Cap, et remplit sa mission avec le plus grand bonheur.

La cour de Frédéric, roi de Prusse, était ouverte à tous les académiciens et le jeune missionnaire fut traité comme eux. On raconte[1] que, dans un bal d'apparat, Lalande, qui ne savait pas danser, invita sans façon une princesse royale et brouilla toutes les figures. « Malgré les vifs reproches qui lui furent adressés, Lalande ne comprit jamais toute la gravité d'une faute où se révèle, au début de sa carrière, un des traits caractéristiques de son esprit; dans le danseur maladroit qui, à l'âge de vingt ans, bravait si tranquillement l'étiquette, on reconnaît assez bien, en effet, le vieil astronome qui devait, cinquante ans plus tard, faire annoncer dans la Gazette l'heure à laquelle il montrerait sur le Pont-Neuf l'anneau de Saturne et les satellites de Jupiter. »

L'astronome Lalande qui, durant cinquante années, se consacra à l'étude du ciel et enrichit d'un grand nombre de travaux importants la science des astres, est assez connu du public, qui répète sans raison qu'il se nourrissait volontiers d'araignées et qu'il était profondément irréligieux. Ce qu'il convient mieux de retenir, c'est qu'il attirait chez lui ceux de ses élèves du Collège de France qu'il voyait les plus attentifs, afin de les former aux observations astronomiques et aux calculs, et qu'il allait même jusqu'à les prendre en pension, pour les aider à réduire leurs dépenses. Incrédule et irréligieux, Lalande n'hésita pas pendant la Terreur à cacher dans son observatoire plusieurs prêtres dont la vie était menacée. « Si l'on vient faire des recherches, leur dit-il, nous vous ferons passer pour astronomes. » Et comme ils hésitaient : « Ce ne

1. Bertrand, *l'Académie des sciences*, p. 304.

sera pas un mensonge, reprit-il; vous vous occupez du ciel autrement, mais tout autant que moi. »

Donc Lacaille et Lalande entreprirent de mesurer la distance de la Lune à la Terre en s'établissant, le premier au cap de Bonne-Espérance, le second à Berlin. Sur notre gravure, Lalande est placé en A; Lacaille, en B. Pour exécuter la triangulation que nous avons indiquée, il aurait fallu tout d'abord mesurer la base AB; cette opération est impraticable, car on ne peut percer la couche terrestre. Nos astronomes mesurèrent donc l'angle que la verticale du lieu, dirigée suivant TAZ

DISTANCE DE LA LUNE A LA TERRE.

pour l'un et suivant TBZ' pour l'autre, fait avec l'horizon. Ils en déduisirent les angles ATC, CTB, par conséquent l'angle total ATB et la longueur de l'arc du méridien terrestre (AB) compris entre les deux stations. Quand on connaît la longueur d'un arc de cercle, il est facile de calculer la longueur de la corde qui joint ses extrémités : la distance rectiligne AB, base du triangle, était donc connue. Les deux astronomes visèrent en même temps le centre de la Lune, L, et, ne pouvant apercevoir la seconde station terrestre, ils mesurèrent l'angle que cette direction fait avec la verticale du lieu. Je n'insiste pas d'ailleurs sur les détails de l'opération. Après avoir mesuré les distances du centre de la Lune aux deux stations A et B, il restait à en déduire la distance des centres de la Terre et de la Lune; un calcul très simple permet d'obtenir ce résultat.

Il me resterait simplement à énoncer en kilomètres ou en lieues le résultat obtenu par Lalande et Lacaille; mais une objection se présente immédiatement à l'esprit. Puisque la Lune ne décrit pas un cercle parfait autour de la Terre, puisque tantôt notre satellite se rapproche et tantôt s'éloigne de nous, un seul résultat ne suffit pas.

A sa plus grande distance de la Terre, la Lune est éloignée de 101 564 lieues de 4 kilomètres; à sa plus courte distance, elle est éloignée de 90 812 lieues. La moyenne de ces distances est environ de 96 100 lieues.

Si l'on se rappelle que le rayon de la Terre a environ

TERRE ET LUNE. VRAIS RAPPORTS DE DIMENSION ET DE DISTANCE.

1500 lieues, on peut exprimer le résultat auquel nous sommes parvenus en disant :

A sa plus grande distance de la Terre, la Lune est éloignée de nous de 64 rayons terrestres.

A sa plus faible distance, la Lune est éloignée de nous de 57 rayons terrestres.

Dans la position moyenne de la Lune, la distance du centre de notre satellite au centre de la Terre est très approximativement égale à 60 rayons terrestres.

Nous avons représenté sur un dessin spécial la Terre et la Lune dans leurs proportions exactes de grandeur et de distance.

§ 3. — DE LA TERRE AU SOLEIL

La distance qui sépare Berlin du cap de Bonne-Espérance, distance comptée à la surface de la Terre, est de 2250 lieues. L'éloignement de ces deux stations a suffi, comme nous venons de le dire, pour permettre de calculer la distance de la Terre à la Lune; mais il aurait été impossible à Lacaille et à Lalande d'appliquer leur système d'observation au Soleil. On a dû chercher une autre méthode.

Nous avons rappelé que le philosophe Aristarque avait conclu de ses mesures que le Soleil était vingt fois plus éloigné de nous que la Lune. Si ce résultat était exact, le Soleil serait à une distance de 1200 rayons terrestres ou $1200 \times 1500 = 1\,800\,000$ lieues. Jusqu'au milieu du dix-huitième siècle les astronomes n'eurent que des idées très vagues sur l'éloignement du Soleil. Tycho-Brahé donnait la même évaluation qu'Aristarque; Képler triplait, sans raison plausible, le résultat de Tycho; Riccioli doublait la valeur donnée par Képler.... Lequel de tous ces nombres était le bon?

Avez-vous remarqué qu'un même objet nous paraît d'autant plus petit que sa distance à notre œil est plus grande? Voyez au loin cette allée d'arbres : chacun d'eux paraît tout petit; avancez de plus en plus : leur taille semble grandir, et lorsque nous sommes au pied même de l'arbre, il nous faut lever la tête pour en apercevoir le sommet. Si vous ne vous êtes jamais élevés en ballon, ce qui est bien probable, au moins vous avez gravi un monument très haut : l'arc de triomphe de l'Étoile ou la colonne de Juillet, à Paris; une montagne, une falaise, etc.; n'avez-vous pas remarqué combien les hommes, les objets de la plaine paraissaient petits? Vous avez même probablement quelque peu philosophé en songeant à ce fourmillement d'êtres presque microscopiques au sein desquels se heurtent tant de passions! Quand le bonhomme Lafontaine nous raconte l'histoire des bâtons flottants, quand il nous apprend que

De loin c'est quelque chose et de près ce n'est rien,

sa leçon morale nous frappe d'autant plus que c'est précisément le contraire qu'on observe réellement; c'est dans le sens figuré qu'il faut prendre son affirmation.

Ainsi, quand nous voulons connaître la véritable grandeur d'un objet, il faut, ou le mesurer s'il est à notre portée, ou nous rendre compte de sa distance s'il est placé loin de nous. Comment se fait-il qu'un même corps, un mètre par exemple, qui ne change certes pas de longueur quand on l'éloigne ou quand on l'approche, nous paraisse suivant les cas plus petit ou plus grand? Cela tient à ce que notre œil, en fixant simultanément les extrémités de ce mètre, l'aperçoit sous un certain angle, angle dont le sommet est dans notre œil et dont les côtés passent par les deux bouts de la règle. Approchez le mètre, l'angle augmente; reculez-le, l'angle diminue. C'est par la grandeur de cet angle que nous évaluons, à tort, la grandeur de l'objet. Nos sens nous trompent, sans doute, mais nous n'en sommes plus à nous étonner des erreurs des sens. Quand nous sommes en bateau et que nous regardons autour de nous, notre bateau ne nous paraît-il pas immobile et ne croyons-nous pas que ce sont les objets placés sur la rive qui sont en mouvement? Quand, en wagon, nous regardons les fils électriques disposés tout le long de la route, ne semble-t-il pas que ces fils s'élèvent et s'abaissent successivement? Quand nous avons fixé pendant quelques instants une étoffe rouge, n'avez-vous pas remarqué que les objets blancs nous paraissent verts? Je n'en finirais pas si je voulais énumérer toutes les illusions auxquelles nos sens sont sujets.

Revenant à la longueur des objets ou à leur éloignement, puisque ces deux résultats sont liés l'un à l'autre, nous pourrons, maintenant que nous sommes avertis, nous rendre compte d'une distance en mesurant l'angle sous lequel un objet de longueur bien connue nous apparaît. Disons en passant que cet angle porte en astronomie un nom particulier, quelque peu difficile à retenir : on l'appelle *parallaxe*. Ne croyez pas que ce mot se rattache de près ou de loin à cet autre mot, *parallèle*, que vous connaissez bien ; non, parallaxe vient d'un mot grec qui signifie changement. Jamais nom ne fut mieux donné, puisque la parallaxe d'un objet, c'est-à-dire l'angle qui, ayant son sommet à notre œil, passe par les extrémités de cet objet, *change* avec la distance.

Tout ceci étant bien entendu, si nous connaissons la longueur d'un objet, nous pourrons connaître sa distance rien qu'en mesurant l'angle sous lequel on le voit, c'est-à-dire sa parallaxe. Il suffira, en effet, d'avoir fait au préalable les quelques expériences suivantes : on place l'objet à un mètre, à deux mètres, à dix, à cent mètres..., on mesure l'angle sous lequel on l'aperçoit dans chacune de ses positions, et l'on peut ainsi dresser une table donnant la distance correspondant à un angle quelconque.

Quand il s'agit des astres, le mot parallaxe se rapporte à un angle particulier : c'est l'angle sous lequel on apercevrait le rayon de la Terre, si l'on était placé au centre de l'astre. Par le calcul, on a établi les résultats suivants : Un observateur placé dans l'espace et qui verrait le rayon terrestre sous un angle d'un degré, serait à une distance de la Terre exprimée par 57 fois ce rayon terrestre. Si, au lieu d'être un degré, l'angle était 60 fois plus petit, c'est-à-dire égal à une *minute*, la distance correspondante serait de 3438 rayons terrestres.... Nous donnons dans le tableau suivant les distances qui correspondent aux différentes valeurs de la parallaxe.

Parallaxe.	Distance à la Terre.
1 degré	57 rayons terrestres,
1 minute	3 438 —
10 secondes	20 626 —
5 secondes	41 253 —
1 seconde	206 265 —

Rappelons une fois de plus que ces expressions, minutes, secondes, ne correspondent pas du tout à des fractions du temps, ainsi que nous avons coutume de les considérer. Ce sont des mesures d'angles : un angle droit étant divisé en 90 parties égales appelées degrés ; chaque angle d'un degré étant divisé en 60 parties égales appelées minutes ; chaque angle d'une minute étant divisé en 60 parties égales appelées secondes.

Si donc on nous disait, par exemple, que la parallaxe du Soleil est de 8″,88, nous déduirions du tableau précédent que la distance du Soleil à la Terre est comprise entre 20 626 fois et 41 253 fois le rayon terrestre. Le nombre exact serait obtenu en divisant 20 6265 par 8,88 : le quotient donne 23 228 rayons terrestres. Et comme le rayon terrestre a environ 1500 lieues, la distance cherchée serait de 1500 × 23 228 lieues ou 35 millions de lieues environ.

Soit, nous avons compris tout cela. Nous devinons même que si l'on pouvait placer deux observateurs aux extrémités du rayon terrestre, il leur suffirait de viser le centre du Soleil, d'opérer en un mot la triangulation dont il a été question plus haut, pour pouvoir construire un triangle dans lequel l'angle opposé à la base serait précisément ce qu'on appelle la parallaxe du Soleil. En théorie tout cela paraît simple ; en est-il de même dans la pratique?

Deux difficultés se présentent : difficulté et même impossibilité de placer deux observateurs aux extrémités du rayon de la Terre ; difficulté de viser le centre de la surface brillante du Soleil.

On peut placer les deux observateurs en deux points quelconques de la surface de la Terre, pourvu que leur distance, bien mesurée, soit suffisamment grande. Leurs opérations étant effectuées comme nous l'avons dit à propos de la Lune, on déduira par un calcul assez simple la véritable parallaxe, de l'angle mesuré dans ces conditions. Voici une première difficulté écartée : connaissant l'angle sous lequel une corde de longueur connue est vue du Soleil, on calculera quel aurait été cet angle si la corde avait été précisément le rayon terrestre.

En second lieu, s'il n'est pas facile à deux observateurs de viser le même point du Soleil à cause de la surface brillante de cet astre, on peut profiter de certaines circonstances particulières. Et, par exemple, à certains moments on voit se détacher sur le Soleil un petit point noir, rond, très visible. Ce petit point rond, c'est la planète Vénus qui passe devant le Soleil ; quand cette apparition a lieu, deux observateurs visent simultanément Vénus et déterminent ainsi immédiatement la parallaxe de Vénus.

Mais ce n'est pas la distance de Vénus que nous cherchons en ce moment, c'est la distance du Soleil. Comment passer de l'une à l'autre? Nous le dirons plus loin, page 321. Pour le moment, quittons ce sujet quelque peu aride et racontons les incidents qui ont marqué les expéditions faites en vue d'obtenir la parallaxe de Vénus.

Ce fut un Anglais, l'astronome Halley, qui imagina de mesurer la distance du Soleil à la Terre, en déterminant la parallaxe de la planète Vénus, au moment où cet astre se trouve entre le Soleil et la Terre.

Halley naquit près de Londres en 1656. On raconte que sur les bancs de l'école il s'occupait déjà des questions les plus difficiles de l'astronomie et des mathématiques. Pendant qu'il terminait ses études, il observait les astres à l'aide de grossiers instruments et faisait de judicieuses remarques sur les mouvements des planètes. Quand il eut atteint sa vingtième année,

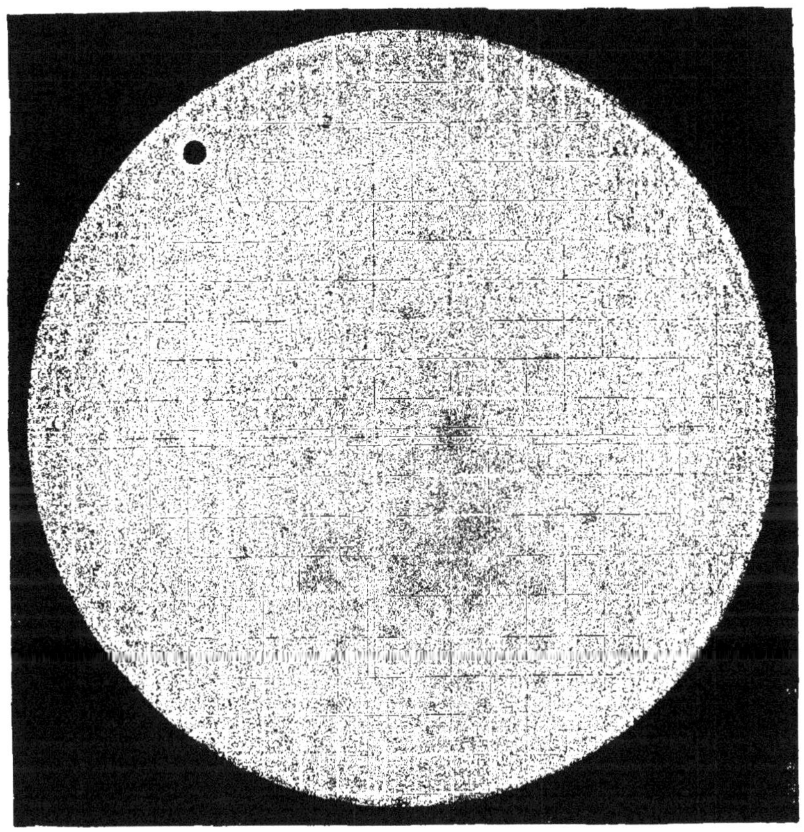

PASSAGE DE VÉNUS SUR LE SOLEIL.

Halley sollicita et obtint d'être envoyé à l'île Sainte-Hélène, afin d'observer les étoiles de l'hémisphère austral. Mais on peut dire qu'Halley n'eut jamais de chance! Nous allons voir comment la mauvaise fortune le poursuivit jusqu'à sa mort.

Halley quitte donc l'Angleterre, se rend à Sainte-Hélène muni

de sextants, de lunettes et... passe une année entière sans pouvoir, pour ainsi dire, à cause du ciel brumeux, se servir de ses instruments! Cependant Halley avait été témoin d'un passage de la planète Mercure devant le Soleil et cette observation lui suggéra plus tard l'idée d'utiliser les passages de Vénus devant le Soleil.

Halley revient en Angleterre, s'occupe des propriétés curieuses de l'aiguille aimantée et, afin de rechercher l'action de la Terre sur cette aiguille, sollicite le commandement d'un navire. Il l'obtient enfin. Mais des accidents de navigation et l'insubordination du commandant en second l'obligent à rentrer en Angleterre sans avoir accompli sa mission!

Halley se livre avec ardeur aux recherches astronomiques et devient, en 1720, directeur de l'Observatoire de Greenwich, près de Londres. Il s'occupe d'une manière spéciale de l'étude des comètes et reconnaît que certains de ces astres chevelus tournent régulièrement autour du Soleil et que, par conséquent, il est possible de prédire leur retour. Pour justifier cette assertion toute nouvelle, Halley entreprit de longs et pénibles calculs à l'occasion d'une belle comète qui venait d'apparaître. Lorsqu'il fut arrivé au bout de ce difficile travail, il reconnut que la comète devait reparaître en 1758 et que, par conséquent, il lui serait impossible d'assister au triomphe de sa théorie. Ses dernières paroles furent celles-ci : « Quand ma comète reviendra, en 1758, je demande que l'on se souvienne que c'est à un Anglais que l'on en doit la découverte. »

Ce n'est pas tout. Halley, avons-nous dit, montra le premier qu'on pouvait déterminer la distance du Soleil à la Terre en observant le passage de Vénus sur le Soleil; il reconnut, par ses calculs, que le plus prochain passage de Vénus n'aurait lieu qu'en 1761, dans 56 ans! Ceci se passait en 1705 et Halley était alors âgé de 50 ans!

La mauvaise fortune qui accompagna Halley s'attacha également à tous les astronomes qui partirent en mission pour observer les passages de Vénus, ainsi que nous allons le montrer.

Ce grand phénomène astronomique, le passage de Vénus devant le Soleil, n'arrive que deux fois par siècle et, chose assez bizarre, les deux passages ne sont séparés que par un intervalle de 8 années. Ainsi, depuis Halley, on a observé, au siècle dernier, deux passages : en 1761 et en 1769; nos astronomes ont assisté à ce spectacle en 1874 et en 1882. Il s'écoulera maintenant plus de cent années avant que la planète Vénus se place devant le Soleil. « Il semble, fait remarquer Bailly dans son *Histoire de l'Astronomie*, que par ces deux passages qui se succèdent à huit années d'intervalle, la nature ait voulu ménager une précieuse ressource à notre inexpérience. Nous avons besoin de nous familiariser avec les phénomènes; une première observation sert d'essai et de préparation. Les mêmes hommes qui avaient vu le passage de 1761 virent celui de 1769, et, mieux instruits des difficultés, ils surent mieux diriger leur attention et obtenir de meilleurs résultats. »

Ces passages de Vénus ne sont malheureusement pas visibles en tous les points de la Terre. De telle sorte que pour observer ce phénomène il faut entreprendre des voyages parfois longs et pénibles.

En 1761, parmi les cinquante-cinq astronomes de tous pays qui allèrent observer la planète, trois étaient Français et leur voyage fut une véritable odyssée : l'astronome Le Gentil partit pour Pondichéry, l'abbé Chappe d'Auteroche se rendit en Sibérie, et l'astronome Pingré fut envoyé à l'île Rodrigue.

Le Gentil quitta la France le 26 mars 1760, *plus d'une année* avant le passage de Vénus. Le 10 juillet 1760, il arrivait à l'île de France et se disposait à se rendre immédiatement à Pondichéry. Mais la guerre qui venait d'éclater entre la France et l'Angleterre ne lui permit pas de prendre la mer et le malheureux astronome dut attendre durant huit mois une occasion favorable. Enfin, au milieu de mars 1761, Le Gentil parvint à s'embarquer; la frégate qui le portait éprouva d'abord de longs calmes et n'aborda que le 24 mai la côte de Malabar. Au moment de débarquer, on apprit que les Anglais étaient maîtres de Pondichéry, et la frégate qui portait Le Gentil dut en toute hâte reprendre la route de l'île de France. Le 6 juin arriva; le temps était splendide : Le Gentil, à bord du navire, était dans l'impossibilité d'observer le passage de Vénus!

Le Gentil prit un parti héroïque. Nous avons dit que l'on comptait deux passages de Vénus par siècle; ces deux passages sont à huit années de distance l'un de l'autre. Ainsi, après 1761, on devait observer le même phénomène en 1769; mais, après cette date, il fallait attendre jusqu'en 1874. Le Gentil résolut d'attendre *huit années*, loin de la France, le passage de 1769; il partit pour Pondichéry dès que la paix entre la France et l'Angleterre fut signée, et employa son temps à des recherches sur l'astronomie des Brahmes. Enfin, le 3 juin 1769 arriva. Le Gentil avait admirablement pris ses dispositions, son observatoire était parfaitement aménagé, le temps des jours précédents permettait de compter sur une journée propice. Le 3 juin, au matin, le temps est beau; l'astronome va commencer son observation quand tout à coup le vent s'élève, et au moment où Vénus va passer sur le disque du Soleil, un nuage vient dérober le phénomène à la vue du malheureux Le Gentil! Quand le nuage disparut, Vénus avait quitté la surface du Soleil.

« Je ne pouvais, écrit Le Gentil, revenir de mon étonnement; j'avais peine à me figurer que le passage de Vénus fût terminé. Je fus plus de quinze jours dans un abattement singulier, à n'avoir presque pas le courage de prendre la plume pour continuer mon journal, et elle me tomba plusieurs fois des mains lorsque le moment vint d'annoncer en France le sort de mon opération. »

L'abbé Chappe d'Auteroche partit pour Tobolsk à la fin de novembre 1760. Le voyage depuis Pétersbourg fut des plus rudes;

L'ABBÉ CHAPPE.

après des difficultés sans nombre et qui mirent plusieurs fois l'existence de Chappe en péril, l'astronome français arriva à Tolbolsk, cinq mois après son départ, le 10 avril 1761, ayant à peine le temps de se préparer à l'observation. Cette expédition ne donna aucun résultat.

Non seulement le malheureux abbé ne put pas remplir sa mission, mais au retour, quand il publia le récit de son voyage, on prit au sérieux le mot de l'impératrice Catherine : « L'abbé Chappe a tout vu en Russie en courant la poste dans un traîneau bien fermé, » et chacun déclara que l'abbé avait tout inventé. Un de ses grands ennemis, Grimm, qui fut un critique célèbre mais méchant, prit le parti de Catherine, qui avait à reprocher à notre héros de n'avoir pas vu tout en beau en Russie. « Il n'y a qu'une tête française, dit Grimm, à qui le ciel accorde de tout savoir sans apprendre, de tout voir sans regarder, de tout deviner sans être sorcier, de tout approfondir en courant la poste de Paris à Tobolsk.... » Grimm osa même accuser Chappe d'avoir rapporté des observations astronomiques qu'il n'avait pas faites. Cette calomnie n'eut aucun succès et, huit ans après, l'Académie confia à l'abbé Chappe une nouvelle mission.

L'abbé Chappe s'était beaucoup occupé d'expériences d'électricité. Notre dessin rappelle un incident qui se passa à Tobolsk, en Sibérie, en l'an 1761. Par un jour d'orage, Chappe avait dressé dans son observatoire une barre métallique de laquelle jaillissaient des gerbes lumineuses. Chappe était occupé d'examiner ces phénomènes électriques, lorsque tout à coup la barre et la partie de l'Observatoire où elle se trouvait s'enflammèrent subitement. « Ce phénomène, dit l'abbé Chappe, fut suivi d'un éclat de tonnerre si prompt et si violent, que tous les gens qui se trouvaient là se culbutèrent les uns sur les autres en voulant se sauver. »

Chappe partit en 1769 en Californie pour observer le second passage de Vénus. Ce voyage lui fut fatal. « Une maladie contagieuse, dit M. Bertrand, envahit le village dans lequel il s'était rendu ; tous ses compagnons furent frappés, et lorsqu'il tomba malade le dernier, aucun d'eux n'était en état de lui rendre les secours qu'ils avaient reçus de lui. Privé de médecin et sur les

EXPÉRIENCE FAITE PAR L'ABBÉ CHAPPE A TOBOLSK, EN SIBÉRIE, L'AN 1761

indications d'un livre, il prit deux purgatifs qui le soulagèrent. Il se crut sauvé et voulut observer une éclipse de lune; mais il avait trop présumé de ses forces, et il mourut peu de jours après, âgé de 41 ans, victime sans doute de son dévouement à la science. Chappe avait pu néanmoins observer le passage de Vénus, et trois jours avant sa mort il disait aux amis qui l'entouraient : Je sais bien qu'il faut finir et que je n'ai que peu de temps à vivre, mais j'ai rempli ma mission et je meurs content. »

Et voilà l'homme que Grimm avait calomnié !

Le troisième missionnaire de l'Académie, le chanoine Pingré, ne manqua pas d'aventures. Il avait eu le courage de choisir comme lieu d'observation l'île Rodrigue (près de l'île de France), bien qu'il sût que le climat était très dangereux. En débarquant, Pingré ne trouva aucun secours pour ses observations : il dut rester en plein air. La France était alors en guerre avec l'Angleterre; néanmoins le gouvernement anglais avait donné un passeport à Pingré et enjoint à tous ses agents de respecter les astronomes français. Malgré ces recommandations, le petit navire qui avait amené Pingré, *la Mignonne*, fut capturé par les Anglais et conduit à Pondichéry. Pingré et son aide restèrent seuls à terre, réduits au strict nécessaire. Quand il fut de retour en France, le brave chanoine déclara que sa plus grande privation avait été d'être réduit « à l'ignoble breuvage de l'eau ! »

Ce qui paraîtra bien curieux, c'est que les astronomes des autres pays eurent également de cruelles mésaventures dans cette fatale expédition du passage de Vénus.

Médina, astronome espagnol qui avait accompagné Chappe, fut emporté quelques jours après lui par la même épidémie.

L'astronome Véron avait accompagné Bougainville dans son voyage autour du monde, espérant observer le passage de Vénus en un des points de la mer du Sud ; arrivé trop tôt dans cette mer, il fut obligé de continuer sa route sans y avoir fait cette importante observation. Ayant atteint l'île de France, il voulut se rendre à Pondichéry, mais cette fois il arriva trop tard et mourut bientôt après.

L'Angleterre avait envoyé dans l'île de Sumatra un de ses astronomes pour observer le passage de 1761; ce savant, embarqué sur un navire qui fut attaqué en route et désemparé, ne put arriver qu'au cap de Bonne-Espérance!

Green, astronome anglais, après avoir observé le passage de Vénus à l'île de Taïti, s'était mis en route pour retourner en Europe, lorsqu'il mourut subitement aux Indes.

L'expédition de 1874 a été exempte de tous ces accidents. Les astronomes français se sont transportés à Yokohama, à Pékin, à Saïgon et jusque dans l'autre hémisphère : à Nouméa, à l'île Campbell, à l'île Saint-Paul; un crédit de 300 000 francs avait été affecté à ces expéditions.... Le temps n'a pas également favorisé tous les missionnaires français. A Nouméa, on a observé dans de bonnes conditions le premier contact interne et pris 240 photographies, parmi lesquelles 100 ont été utilisées. A Pékin, les quatre contacts ont été observés; un certain nombre de photographies ont pu être prises. A l'île Campbell, le mauvais temps a empêché l'observation. A l'île Saint-Paul, les contacts intérieurs ont été excellents, les contacts extérieurs nuageux; on a pris un grand nombre de photographies. A Yokohama, les contacts du Soleil et de Vénus ont été bien observés, malgré la présence de nuages qui ont obscurci, par intervalles, la surface du Soleil. A Saïgon, bonnes observations.

Un nouveau passage de Vénus sur le Soleil a eu lieu le 6 décembre 1882. La France avait organisé huit expéditions, qui se sont rendues aux stations suivantes : Port-au-Prince, Mexique, la Martinique, la Floride, Santa-Cruz, Chili, Chubut, Rio Negro. Un succès complet a couronné les efforts de nos compatriotes.

Il résulte de ces expéditions que la parallaxe du Soleil est de 8″,88, c'est-à-dire, car il ne faut pas craindre de répéter ces définitions fondamentales, que si du centre du Soleil on visait les deux extrémités du rayon terrestre, l'angle formé par ces deux directions serait de 8″,88.

La distance du Soleil à la Terre est donc de 35 millions de lieues environ.

La méthode des passages de Vénus n'est pas la seule que les astronomes puissent employer. Ptolémée, Copernic, déduisaient la distance du Soleil de l'observation des éclipses ; d'autres se sont servis des passages de Mercure devant le Soleil, de la mesure de la vitesse de la lumière, etc.; nous n'entrerons naturellement dans aucun détail particulier.

Il convient cependant d'ajouter que la Terre ne décrit pas exactement un cercle autour du Soleil ; l'orbite de notre planète a la forme d'une ellipse, nous l'avons déjà dit, le Soleil occupant l'un des foyers. La distance de la Terre au Soleil change donc d'une manière continue. C'est au solstice d'hiver, le 21 décembre, que la Terre est le plus rapprochée du Soleil : sa distance n'est plus que de 34 millions de lieues.

Nous avons expliqué, dans notre *Légende des mois*, page 35, comment il se fait que c'est au moment où le Soleil est le plus voisin de la Terre que la température est la plus basse, bien que le contraire parût plus naturel.

La parallaxe que nous avons attribuée au Soleil, 8″,88, correspond à la position moyenne du Soleil et nous pouvons affirmer que ce nombre ne sera pas sensiblement modifié par les déterminations qui seront faites dans l'avenir.

§ 4. — DE LA TERRE AUX PLANÈTES

Quand nous avons voulu mesurer la distance de la Terre au Soleil, nous avons éprouvé une véritable difficulté. Nous n'avons pas trouvé à la surface de notre globe une base qui fût assez grande pour nous permettre d'opérer une triangulation pareille à celle qui avait été si heureusement entreprise pour la Lune par Lacaille et Lalande. Nous avons pris un moyen détourné, et, après avoir montré comment on obtenait la parallaxe de la planète Vénus, nous avons affirmé, sans autre explication, qu'on pouvait en déduire la parallaxe du Soleil. Comment cela se peut-il faire?

Ce n'est pas au hasard que les planètes sont disséminées dans l'espace. Leurs distances, leurs mouvements sont soumis à des lois précises, dont la simplicité est bien faite pour frapper notre esprit. Ces admirables lois ont été données par un grand astronome, Képler, et nous les avons déjà résumées dans un chapitre précédent.

La troisième de ces lois va nous donner le moyen de mesurer les distances qui séparent les planètes du Soleil ; elle est ainsi formulée : les carrés des temps employés par les planètes à décrire leurs orbites sont proportionnels aux cubes de leurs distances au Soleil. Nous avons déjà expliqué que le carré d'un nombre est le produit de ce nombre par lui-même et le cube d'un nombre est le produit de trois facteurs égaux à ce nombre.

Faisons comprendre comment cette loi permet de mesurer la distance des astres à la Terre.

La Terre parcourt en une année son orbite autour du Soleil; la planète Jupiter décrit la sienne en 11,86 années. Si donc nous représentons par l'unité la distance de la Terre au Soleil, et par D la distance de Jupiter au Soleil, nous aurons la proportion suivante :

$$\frac{D \times D \times D}{1 \times 1 \times 1} = \frac{11,86 \times 11,86}{1 \times 1} = 140,66.$$

Le cube de D est donc égal à 140,66; D s'obtiendra en extrayant la racine cubique du nombre 140,66 : la racine est 5,20.

La distance de Jupiter au Soleil est donc 5,2 fois plus grande que celle de la Terre.

Quand on connaît les durées des révolutions des planètes, il est donc facile, grâce à la troisième loi de Képler, de trouver leurs distances au Soleil. Si nous prenons pour unité la distance de la Terre au Soleil, afin de nous débarrasser des gros chiffres, nous obtenons le tableau suivant :

Distance de Mercure au Soleil.	0,4
Distance de Vénus au Soleil.	0,7
Distance de la Terre au Soleil.	1,0
Distance de Mars au Soleil	1,5
Distance de Jupiter au Soleil	5,2
Distance de Saturne au Soleil.	9,5
Distance d'Uranus au Soleil.	19,2
Distance de Neptune au Soleil	30,0

C'est-à-dire que pour avoir la distance de Vénus au Soleil, il faut prendre les 7 dixièmes de celle de la Terre; pour avoir la distance de Neptune, il faut multiplier par 30 le nombre 35 millions et exprimer le résultat en lieues, ce qui donne

1050 millions de lieues! On voit que Mercure et Vénus sont relativement voisins du Soleil, que Neptune est *jusqu'ici* la planète la plus éloignée.

Les nombres du tableau qui précède sont certainement bien curieux et on aimerait à les retenir. Je vais vous en donner le moyen.

Écrivons à la suite les uns des autres les nombres :

0 3 6 12 24 48 96 192 384

qui sont tels que, en faisant abstraction des deux premiers, chacun est double du précédent.

Ajoutons 4 unités à chacun de ces nombres, nous aurons :

4 7 10 16 28 52 100 196 388

Ces nombres, à l'exception de 28, représentent assez sensiblement dix fois la distance des planètes au Soleil. Ces nombres sont en effet

4 7 10 15 ? 52 95 192 300

Ce moyen mnémotechnique porte le nom de *Loi de Bode*, quoique l'astronome Bode, qui l'a publié en 1778, n'en soit pas réellement l'auteur.

Quand la loi de Bode fut donnée, on ne connaissait pas encore la planète Uranus. Lorsque l'astronome Herschel eut découvert cet astre nouveau, on remarqua que la loi de Bode s'appliquait admirablement à la nouvelle venue. En effet, le double de 96 est 192, et en ajoutant 4 on a 196. Or la distance d'Uranus au Soleil est 19,2 fois plus grande que celle de la Terre.

La loi de Bode ne convient plus que d'une manière grossière pour la planète Neptune; elle n'a d'ailleurs aucune portée théorique, et cependant elle a mis les astronomes sur la voie d'une bien intéressante découverte. Nous avons mis un point d'interrogation en regard du nombre 28 renfermé dans le premier tableau. Cette lacune a été surabondamment comblée depuis le commencement de ce siècle par la découverte successive de près de *deux cent quarante petites planètes* se mouvant toutes dans la région indiquée par la loi de Bode.

La première de ces petites planètes, *Cérès*, fut découverte par l'astronome Piazzi, à Palerme; la date de cette découverte est bien facile à retenir : c'est le 1er janvier 1801. (Voyez p. 219.)

Vous ne retiendriez certainement pas les noms de ces deux cent quarante planètes, noms empruntés en général aux déesses des différentes mythologies; je n'aurai garde de vous les indiquer. L'une d'elles cependant a une histoire curieuse.

Elle fut découverte à l'Observatoire de Paris, en septembre 1872. C'était la cent vingt-cinquième. Au moment où elle fut aperçue, les troupes prussiennes qui occupaient une partie de la France commençaient à regagner leur pays.

L'habileté du gouvernement français, jointe à la sagesse de la population, avait permis d'avancer l'heure bénie de la libération de notre territoire. L'Observatoire était en ce moment confié à la direction provisoire d'un de nos plus éminents astronomes, M. Yvon Villarceau. Rompant avec l'ancienne coutume de donner à une planète un nom de déesse, M. Y. Villarceau baptisa la nouvelle venue du nom de Libératrix! Ce fut en vain que les Allemands refusèrent d'accepter le nom de la planète : ce nom fut adopté par les savants de tous les pays.

Quand un jour on racontera l'origine des noms donnés aux astres, en arrivant à la planète Libératrix on dira sans doute l'effroyable suite de revers qui frappèrent la France pendant l'année terrible de 1870. Fasse Dieu que l'on ajoute alors : Et ce pays déchiré, meurtri, mutilé, mais ayant conservé la foi dans l'avenir, s'est mis virilement à l'œuvre et a reconquis le rang qu'il occupait à la tête des nations civilisées !

---

§ 5. — DE LA TERRE AUX ÉTOILES

Deux astronomes éminents, Bradley et Bessel, s'occupèrent de la très difficile question de la parallaxe des étoiles. James Bradley naquit en 1692 en Angleterre; il quitta l'état ecclésiastique, qu'il avait d'abord embrassé, pour se livrer à l'étude de l'astronomie. Nommé directeur de l'observatoire de Greenwich en 1730, à la mort de Halley, il se livra à l'étude du mouvement des étoiles et prépara les éléments qui permirent à Bessel de mesurer la distance de quelques-unes d'entre elles. Bradley nous apprit à corriger la direction que nous attribuons aux étoiles, en tenant compte du temps que la lumière met à parvenir de ces astres jusqu'à nous; il montra, en outre, que l'axe de la Terre n'est pas absolument invariable. Les deux mots *aberration*, *nutation*, que je n'explique pas davantage, car la question est trop difficile, représentent les deux ordres de faits dont Bradley enrichit la science.

Cet éminent astronome, sur lequel Arago a porté ce jugement : « Il est peu d'hommes qui aient marqué leur place dans la science d'une manière plus brillante que Bradley, » n'eut pas une existence heureuse : l'envie, la jalousie des autres savants troublèrent sa vie. Aussi comprend-on bien toute l'amertume de la réponse qu'il fit un jour à la reine d'Angleterre. La reine, ayant été à Greenwich, apprit combien la place de directeur était peu rétribuée et manifesta l'intention de faire attacher à cette fonction un traitement plus convenable. « Madame, lui dit Bradley, ne donnez pas suite à votre projet; le jour où la place de directeur vaudrait quelque chose, ce ne seraient plus les astronomes qui l'obtiendraient! » Ne sent-on pas percer sous ces paroles toutes les souffrances d'un homme de génie luttant contre l'envie!

L'astronome Bessel, qui mesura le premier la parallaxe d'une étoile, en se servant des travaux de Bradley, naquit en 1784 en Allemagne.

La triangulation qui avait permis à Lacaille et à Lalande de mesurer la parallaxe de la Lune était déjà si difficile à exécuter pour le Soleil, qu'on a employé, comme nous l'avons dit, une autre méthode. L'insuffisance d'une base qu'on puisse établir sur la Terre n'a pas permis de mesurer par triangulation la distance des étoiles. En se plaçant même aux deux extrémités d'un diamètre de la Terre, les rayons visuels qui aboutissent à la même étoile sont parallèles. On a songé alors à prendre une base singulièrement plus grande. Puisque la Terre tourne autour du Soleil et décrit en un an une courbe sensiblement circulaire dont la longueur est de 228 millions de lieues environ, ne peut-on observer une étoile d'un point déterminé de la Terre et recommencer la visée du même point six mois après? La nouvelle position de l'observateur est distante de la première de 76 millions de lieues. Même dans ce cas l'angle formé par les deux lignes de visée n'est pas appréciable : il est plus petit que la 3600e partie d'un degré! C'est-à-dire que si nous étions placés dans une étoile, dans la plus rapprochée, non seulement la Terre nous apparaîtrait comme un simple point, mais sa distance au Soleil ne serait pas appréciable.

Les astronomes ont alors imaginé une méthode toute particulière. Ils ont visé simultanément deux étoiles voisines. De deux choses l'une, ou ces étoiles sont également éloignées de nous, ou au contraire elles se trouvent à des distances différentes. Dans le premier cas, l'angle formé par les rayons visuels qui atteignent les deux étoiles ne changera pas, même quand l'observateur se trouvera, à six mois d'intervalle, à 76 millions de lieues de son point de départ. Mais, si les deux étoiles sont inégalement éloignées, cet angle des rayons visuels ne restera pas constant. Et d'après ces variations on déduira les distances relatives des deux étoiles.

Cette nouvelle méthode ne donna pas tout de suite des résultats satisfaisants. Galilée, Huygens, Herschel, trouvèrent encore une parallaxe insensible. Ce fut Bessel qui le premier put mesurer la distance d'une étoile située dans la constellation du Cygne. Il trouva le tiers d'une seconde (0",374), ce qui correspondait à une distance de 82000 milliards de kilomètres! Nous n'insisterons pas davantage et nous nous contenterons d'indiquer pour quelques étoiles leurs distances en milliards de kilomètres et en années de lumière, c'est-à-dire en notant combien d'années il faudrait à la lumière pour franchir l'énorme distance qui nous sépare de chacune d'elles.

	Distance en milliards de kilomètres.	Distance en années de lumière.
Étoile du Centaure.	33 400	3,5
Étoile du Cygne.	82 000	8,7
Sirius	202 000	21,3
Arcturus.	241 000	25,5
Polaire.	288 000	30,6
Chèvre.	665 000	70,5

LA FIN DU MONDE

Les hommes sont vraiment d'une habileté surprenante à se créer toutes sortes de chimères. Quand ils n'ont point de sujets réels de crainte, ils en imaginent à plaisir.

J'assistais l'autre jour à une bien plaisante comédie. Une toute petite fille de six ans, jouant avec sa plus jeune sœur, s'amusait à l'effrayer. Elle s'écriait en enflant sa voix : « Oui, Jeanne, le loup va venir; le méchant loup, le vilain loup, il va venir, il va nous emporter, il va nous manger... » Et tout à coup elle s'interrompit et courut se jeter dans les bras de sa mère, en criant : « J'ai peur du loup, petite mère, j'ai peur du loup! » L'enfant s'était prise à son piège et elle avait eu peur de sa propre voix.

Chacun de nous sait bien à quoi s'en tenir sur la vérité de certaines prophéties, ce qui n'empêche que beaucoup finissent par *avoir peur du loup*.

Ainsi, tous les deux ou trois ans, on reparle de la fin du monde, sans y croire bien entendu, mais on finit par s'en préoccuper plus qu'il ne convient. L'arrivée d'une comète trouble les esprits timorés, et on discute les conséquences probables de la rencontre de cette comète avec notre Terre, et on fixe la date prochaine de la destruction de notre planète.

La fin du monde, tant de fois annoncée et tant de fois ajournée à une époque ultérieure, doit-elle arriver?

Si nous restons dans le domaine des légendes, le fait n'est pas douteux. Écoutez ce qui se passera à la fin du monde. J'emprunte le récit suivant aux livres sacrés des Scandinaves : « Alors sur la Terre tout ne sera plus que désordre et égarements; les familles se méconnaîtront, les droits du sang seront oubliés, les frères combattront contre les frères : on ne verra plus que meurtres et rapines; âge barbare, âge d'épée, âge de tempêtes, âge de loups! Les loups, ils seront en train de dévorer le Soleil. Trois longs hivers non suivis d'été couvriront la Terre de neiges et de glaces, les branches des arbres se briseront sous leur amoncellement prolongé; le Soleil s'obscurcira de plus en plus; la Lune se dissoudra en vapeurs; les étoiles s'évanouiront; les montagnes, tremblant sur leurs bases, seront agitées comme les roseaux du fleuve; la Terre rejettera de son sein les plantes, les arbres et les rochers; les flots vomiront sur leurs rivages tous les poissons, toutes les algues, tous les coraux qu'ils recouvraient, et avec eux les cadavres des naufragés, hideux squelettes dont les os entrechoqués accompagneront de leur harmonie sinistre les bruits de la vague envahissante. Alors, sur la mer devenue ténébreuse, flottera ce monstrueux vaisseau, fait des ongles des morts. Alors des contrées du Midi, de la région du feu, arrivera Surtur le noir, avec tous ses génies malfaisants, armés de torches et chargés d'incendier le Ciel et la Terre. Alors la pâle déesse de la mort, Héla, délivrera ses captifs, le loup Fenris le premier, et marchera à leur tête comme auxiliaire de toutes les puissances du mal. Alors les dieux s'armeront. Odin les rassemblera autour de lui, ainsi que les héros de la Walhalla, et tous engageront leur dernière bataille. »

On retrouve dans les traditions de tous les peuples cette croyance à la fin du monde. Dans la Perse, on croit « que la résurrection générale commencera quand aura fini la lutte d'Ahriman, génie du mal et des ténèbres, contre Ormuzd, génie du bien et de la lumière. Alors les bons et les méchants reprendront leur corps et tout reparaîtra comme au premier jour de la création. Les bons se rangeront avec le bon, et les méchants avec le méchant. Ahriman sera précipité dans l'abîme des ténèbres et dévoré par l'airain fondu. Alors la Terre chancellera comme un homme malade; les montagnes décomposées s'écrouleront en torrents de feu; la nature entière sera renouvelée; la Terre disparaîtra avec le règne d'Ahriman, et désormais Ormuzd régnera seul. Tout deviendra lumière. »

Dans la doctrine des Védas, « Vichnou, la seconde personne de la trinité indoue, paraîtra pour exercer la vengeance, monté sur un coursier éclatant de blancheur, armé d'un glaive resplendissant à l'égal d'une comète. Alors paraîtra Calki, le destructeur; alors le serpent Secha vomira des torrents de flammes qui consumeront tous les mondes et toutes les créatures; puis viendra une création nouvelle. »

Les Siamois croient que lorsque l'heure où le monde doit finir sera venue, les sept yeux du Soleil s'ouvriront au Ciel et dessécheront successivement toutes choses. Ce sera le cinquième qui fera évaporer toute la mer. Les deux derniers brûleront la Terre; mais parmi les cendres resteront deux œufs d'où renaîtra le monde. (Joam de Barros.)

Dans l'Apocalypse, composée par saint Jean dans l'île de Patmos, le prophète décrit en ces termes la fin du monde : « Alors s'éleva du puits de l'abîme une fumée semblable à celle d'une grande fournaise. Un tremblement de terre eut lieu, et le Soleil devint noir comme un sac fait de poil de chèvre; la Lune parut ensanglantée; les étoiles du Ciel tombèrent sur la Terre; le Ciel se retira comme un tapis qu'on roule; les montagnes et les îles changèrent de place, et il y eut une grande bataille au Ciel. Michel et ses anges combattaient contre le dragon, le grand serpent. Ensuite j'entendis une voix dans le Ciel qui disait : Maintenant est le salut, la force, le règne de notre Dieu! Ensuite je vis un nouveau Ciel et une nouvelle Terre. »

Cette fin du monde que toutes les traditions annoncent, quand aura-t-elle lieu et comment se produira-t-elle?

Voici ce nous apprennent les livres religieux des Mahométans :

« Lorsque la fin du monde approchera, des signes terribles éclateront. Le Soleil se lèvera à l'occident et se couchera à l'orient; une bête monstrueuse, qui sera à la fois un sanglier, un taureau, un cerf, un éléphant, une autruche, un lièvre, un hémione et un lion, mais qui pourtant ne sera aucun de ces animaux, parcourra l'Univers et terrifiera les hommes.... Les animaux parleront et se plaindront des hommes. Trois éclipses de Lune (!) se manifesteront en même temps dans le Ciel; un grand vent s'élèvera plein de mugissements, qui seront les lamentations des âmes idolâtres emportées dans les tourbillons.

« Lorsque les temps seront accomplis, la trompette sonnera trois fois....

« L'humanité, sortie de ses sépulcres et réunie sur une terre nouvelle, attendra durant 70 ans qu'il plaise à Dieu de venir la juger, et pendant ce temps les hommes se tiendront debout en regardant le Soleil.... Enfin Dieu paraîtra porté sur les nuages; Adam, Noé, Abraham, Moïse et Jésus n'oseront intercéder pour les hommes : ils laisseront cette gloire à Mahomet.... L'impeccable balance prononcera pour ainsi dire elle-même le jugement, qu'un ange inscrira sur le registre des déterminations éternelles.

« Tous les animaux seront réduits en poussière, sauf sept qui obtiendront grâce devant Dieu : la *colombe* de Noé, l'*ânesse* de Balaam, l'*âne* qui portait Jésus lorsqu'il entra à Jérusalem, le *chien* des sept dormants, la *chamelle* sur laquelle Mahomet s'enfuit de la Mecque, l'*araignée* qui tendit sa toile devant la caverne où il se cachait, et le *cheval* d'Ali; ceux-là prendront place au paradis. »

Si l'on demande comment renaîtront les corps des morts, les Mahométans répondent :

« Le cadavre des morts se réduit en poussière, à l'exception du *coccyx*, qui a été l'os le premier créé; il reste incorruptible,

SAINT JEAN ÉCRIVANT L'APOCALYPSE.

(D'après un manuscrit du dixième siècle.)

et quand sera venu le jour du jugement, une pluie qui, selon les divers docteurs, durera 40 années, 400, 4000, 40 000, ou 400 000 années, fécondera cet impérissable reste de nous-mêmes et les corps germeront comme des plantes.... »

Pendant les premiers siècles de notre ère, on croyait que la fin du monde était proche. Jésus-Christ ne l'avait-il pas annoncée à ses disciples en affirmant que « cette génération ne se passerait pas sans que cette prophétie fût accomplie? » Cette croyance était telle, que l'historien Grégoire de Tours, qui vivait au sixième siècle et qui nous a laissé de curieux mémoires sur les premiers Mérovingiens, commence son ouvrage en ces termes : « L'opinion de ceux qui se désolent de l'approche de la fin du monde me décida à recueillir dans les chroniques et dans les histoires le nombre des années déjà passées, afin que l'on sache clairement combien il s'en est écoulé depuis le commencement du monde. » A mesure que l'on approchait du dixième siècle, les craintes augmentaient. La plupart des actes et des chartes du moyen âge commencent par ces mots : « A l'approche du soir du monde. »

A mesure que l'*an mille* approchait, les peuples de l'Occident éprouvaient une terreur profonde. Le ciel paraissait annoncer la prochaine catastrophe : « En 996, il y eut dans l'Océan des mouvements extraordinaires, et une baleine échoua sur les grèves de Berneval, en Normandie. Au printemps suivant, une comète parut à l'orient, du côté précisément où devait descendre la bête de l'Apocalypse. Dans l'hiver de 999, la neige tomba en si grande abondance, que dans plusieurs provinces les chaumières des serfs furent ensevelies et que les hommes périrent avec les troupeaux..... A mesure qu'approchait l'année marquée par Dieu, la peur augmentait. » On faisait abandon aux pauvres de ses richesses, afin d'avoir droit aux richesses du Ciel. Voici ce qu'on lit sur des chartes du temps : « Des désastres multipliés, des indices infaillibles, attestent que la fin du monde n'est pas éloignée : il est donc juste et raisonnable de porter ses regards sur l'avenir, et de prévenir par de sages précautions des malheurs possibles dans notre condition mortelle. A ces causes, au nom du Seigneur notre Dieu, moi et ma femme (ici les noms), considérant le poids des péchés dont nous sommes chargés, et pleins de confiance dans la miséricorde de Dieu qui a dit : Faites des aumônes et tous vos péchés vous seront remis, nous donnons par ces présentes, en don privé, et de notre plein droit nous attribuons et transmettons à toujours au monastère de..... nos biens, sis dans le village de..... avec les maisons, les bâtiments, les paysans, les serfs, les vignes, les bois, les champs, les prés, les pâturages, les étangs, les cours d'eau, les adjonctions, additions et appendences, le bétail de toute espèce, les meubles et immeubles dans l'état où nous les possédons aujourd'hui. »

Nous empruntons à notre grand historien Michelet l'intéressant passage qui suit :

« C'était la croyance universelle, au moyen âge, que le monde devait finir avec l'an 1000 de l'incarnation. Avant le christianisme, les Étrusques aussi avaient fixé leur terme à dix siècles, et la prédiction s'était accomplie. Le christianisme, passager sur cette terre, hôte exilé du Ciel, devait adopter aisément ces croyances. Le monde du moyen âge n'avait pas la régularité extérieure de la cité antique, et il était bien difficile d'en discerner l'ordre intime et profond. Ce monde ne voyait que chaos en soi ; il aspirait à l'ordre, et l'espérait dans la mort. D'ailleurs, en ces temps de miracles et de légendes, où tout apparaissait bizarrement coloré, comme à travers de sombres vitraux, on pouvait douter que cette réalité visible fût autre chose qu'un songe. Les merveilles composaient la vie commune. L'armée d'Othon avait bien vu le Soleil en défaillance et jaune comme du safran. Le diable ne prenait plus la peine de se cacher : on l'avait vu à Rome se présenter solennellement devant un pape magicien. Au milieu de tant d'apparitions, de visions, de voix étranges, parmi les miracles de Dieu et les prestiges du démon, qui pouvait dire si la Terre n'allait pas un matin se résoudre en fumée au son de la fatale trompette ? Il eût bien pu se faire alors que ce que nous appelons la vie fût en effet la mort, et qu'en finissant, le monde, comme ce saint légendaire, *commençât de vivre et cessât de mourir*, « Et tunc vivere incepit, morique desinit. »

« Cette fin de monde si triste était tout ensemble l'espoir et l'effroi du moyen âge. Voyez ces vieilles statues dans les cathédrales du dixième et du onzième siècle, maigres, muettes et grimaçantes dans leur raideur contractée, l'air souffrant comme la vie, et laides comme la mort. Voyez comme elles implorent, les mains jointes, ce moment souhaité et terrible, cette seconde mort de la résurrection qui doit les faire sortir de leurs ineffables tristesses, et les faire passer du néant à l'être, du tombeau en Dieu. C'est l'image de ce pauvre monde sans espoir après tant de ruines. L'empire romain avait croulé, celui de Charlemagne s'en était allé aussi; le christianisme avait cru d'abord devoir remédier aux maux d'ici-bas, et ils continuaient. Malheur sur malheur, ruine sur ruine. Il fallait bien qu'il vînt autre chose, et l'on attendait. Le captif attendait dans le noir donjon, dans le sépulcral *in pace;* le serf attendait sur son sillon, à l'ombre de l'odieuse tour; le moine attendait dans les abstinences du cloître, dans les tumultes solitaires du cœur, au milieu des tentations et des chutes, des remords et des visions étranges, misérable jouet du diable qui folâtrait cruellement autour de lui, et qui le soir, tirant sa couverture, lui disait gaiement à l'oreille : « Tu es damné ! »

« Tous souhaitaient sortir de peine, et n'importe à quel prix! Il leur valait mieux tomber une fois entre les mains de Dieu et reposer à jamais, fût-ce dans une ombre ardente. Il devait d'ailleurs avoir aussi son charme ce moment où l'aigre et déchirante trompette de l'archange percerait l'oreille des tyrans. Alors, du donjon, du cloître, du sillon, un rire terrible eût éclaté au milieu des pleurs.

« Cet effroyable espoir du jugement dernier s'accrut dans les calamités qui précédèrent l'an 1000, ou suivirent de près. Il semblait que l'ordre des saisons se fût interverti, que les éléments suivissent des lois nouvelles. Une peste terrible désola l'Aquitaine; la chair des malades semblait frappée par le feu, se détachait de leurs os, et tombait en pourriture. Ces misérables couvraient les routes des lieux de pèlerinage, assiégaient les églises, particulièrement Saint-Martin à Limoges;

LA FAMINE.

ils s'étouffaient aux portes, et s'y entassaient. La puanteur qui entourait l'église ne pouvait les rebuter. La plupart des évêques du Midi s'y rendirent et y firent porter les reliques de leurs églises. La foule augmentait, l'infection aussi ; ils mouraient sur les reliques des saints.

« Ce fut encore pis quelques années après. La famine ravagea tout le monde depuis l'Orient, la Grèce, l'Italie, la France, l'Angleterre. « Le muid de blé, dit un contemporain, s'éleva à soixante sols d'or. Les riches maigrirent et pâlirent ; les pauvres rongèrent les racines des forêts ; plusieurs, chose horrible à dire, se laissèrent aller à dévorer des chairs humaines. Sur les chemins, les forts saisissaient les faibles, les déchiraient, les rôtissaient et les mangeaient. Quelques-uns présentaient à des enfants un œuf, un fruit et les attiraient à l'écart pour les dévorer. Ce délire, cette rage alla au point que la bête était plus en sûreté que l'homme. Comme si c'eût été désormais une coutume établie de manger de la chair humaine, il y en eut un qui osa en étaler à vendre dans le marché de Tournus. Il ne nia point, et fut brûlé. Un autre alla, pendant la nuit, déterrer cette même chair, la mangea, et fut brûlé de même.

« ..... Dans la forêt de Mâcon, près l'église de Saint-Jean de Castanedo, un misérable avait bâti une chaumière, où il égorgeait la nuit ceux qui lui demandaient l'hospitalité. Un homme y aperçut des ossements et parvint à s'enfuir. On y trouva quarante-huit têtes d'hommes, de femmes et d'enfants. Le tourment de la faim était si affreux, que plusieurs, tirant de la craie du fond de la terre, la mêlaient à la farine. Une autre calamité survint : c'est que les loups, alléchés par la multitude des cadavres sans sépulture, commencèrent à s'attaquer aux hommes. Alors les gens craignant Dieu ouvrirent des fosses, où le fils traînait le père, le frère son frère, la mère son fils, quand ils les voyaient défaillir ; et le survivant lui-même, désespérant de la vie, s'y jetait souvent après eux. Cependant les prélats des cités de la Gaule, s'étant assemblés en concile pour chercher remède à de tels maux, avisèrent que, puisqu'on ne pouvait alimenter tous ces affamés, on sustentât comme on pourrait ceux qui semblaient les plus robustes, de peur que la terre ne demeurât sans culture.

« Ces excessives misères brisèrent les cœurs et leur rendirent un peu de douceur et de piété. Ils mirent le glaive dans le fourreau, tremblants eux-mêmes sous le glaive de Dieu. Ce n'était plus la peine de se battre, ni de faire la guerre pour cette terre maudite qu'on allait quitter. De vengeance, on n'en avait plus besoin ; chacun voyait bien que son ennemi, comme lui-même, avait peu à vivre. A l'occasion de la peste de Limoges, ils coururent de bon cœur aux pieds des évêques, et s'engagèrent à rester désormais paisibles, à respecter les églises, à ne plus infester les grands chemins, à ménager du moins ceux qui voyageraient sous la sauvegarde des prêtres ou des religieux. Pendant les jours saints de chaque semaine (du mercredi

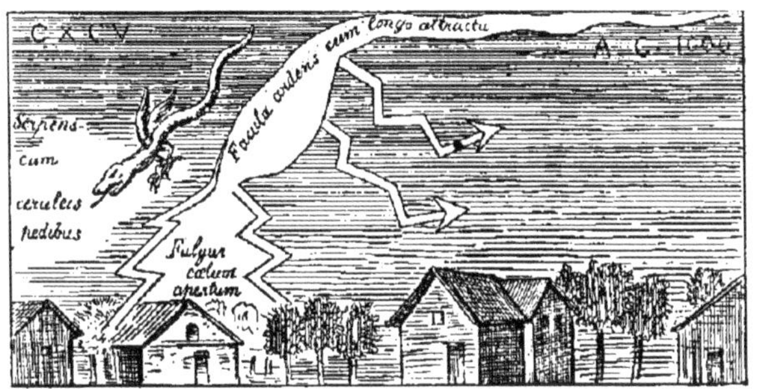

LES PHÉNOMÈNES DE L'AN MILLE.

(Fac-similé d'un dessin du *Theatrum cometicum* de Lubienctzki.)

soir au lundi matin), toute guerre était interdite : c'est ce qu'on appela *la paix*, plus tard *la trêve de Dieu*. »

L'an mille approche : on ne bâtit plus, on ne répare plus, on n'amasse plus ; chacun ne s'occupe que des trésors du Ciel, les seuls « que les voleurs ne déterrent point et que les teignes ne rongent point ». L'an mille est arrivé. On attend en tremblant le jour de la mort du Christ. « Le vendredi saint, avant le lever du jour, dit une chronique, les fidèles se rassemblèrent dans les églises ou dans les chapelles des couvents. Des processions se formèrent, et le peuple les suivit pieds nus et la *hart* au cou. On sortit des villes, des monastères, des châteaux, et les processions, croix et bannière en tête, parcoururent les champs. On s'arrêtait devant chaque Vierge, on se prosternait au pied de chaque calvaire, et là, clercs et laïques entonnaient tous ensemble le *Miserere meî* et le *De Profundis clamavi.* »

Sigebert de Gemblours dit qu'il y eut en l'an mille un violent tremblement de terre, une comète, et un phénomène qu'il décrit sans le comprendre, et qui devait être un bolide ou une aurore boréale. « Le ciel s'étant ouvert, une espèce de flambeau ardent (*facula ardens*) tomba sur la terre, laissant derrière lui une longue trace de lumière, semblable à un éclair. Son éclat était tel, qu'il effraya non seulement ceux qui étaient dans les campagnes, mais même ceux qui étaient renfermés dans les maisons. Cette ouverture du ciel se refermant insensiblement, on vit la figure d'un dragon dont les pieds étaient bleus (*serpens cum ceruleis pedibus*) et dont la tête semblait croître toujours. »

L'année s'écoula enfin. Les terreurs se dissipèrent ; chacun reprit goût au travail; une nouvelle existence recommença.

Malgré les nombreuses citations que nous avons rapportées, il semblerait, d'après des travaux historiques récents, que les craintes superstitieuses provoquées par l'arrivée de l'an mille ont été singulièrement exagérées. Dans un très intéressant ouvrage, M. Roy a montré que la légende de l'an mille était simplement une légende. « Il n'y avait en France, dit M. Roy, ni cette inactivité fatale, ni cette torpeur résignée qui doivent exister chez un peuple qui n'est pas sûr du lendemain... Au dixième siècle, l'abattement n'était pas général, parce que la croyance à la fin prochaine du monde ne l'était pas elle-même, et parce que cette croyance, loin de dominer dans la société, ne se rencontra que chez quelques illuminés, qui passèrent aux yeux de leurs contemporains pour des fous ou des esprits faibles. »

Si l'on examine les chroniques de Guillaume Godel, de Trithème, de Raoul Glaber, tant de fois citées par les historiens qui ont créé la légende de l'an mille, on ne retrouve rien qui justifie leurs conclusions. La fameuse phrase qu'on trouve dans le préambule de plusieurs chartes de cette époque : « La fin du monde approchant..... » se retrouve après l'an mille aussi bien qu'avant; c'est une formule philosophique, dit M. Roy, qui rappelle simplement que le monde est destiné à périr, sans faire une allusion particulière à l'échéance du dixième siècle.

Vers la fin du dix-septième siècle, en l'an 1680, on reparla à nouveau de la fin du monde. Les astrologues rappelaient qu'une comète avait apparu au ciel l'année même de la naissance de Jésus-Christ : on l'avait appelée l'*Étoile des Mages*, parce qu'elle avait guidé les Mages qui étaient venus adorer le fils de Marie. Le retour de cette même comète, disait-on, devait coïncider avec le retour de l'Homme-Dieu sur la terre : c'est alors que les méchants seraient punis et les bons récompensés. Mais, les connaissances astronomiques étant des plus vagues et vu l'impossibilité de s'assurer de l'identité de la comète, chaque apparition d'un de ces astres chevelus terrifiait les esprits.

Lorsque la belle comète de 1680 fut aperçue, on crut bien que cette fois la fin du monde était venue. Comment en douter, quand les astronomes eux-mêmes reconnaissaient qu'il y aurait une rencontre entre la Terre et la queue de la comète. Qui dit rencontre, dit choc; et ce choc n'allait-il pas réduire notre pauvre planète en miettes? La terreur était générale. Voici ce qu'on lit dans une des chroniques du temps : « Toutes les lunettes sont braquées depuis trois jours sur le firmament : une comète, comme on n'en vit point encore dans les temps modernes, occupe jour et nuit nos doctes de l'Académie des Sciences. Ils disent que c'est la même qui parut l'année de la mort de César, puis en 531, puis en 1106. La révolution que ces messieurs appellent une période est, à ce qu'ils assurent, d'environ 575 ans. La terreur est grande par la ville; les esprits timorés voient dans ceci le signe d'un déluge nouveau, attendu, disent-ils, que l'eau s'annonce toujours par le feu : ce qui ne me paraîtra une raison démonstrative que si Cassini se donne la peine de me la confirmer. Pendant que les peureux font leur testament et, prévoyant la fin du monde, lèguent leurs biens aux moines, qui se montrent en les acceptant meilleurs physiciens que les testateurs, la cour agite fortement la question de savoir si l'astre errant n'annonce pas la mort de quelque grand personnage, ainsi qu'il annonça, dit-on, celle du dictateur romain. Quelques courtisans esprits forts se moquaient hier de cette opinion ; le frère de Louis XIV, qui craint apparemment de devenir tout à coup un César, s'est écrié d'un ton fort sec : « Eh, messieurs, vous en parlez à votre aise, vous autres ; vous n'êtes pas princes ! »

Quand on se fut bien assuré que la comète avait disparu sans causer le moindre trouble, on se demanda si ce n'était pas seulement partie remise et s'il ne fallait pas craindre son retour. En 1773 une nouvelle comète provoqua de nouvelles terreurs. Voici la jolie lettre que Voltaire écrivit à cette occasion :

« A Grenoble, ce 17 mai 1773.

« Quelques Parisiens, qui ne sont pas philosophes, et qui, si on les en croit, n'auront pas le temps de le devenir, m'ont mandé que la fin du monde approchait, et que ce serait infailliblement pour le 20 du mois de mai où nous sommes.

« Ils attendent ce jour-là une comète qui doit prendre notre petit globe à revers, et le réduire en poudre impalpable, selon une certaine prédiction de l'Académie des Sciences qui n'a point été faite.

« Rien n'est plus probable que cet événement, car Jacques Bernouilli, dans son *Traité de la Comète*, prédit expressément que la comète de 1680 reviendrait, avec un terrible fracas, le 17 mai 1719 ; il nous assura qu'à la vérité la perruque ne signifierait rien de mauvais, mais que sa queue serait un signe infaillible de la colère du Ciel. Si Jacques Bernouilli se trompe, ce n'est peut-être que de cinquante-quatre ans et trois jours.

« Or, une erreur aussi peu considérable étant regardée comme nulle, dans l'immensité des siècles, par tous les géomètres, il est clair que rien n'est plus raisonnable que d'espérer la fin du monde pour le 20 du présent mois de mai 1773, ou dans quelque autre année. Si la chose n'arrive pas, ce qui est différé n'est pas perdu.

« Il n'y a certainement nulle raison de se moquer de M. Trissotin, tout Trissotin qu'il est, lorsqu'il vient dire à Mme Philaminte (*Femmes savantes*, acte IV, scène 3) :

> Nous l'avons en dormant, madame, échappé belle :
> Un monde près de nous a passé tout du long,
> Est chu tout au travers de notre tourbillon,
> Et, s'il eût en chemin rencontré notre terre,
> Elle eût été brisée en morceaux comme verre.

« Une comète peut à toute force rencontrer notre globe... mais alors qu'arrivera-t-il ? Ou cette comète aura une force égale à celle de la Terre, ou plus grande, ou plus petite. Si égale, nous lui ferons autant de mal qu'elle nous en fera, la réaction étant égale à l'action ; si plus grande, elle nous entraînera avec elle; si plus petite, nous l'entraînerons. »

« Quand on considère le mouvement des comètes, dit Lambert dans ses lettres cosmologiques, et que l'on réfléchit sur les lois de la pesanteur, on s'aperçoit sans peine que leur approche de la Terre pourrait y causer les événements les plus sinistres, y ramener le déluge universel, ou la faire périr dans un déluge de feu, la briser en menue poussière, ou du moins la détourner de son orbite, lui enlever sa Lune, qui pis est, l'enlever elle-même, l'emporter au delà des régions de Saturne, et nous faire souffrir un hiver de plusieurs siècles, auquel ni les hommes ni les animaux ne seraient capables de résister. Les queues mêmes des comètes ne seraient plus des phénomènes sans conséquence, si, en s'éloignant de nous, les comètes les laissaient, en tout ou en partie, dans notre atmosphère. »

Maupertuis, à la même époque, avait déjà décrit à peu près de la même manière les accidents que la crainte d'une rencontre de la Terre et d'une comète faisait imaginer alors aux astronomes. Seulement, à côté des inconvénients possibles, il énumérait les avantages qu'on pourrait retirer de l'action à distance de ces astres, comme le changement des saisons en un printemps perpétuel, l'acquisition de nouvelles lunes, d'un anneau à l'instar de celui de Saturne. Puis il ajoutait : « Après le choc, peut-être en serions-nous quittes pour quelque royaume écrasé, pendant que le reste de la Terre jouirait des raretés qu'un corps qui vient de si loin y apporterait. On serait peut-être bien surpris de trouver que les débris de ces masses que nous méprisons seraient formés d'or et de diamants ; mais lesquels seraient les plus étonnés, de nous ou des habitants que la comète jetterait sur notre Terre ? Quelle figure nous nous trouverions les uns aux autres ! »

Malgré tous ces beaux raisonnements, les hommes ne cessèrent pas de trembler et je rappelle qu'il y a quelques années, une prétendue prophétie d'un professeur de Genève rencontra un grand nombre de personnes trop crédules : la fin du monde était irrévocablement fixée, disait-on, au 15 novembre 1881.

En laissant de côté les légendes, on peut se demander si la fin du monde est dans l'ordre naturel des choses et quel est le cataclysme qui peut la déterminer. Est-ce le choc d'une comète ? Disons tout d'abord que les chances d'une rencontre possible entre la Terre et une comète sont excessivement faibles. Arago a montré que sur 281 millions de chances, une seule serait défavorable, c'est-à-dire susceptible de déterminer la rencontre des deux astres. « Imaginons qu'il y ait dans une urne une seule boule blanche sur un nombre total de 281 millions de boules et que la condamnation à mort d'un homme fût la conséquence inévitable de la sortie de cette boule blanche au premier tirage. Tout homme qui consent à faire usage de sa raison, quelque attaché à la vie qu'il puisse être, se rira d'un si faible danger ; eh bien, le jour qu'on annonce une comète, avant qu'elle ait été observée, avant qu'on ait pu déterminer sa marche, elle est pour chaque habitant de notre globe la boule blanche de l'urne dont je viens de parler. »

Mais enfin, dira-t-on, pour si faible que soit la chance, elle n'en existe pas moins ! Cela est si vrai que ces rencontres ont déjà été constatées et que personne ne s'est aperçu du choc, tout simplement à cause de la faible masse des comètes. Ah ! sans doute, si une comète avait une vitesse et une masse égales à celles de la Terre, et si les deux astres, marchant en sens contraire, venaient à se rencontrer, cet effroyable choc aurait les plus terribles conséquences : la chaleur développée par ce choc suffirait non seulement pour fondre la Terre entière, mais pour la réduire en grande partie en vapeur ! Seulement, cette hypothèse sur la masse des comètes paraît absolument inadmissible.

Puisque nous ne paraissons avoir rien à craindre des comètes, ne peut-on pas supposer que notre globe se refroidira et que les créatures humaines disparaîtront ainsi ? Le naturaliste Buffon a calculé que si la Terre avait eu primitivement une température de 3000 degrés, elle a dû mettre 75 000 ans pour se refroidir à sa température actuelle. Buffon ajoute que la Terre pourrait encore se refroidir durant 93 000 ans avant que la surface soit assez froide pour que la vie arrive à s'y éteindre. 93 000 ans ! Ce chiffre a de quoi nous rassurer, d'autant mieux que nous savons aujourd'hui que la vie terrestre dépend exclusivement du Soleil.

Mais ce Soleil lui-même ne peut-il s'éteindre ? Cette crainte paraît d'autant plus sérieuse que l'astre-roi se couvre de taches de plus en plus nombreuses, qui paraissent indiquer un refroidissement de sa surface. Si notre monde doit périr, ce ne sera ni par un déluge, ni par une pluie de feu : ce sera par le froid. De même que nous avons vu s'éteindre plusieurs étoiles, de même notre Soleil peut s'éteindre à son tour. Empruntons à M. Faye la description des phénomènes que présentera notre système planétaire : « Le Soleil perd constamment de sa chaleur ; sa masse se contracte et sa fluidité doit aller en diminuant. Il arrivera un moment où la circulation qui alimente la photosphère sera gênée et commencera à se ralentir. Alors la radiation de lumière et de chaleur diminuera, la vie végétale et animale se resserrera de plus en plus vers l'équateur terrestre. Quand cette circulation aura cessé, la brillante photosphère sera remplacée par une croûte opaque et obscure qui supprimera immédiatement toute radiation lumineuse. Bientôt on pourra marcher sur le Soleil... Notre globe sera envahi par le froid et les ténèbres de l'espace. Les mouvements continuels de l'atmosphère feront place à un calme complet. Les derniers nuages auront répandu sur la Terre leurs dernières pluies. La mer, entièrement gelée, cessera d'obéir aux mouvements des marées. La Terre n'aura plus d'autre lumière que celle des étoiles filantes qui continueront à pénétrer dans l'atmosphère et à s'y enflammer. » Les planètes, obscures et froides, continueront à circuler autour du Soleil éteint, ... mais l'homme aura disparu.

En admettant même que le Soleil ne trouve pas de moyens de se réchauffer, notre esprit ne doit pas se troubler : il n'aura pas perdu une portion sensible de sa chaleur avant un million d'années!

Bannissons donc toutes ces craintes chimériques et occuponsnous seulement à bien vivre, c'est-à-dire à remplir dignement notre vie.

TABLE DES MATIÈRES

LA FORMATION DES MONDES

LES FONDATEURS DE L'ASTRONOMIE

LA LÉGENDE DES ÉTOILES

LE CORTÈGE DU SOLEIL

NOTRE PLANÈTE

LA DISTANCE DES ASTRES A LA TERRE

LA FIN DU MONDE

PARIS. — IMPRIMERIE A. LAHURE
9, rue de Fleurus, 9

www.ingramcontent.com/pod-product-compliance
Ingram Content Group UK Ltd.
Pitfield, Milton Keynes, MK11 3LW, UK
UKHW020101200726
13856UKWH00002B/327

9 782013 404761